Buchhaltung und Bilanz Teil A Grundlagen der Buchhaltung

Einführung am Beispiel der Industriebuchführung

Von

Dr. Heiner Hahn

und

Dr. Klaus Wilkens

Universitätsdozenten an der Universität
Hamburg

5., überarbeitete Auflage

R. Oldenbourg Verlag München Wien

Die Deutsche Bibliothek - CIP-Einheitsaufnahme

Hahn, Heiner:
Buchhaltung und Bilanz / von Heiner Hahn und Klaus Wilkens.
- München ; Wien : Oldenbourg.
  ISBN 3-486-24124-9

NE: Wilkens, Klaus:

Teil A. Grundlagen der Buchhaltung : Einführung am Beispiel
  der Industriebuchführung. - 5., überarb. Aufl. - 1997
  ISBN 3-486-24084-6

© 1997 R. Oldenbourg Verlag
Rosenheimer Straße 145, D-81671 München
Telefon: (089) 45051-0, Internet: http://www.oldenbourg.de

Gedruckt auf säure- und chlorfreiem Papier
Gesamtherstellung: R. Oldenbourg Graphische Betriebe GmbH, München

ISBN 3-486-24084-6

Inhaltsverzeichnis

1.	**Einführung**	1
1.1	Gegenstand und Bedeutung der Buchführung als Teil des betrieblichen Rechnungswesens	1
1.2	Rechtliche Grundlagen der Buchführung	2
2.	**Das System der doppelten Buchführung**	6
2.1	Inventur – Inventar – Bilanz	6
2.2	Die Buchführung als Fortschreibung der Bilanz	12
2.3	Das System der Buchführung in kontenmäßiger Darstellung	14
2.4	Die Buchung laufender Geschäftsvorfälle in Konten	16
2.5	Der Buchungssatz als Ausdrucksmittel für Buchungsanweisungen	22
3.	**Die Buchung eigenkapitalverändernder Vorgänge**	25
3.1	Aufwendungen und Erträge	25
3.2	Die Buchung in Erfolgskonten	26
3.2.1	Das System der Erfolgsbuchungen	26
3.2.2	Das Ertragskonto Umsatzerlöse	29
3.2.3	Die Aufwandskonten des Materialverbrauchs	30
3.2.4	Bestandsveränderungen an unfertigen und fertigen Erzeugnissen	37
3.3	Das Privatkonto	40
4.	**Kontenrahmen und Kontenplan**	44
4.1	Kontenrahmen	44
4.2	Kontenplan	66
4.3	Kontenabschlußschema nach IKR	67
5.	**Ausgewählte Buchungsfälle der Industriebuchführung nach IKR**	70
5.1	Die Umsatzsteuer in der Buchführung	70
5.2	Buchungen im Ein- und Verkaufsbereich	77
5.2.1	Sofortrabatte	78
5.2.2	Bezugskosten und Ausgangsfrachten	78
5.2.3	Rücksendungen	80
5.2.4	Preisnachlässe	81
5.2.5	Zahlungen unter Abzug von Skonto	82
5.2.6	Handelswaren	84
5.3	Buchungen im Zahlungs- und Finanzbereich	87
5.3.1	Erfolgswirksame Vorgänge im Zahlungs- und Kreditverkehr	87
5.3.2	Buchungen im Scheckverkehr	88
5.3.3	Buchungen im Wechselverkehr	89
5.3.4	An- und Verkauf von Wertpapieren	90
5.3.5	Eigene und erhaltene Anzahlungen	92
5.4	Buchungen im Personalbereich	93
6.	**Der Jahresabschluß in der Buchhaltung**	102
6.1	Das Problem einer periodengerechten Erfolgsrechnung	102
6.2	Abschreibungen und Wertberichtigungen auf Anlagen	102
6.2.1	Abschreibungen als aufwandsmäßige Verrechnung der Anschaffungs- oder Herstellungskosten von Anlagevermögenswerten	102

6.2.2 Die aufwandsmäßige Verrechnung „Geringwertiger Wirtschafts-
      güter" (GWG)   105
6.2.3 Abschreibungsplan und Abschreibungsmethoden   106
6.2.4 Direkte und indirekte Abschreibung   121
6.2.5 Die Buchung von Abgängen aus dem abschreibungsfähigen
      Anlagevermögen   123
6.3   Abschreibungen und Wertberichtigungen auf Forderungen   128
6.3.1 Uneinbringliche und zweifelhafte Forderungen   128
6.3.2 Direkte Abschreibungen auf uneinbringliche Forderungen . . .   128
6.3.3 Die Absonderung und Abschreibung zweifelhafter Forderungen . .   129
6.3.4 Die Bewertung von Forderungen und die Bildung von Einzel-
      wertberichtigungen am Abschlußstichtag   129
6.3.5 Die Auflösung von Einzelwertberichtigungen zu Forderungen
      nach Abschluß des Falles   131
6.3.6 Die Bildung von Pauschalwertberichtigungen zu Forderungen . . .   132
6.3.7 Die Anpassung der Höhe der Pauschalwertberichtigungen an
      veränderten Bedarf   134
6.4   Zeitliche Abgrenzungen   136
6.4.1 Das Problem der zeitlichen Erfolgsabgrenzung   136
6.4.2 Transitorische Posten der Jahresabgrenzung (Aktive und passive
      Rechnungsabgrenzungsposten)   138
6.4.3 Antizipative Posten der Jahresabgrenzung (Sonstige Forderungen
      und sonstige Verbindlichkeiten)   141
6.4.4 Übersicht über die Posten der Jahresabgrenzung   144
6.5   Rückstellungen   146

7.   Die Betriebsübersicht   152

8.   Zusammenfassende Aufgaben   157

Lösungen   170

Literaturverzeichnis   214

Stichwortverzeichnis   215

Industrie-Kontenrahmen (IKR)   219

Vorwort (zur ersten und zweiten Auflage)

Die Gegebenheiten und Vorgänge in einem Betrieb zeichnen sich durch große Fülle, Vielfalt und Komplexität aus. Insofern ist es notwendig, Hilfsmittel zu entwickeln und zu besitzen, die den Verantwortlichen Überblick und Durchblick verschaffen sowie Steuerungsmöglichkeiten eröffnen. Ein besonders wichtiges Instrument zur Erfüllung dieser Aufgaben repräsentiert die Finanz- oder Geschäftsbuchhaltung. Nicht nur der in der kaufmännischen Praxis Tätige, auch der Wirtschaftsstudent benötigt fundierte Grundkenntnisse über diesen Zweig des Rechnungswesens sowie das zentrale Abschlußdokument, die Bilanz.

Das vorliegende Werk bietet eine in sich geschlossene Darstellung, mit deren Hilfe die Lehr- und Lerninhalte selbständig erarbeitet und/oder im Zusammenhang mit Lehrveranstaltungen nachgearbeitet, ergänzt und vertieft werden können. Mit diesem Anspruch richtet sich das Buch vor allem an Studierende der Wirtschaftswissenschaften an Universitäten und Fachhochschulen. Weitere Zielgruppen sind Studenten benachbarter Fachgebiete, die einen Überblick über die hier dargestellten Grundlagen des betrieblichen Rechnungswesens gewinnen wollen, sowie alle kaufmännisch Interessierten, die Buchhaltung und Bilanzierung nicht lediglich als betriebliche Techniken der Informationserfassung und Dokumentation erlernen wollen, sondern das betriebliche Rechnungswesen als integralen Bestandteil der Betriebswirtschaftslehre erfahren wollen.

Inhaltlich möchte dieses Buch demgemäß in **Teil A** eine Einführung in die Technik der kaufmännischen Buchführung vermitteln, und zwar am Beispiel der Industriebuchführung (auf der Grundlage des Industrie-Kontenrahmens), da diese die betriebswirtschaftlich relevanten Probleme der Buchführung am umfassendsten enthält. Dabei beschränkt sich diese Einführung einerseits auf eine Darstellung der grundlegenden Buchungsfälle und verzichtet bewußt auf spezielle Details; andererseits ist sie bemüht, über die Behandlung der Buchungstechnik hinaus die Verbindung zu allgemein-betriebswirtschaftlichen Problemen herzustellen.

In **Teil B** sollen die Grundlagen der Bilanzierung nach dem Stand des Bilanzrichtlinien-Gesetzes dargestellt werden. Vor dem Hintergrund einer kurz gefaßten Einführung in die theoretischen Grundlagen der Bilanzierung gilt es, den Jahresabschluß von Unternehmen nach neuem Recht darzustellen. Inhalt und Bewertung der Positionen einerseits, bilanzpolitische und bilanzanalytische Möglichkeiten andererseits sollen dem Studierenden einen Einblick in die neue Rechtsgrundlage und ihre betriebswirtschaftlichen Konsequenzen vermitteln.

Jedem Abschnitt sind Lernziele vorangestellt, um dem Leser nach erfolgter Durcharbeitung die Möglichkeit zur Selbstkontrolle seines Lernerfolgs zu geben. Der Lernerfolg soll jedoch entscheidend gefördert werden durch eine Vielzahl von Beispielen, Übungsaufgaben und Lösungen. Alle Gliederungsabschnitte mit wesentlichen neuen Inhalten werden durch Aufgaben ergänzt. Die Lösungen sind, soweit für das Verständnis des nachfolgenden Inhalts hilfreich, den Aufgaben unmittelbar angefügt. Soweit die Aufgaben in erster Linie der Vertiefung und zusätzlichen Übung dienen, sind die Lösungen im Anhang zusammengefaßt.

In der zweiten Auflage wurde der Inhalt auf den neuesten Stand des Rechts abgestellt, wenn auch die Buchungen noch auf dem (alten) IKR vorgenommen werden.

Vorwort (zur dritten Auflage)

Die Systematisierung der Konten im Industrie-Kontenrahmen wurde auf die neue Rechtsgrundlage des Bilanzrichtlinien-Gesetzes umgestellt.

Im Zuge der dadurch erforderlichen völligen Überarbeitung der Kapitel 4 bis 7 wurden zugleich einige inhaltliche Erweiterungen vorgenommen.

Der Aufgaben- und Lösungskatalog wurde erheblich erweitert, indem zusätzlich ein 8. Kapitel mit zusammenfassenden Aufgaben angefügt wurde.

Wir danken besonders den studentischen Lesern, durch deren Aufmerksamkeit einige kleinere Fehler aufgedeckt wurden und beseitigt werden konnten.

Vorwort (zur vierten Auflage)

Die ab 01.01.1993 wirksam gewordene Erhöhung der Umsatzsteuer auf einen runden Prozentsatz wurde zum Anlaß genommen, in sämtlichen Beispielen und Aufgaben einen Umsatzsteuersatz von 15 % zugrunde zu legen.

Unwesentliche Erweiterungen wurden vorgenommen bei der Darstellung der Erfassung des Materialverbrauchs und des Wareneinsatzes durch zusätzliche Berücksichtigung des „Just-in-time-Verfahrens".

Der Aufgaben- und Lösungskatalog wurde erweitert.

Wir danken unseren Mitarbeiterinnen für ihre unermüdliche Unterstützung: Frau Helma Waldhoff erledigte mit größter Zuverlässigkeit anfallende Schreibarbeiten; Frau stud. rer. pol. Danja Witte kontrollierte vor allem mit Sachkompetenz und Sorgfalt die Aufgaben und Lösungen; die Organisation und Gesamtabwicklung dieser Arbeiten oblag Frau Wiltraut Uckert, die mit Eigeninitiative und Umsicht für einen reibungslosen und zügigen Ablauf sorgte, aber auch selbst tatkräftig Hand anlegte.

Vorwort (zur fünften Auflage)

Einige Fehler, deren Aufdeckung wir aufmerksamen studentischen Lesern verdanken, bedurften der Korrektur. Im übrigen wurden nur wenige inhaltliche Aktualisierungen vorgenommen.

Heiner Hahn
Klaus Wilkens

1. Kapitel:
Einführung

1.1 Gegenstand und Bedeutung der Buchführung als Teil des betrieblichen Rechnungswesens

Lernziele:

- *Kenntnis der Aufgaben des betrieblichen Rechnungswesens*
- *Erkennen der Stellung der Finanzbuchhaltung innerhalb des betrieblichen Rechnungswesens*
- *Fähigkeit zur Erläuterung des Inhalts der Finanzbuchhaltung*

Die Komplexität der betrieblichen Vorgänge behindert ihre leichte Durchschaubarkeit. Die Möglichkeit, die betrieblichen Prozesse zu analysieren und Einblick in die wirtschaftliche Lage zu gewinnen, ist jedoch ebenso Voraussetzung für richtige zukunftsgerichtete Entscheidungen des Unternehmers wie für die Berichterstattung gegenüber Betriebsexternen. In einer Zeit, die als Folge fortschreitender Arbeitsteilung und Konzentration durch wachsende Betriebsgrößen und zunehmende Verflechtung der Betriebe untereinander gekennzeichnet ist, steigt daher das Bedürfnis nach Abbildung der wirtschaftlich relevanten Betriebsprozesse in überschaubarer Form. Diesem Ziel soll insbesondere das Rechnungswesen dienen, das die betrieblichen Erscheinungen soweit wie möglich zahlenmäßig wiedergibt.

Dem betrieblichen Rechnungswesen fällt eine Fülle von Aufgaben zu, aus der die wichtigsten zusammengefaßt genannt seien:

- Registrierung ökonomisch relevanter betrieblicher Sachverhalte (Dokumentationsfunktion),
- Überprüfung abgeschlossener und Kontrolle fortlaufender Prozesse (Kontrollfunktion),
- Schaffung von Informationsgrundlagen für innerbetriebliche Dispositionen, z.B. im Bereich der Finanzierung, Investition, Preisgestaltung, sowie für Entscheidungen Externer, soweit diese den Betrieb unmittelbar tangieren, z.B. Kreditvergabeentscheidungen (Informationsfunktion).

Um diese unterschiedlichen Aufgaben zielgerecht und zweckmäßig erfüllen zu können, bedarf es differenzierter Methoden und Inhalte des Rechnungswesens. So haben sich innerhalb des Rechnungswesens spezielle Teilbereiche gebildet, wie Buchhaltung, Kosten- und Leistungsrechnung, Betriebsstatistik.

Gegenstand dieser Schrift ist der Bereich der Buchhaltung mit Jahresabschluß einschließlich der damit zusammenhängenden Fragen der Bilanzierung. Die im ersten Teil zu behandelnde Buchführung im engeren Sinne („Buchhaltung" und „Buchführung" werden synonym verwendet) kann als **Finanz- oder Geschäftsbuchhaltung** bezeichnet werden. Sie ist begrifflich abzugrenzen von der **Betriebsbuchhaltung**, die als Betriebsabrechnung Teil der Kosten- und Leistungsrechnung ist.

Der Begriff der Buchführung in ihrer kaufmännischen Form steht zum einen für eine bestimmte Methode der Datenerfassung, zum anderen ist er inhaltlich als Finanzbuchhaltung auf einen bestimmten Teilbereich des Rechnungswesens begrenzt. Die Buchhaltung bearbeitet das Zahlenmaterial, das sich in Veränderungen der Bestände an Vermögen und Schulden und im wirtschaftlichen Erfolg einer Unternehmung niederschlägt, und stellt dabei auf den Rechnungszeitraum eines Geschäftsjahres ab. Der Jahresabschluß beinhaltet begrifflich sowohl die Tätigkeit am Ende eines Geschäftsjahres (vor allem die Bewertung der Bestände) als auch deren Ergebnis in Gestalt der Bilanz und der Erfolgsrechnung.

1.2 Rechtliche Grundlagen der Buchführung

Lernziele:
• *Einsicht in die Kriterien, die zur allgemeinen Buchführungspflicht führen*   • *Grundkenntnisse über rechtlich bedingte Buchführungspflichten*   • *Fähigkeit zum Erkennen und zur Abgrenzung buchungsrelevanter Sachverhalte*   • *Kenntnis einiger Rechtsgrundlagen für die formale und materielle Ausgestaltung der Buchführung*   • *Fähigkeit zur Wiedergabe einiger formaler und materieller Grundsätze ordnungsmäßiger Buchführung*   • *Erkennen des Zwecks der Verpflichtung zur Einhaltung der Grundsätze ordnungsmäßiger Buchführung*

Die rechtlichen Grundlagen der Buchführung geben Antworten auf die Fragen:

(1) Wer ist zur Buchführung verpflichtet? (Buchführungspflicht)
(2) Was wird gebucht? (Buchungsrelevante Sachverhalte)
(3) Wie sind die Bücher zu führen? (Formale und materielle Anforderungen)

Ad (1): Buchführungspflicht

Die allgemeine Buchführungspflicht und die Festlegung der buchführungspflichtigen Personen und Betriebe hat der Gesetzgeber unter dem Gesichtspunkt entschieden, ob ein wohlverstandenes Eigeninteresse der Geschäftsleitung oder ein wirtschaftlich oder gesellschaftspolitisch begründetes schutzwürdiges Fremdinteresse an der Führung von Büchern eines Unternehmens vorliegt.

Lediglich bei leicht überschaubaren Kleinstbetrieben mit geringfügiger Geschäftstätigkeit erscheint eine (umfängliche) Buchhaltung entbehrlich und unter Wirtschaftlichkeitsgesichtspunkten nicht zweckmäßig. Bei allen anderen Betrieben sollte das Eigeninteresse der Betriebsleitung an einer ausgebauten Buchhaltung allein wegen ihres betriebswirtschaftlichen Informationsgehaltes evident sein. Dennoch ist auch bei diesen Betrieben die ausdrückliche Verpflichtung zur Buchführung angezeigt, weil der Kaufmann u.U. den Nutzen der Buchführung gegen die Nachteile abwägt, die sich aus einer wahrheitsgemäßen Rechenschaftslegung ergeben könnten (z.B. Ablehnung von Kreditanträgen), und als Folge dieses Interessenkonflikts versucht sein könnte, auf eine Buchhaltung zu verzichten.

Das Fremdinteresse von Betriebsexternen an der Führung von Büchern hat mannigfaltige Motive und erstreckt sich auf sehr unterschiedliche Interessengruppen:

- Anteilseigner, die am Entscheidungsprozeß nicht unmittelbar beteiligt sind (z.B. Aktionäre einer Aktiengesellschaft oder Kommanditisten einer Kommanditgesellschaft), wollen die Entwicklung „ihres" Unternehmens und damit zugleich die Wertentwicklung ihres Anteils verfolgen;
- Kreditgeber müssen bei Kreditvergabeentscheidungen das Risiko abschätzen;
- Kunden und Lieferanten sind an einer positiven Entwicklung der zweiseitigen geschäftlichen Beziehungen interessiert;
- Arbeitnehmer betrachten sorgen- oder erwartungsvoll die Entwicklung des Betriebes in seiner Funktion als Arbeitgeber und Einkommensquelle;
- Gerichte benötigen zur Rechtsfindung beweiskräftige Unterlagen zur Klärung von Sachverhalten bei Rechtsstreitigkeiten;
- der Staat als Fiskus braucht aus Gründen der Steuergerechtigkeit verläßliche, nach gleichen Prinzipien erstellte Besteuerungsgrundlagen;
- die staatliche Exekutive mit den ihr zugeordneten Verwaltungen und Aufsichtsbehörden ist als wirtschaftspolitisches Lenkungs- und Kontrollorgan auf betriebliche Informationen angewiesen, um wirksame wirtschaftspolitische Steuerungsmechanismen auslösen zu können (z.B. Subventionen, Steuerbegünstigungen, Fusionskontrolle, Verbraucherschutz);
- die fachlich interessierte Öffentlichkeit sieht in jedem einzelnen Betrieb ein Erfahrungsobjekt und verarbeitet seine wirtschaftlichen Daten als Bausteine für ein allgemeingültiges Erkenntnisgebäude.

Wo ein solches schutzwürdiges Eigen- oder Fremdinteresse an der Buchführung eines Betriebes vorliegt, hat der Gesetzgeber eine Verpflichtung zur Führung von kaufmännischen Büchern begründet. Das Handelsrecht verpflichtet gemäß § 238 Abs. 1 HGB generell jeden Vollkaufmann (abgegrenzt durch § 4 HGB) zur Buchführung. Diese handelsrechtliche Buchführungspflicht wird durch einige rechtsform- oder branchenspezifische Vorschriften bekräftigt und spezifiziert, zum Beispiel durch § 41 GmbH-Gesetz, § 25a Kreditwesengesetz, § 55 Versicherungsaufsichtsgesetz. Darüber hinaus wird die Buchführungspflicht aufgrund steuerrechtlicher Vorschriften auf weitere Unternehmen ausgedehnt, die handelsrechtlich nicht eingeschlossen sind. So wird sie zum Beispiel gemäß § 141 Abgabenordnung (AO) erweitert auf gewerbliche Unternehmen, deren Umsatz DM 500.000,– oder deren Gewinn DM 36.000,– im Jahr oder deren Betriebsvermögen DM 125.000,– übersteigt. Auch in anderen steuerrechtlichen Bestimmungen finden sich buchführungsrelevante Vorschriften, z.B. im Umsatzsteuergesetz, in der Umsatzsteuerdurchführungsverordnung oder im Einkommensteuergesetz.

Die Nichteinhaltung der Buchführungspflicht hat zwar im Normalfall (Ausnahme z.B. im Konkursfall) keine strafrechtlichen Konsequenzen; aber eine empfindliche wirtschaftliche Sanktionsmöglichkeit hat sich der Staat mit der Vorschrift des § 162 AO geschaffen, wonach die Besteuerungsgrundlage von der Finanzbehörde zu schätzen ist, wenn der Steuerpflichtige seiner Buchführungspflicht nicht nachgekommen ist.

Ad (2): Buchungsrelevante Sachverhalte

Hinter der allgemeinen Buchführungspflicht verbirgt sich das Problem: Welche betrieblichen Sachverhalte sind zu buchen? Aus der Zielsetzung der Buchführung ist abzuleiten, daß sowohl Wertbewegungen, die sich innerhalb des Unternehmens vollziehen, als auch externe Wertbewegungen, von denen das Unternehmen tangiert wird, buchungsrelevant sein können. Hierzu ist eine nähere Erläuterung erforderlich.

Buchungsrelevant ist nicht bereits der Abschluß eines rechtlich verpflichtenden Handelsgeschäftes, sondern der wirtschaftliche Geschäftsvorfall, d.h. die – nach wirtschaftlicher Auslegung – durch Zahlungsvorgang bzw. Rechnungserteilung dokumentierte **Erfüllung** des Geschäftes. Unter diese Abgrenzung der buchungsrelevanten Sachverhalte fallen alle Veränderungen bei den Vermögenswerten, die zum rechtlichen Eigentum zählen. Zusätzlich werden nach dem Kriterium der wirtschaftlichen Zugehörigkeit auch die Werte mit einbezogen, die durch Eigentumsvorbehalt, Sicherungsübereignung oder Zession belastet sind. Nicht gebucht werden dagegen – abgesehen von Ausnahmen beim Leasinggeschäft – Veränderungen von Werten, die vom Unternehmen nur wirtschaftlich genutzt werden, nicht aber in dessen Eigentum gelangen sollen (z.B. geliehene oder gepachtete Gegenstände oder durch Arbeitsvertrag verpflichtete Arbeitnehmer).

Ad (3): Formale und materielle Anforderungen

Hinsichtlich der formalen und materiellen Ausgestaltung der Buchführung geht aus der Generalklausel des § 238 Abs. 1 HGB hervor, daß der Kaufmann in seinen Büchern „seine Handelsgeschäfte und die Lage seines Vermögens nach den Grundsätzen ordnungsmäßiger Buchführung ersichtlich zu machen" hat. Auf die Grundsätze ordnungsmäßiger Buchführung (GoB) wird auch in anderen Rechtsvorschriften Bezug genommen, z.B. Einkommensteuergesetz (§ 4 Abs. 2), Abgabenordnung (§ 146 Abs. 5). Einige dieser Grundsätze sind dem HGB (insbesondere §§ 239 ff.) und der AO (insbesondere §§ 143 ff.) zu entnehmen, andere haben durch Rechtsprechung oder übereinstimmende Literaturauffassung einen quasi-legalen Charakter bekommen.

Eine Buchführung kann im allgemeinen als ordnungsmäßig gelten, wenn in ihr die formalen und/oder materiellen Grundsätze befolgt werden:

- Die Buchführung muß vollständig, richtig, zeitgerecht und geordnet sein (§ 239 Abs. 2 HGB);
- sie muß klar und übersichtlich sein (§ 243 Abs. 2 HGB);
- sie darf nicht in chiffrierter Form vorgenommen werden und keine Zeichen enthalten, deren Bedeutung nicht eindeutig festliegt, (§ 239 Abs. 1 HGB);
- die verwendete Sprache soll Deutsch sein, die Wertangaben in Deutscher Mark erfolgen, (§ 244 HGB);
- der Kassenbestand soll täglich festgehalten werden, Wareneingänge und Warenausgänge müssen (von gewerblichen Unternehmen) gesondert aufgezeichnet werden;
- alle Buchungen müssen aufgrund von vorliegenden Belegen nachvollziehbar sein;
- spätere Veränderungen in der Buchführung müssen den ursprünglichen Inhalt erkennen lassen; deshalb dürfen auch keine Zwischenräume unausgefüllt bleiben, die später in Manipulationsabsicht ausgefüllt werden könnten;

- Aufbewahrungspflicht der Bücher 10 Jahre, der Buchungsunterlagen 6 Jahre über den Schluß des betreffenden Kalenderjahres hinaus (§ 257 Abs. 4 HGB i.V.m. Abs. 1 und 5).

Alle diese Einzelanforderungen dienen dem Zweck, die Buchhaltung so zu gestalten, daß sie einem „sachverständigen Dritten innerhalb angemessener Zeit einen Überblick über die Geschäftsvorfälle und über die Lage des Unternehmens vermitteln kann" (§ 238 Abs. 1 Satz 2 HGB); insofern haben auch die formalen Vorschriften materielle Bedeutung.

Mit welcher kaufmännischen **Buchführungsmethode** dieses Ziel bewirkt werden soll, wird vom Gesetzgeber nicht festgelegt. Unter Umständen – etwa bei einem sehr kleinen Betrieb – kann schon mit Hilfe der **einfachen** Buchführung, bei der neben der Veränderung der Kassenbestände nur die Forderungen und Verbindlichkeiten gegenüber anderen Personen aufgezeichnet werden, dieser Zweck hinreichend erfüllt werden. In den meisten Fällen dürfte aber ein zuverlässiger Einblick in die wirtschaftliche Lage des Unternehmens nur mit den Mitteln der **doppelten** Buchführung zu gewinnen sein; deshalb ist nur sie Gegenstand dieser Schrift.

2. Kapitel:
Das System der doppelten Buchführung

2.1 Inventur – Inventar – Bilanz

Lernziele:

- *Kenntnis der Verpflichtung zur jährlichen Durchführung einer Inventur sowie zur Aufstellung eines Inventars und einer Bilanz*
- *Fähigkeit zur Erläuterung des Vorgangs der Inventur*
- *Fähigkeit zur Erläuterung der Möglichkeiten zur mengenmäßigen Bestandserfassung*
- *Erkennen der Notwendigkeit und Bedeutung der wertmäßigen Bestandserfassung*
- *Kenntnis der Häufigkeit der Inventur*
- *Kenntnis der verschiedenen Möglichkeiten bei der Wahl des Zeitpunktes der Inventur*
- *Fähigkeit zur Erläuterung der unterschiedlichen Anforderungen je nach Zeitpunkt der Inventur*
- *Fähigkeit zur Erklärung des Zusammenhangs zwischen Inventur und Inventar*
- *Fähigkeit zur Wiedergabe und Erklärung des Aufbaus eines Inventars*
- *Fähigkeit zur Abgrenzung zwischen Anlage- und Umlaufvermögenswerten*
- *Fähigkeit zur Abgrenzung des Eigenkapitals und zur Ermittlung seiner Höhe anhand eines Inventars*
- *Fähigkeit zur Charakterisierung der Unterschiede zwischen Inventar und Bilanz*
- *Fähigkeit zur Aufstellung einer Bilanz anhand von Inventurangaben*

Inventur

Eine der Aufgaben des betrieblichen Rechnungswesens ist es, einen Überblick über die Vermögens- und Schuldensituation zu ermöglichen. Um diesem Anspruch dienen zu können, ist jeder Kaufmann verpflichtet, für den Schluß eines jeden Geschäftsjahres ein Inventar (§ 240 Abs. 2 HGB) und eine Bilanz (§ 242 Abs. 1 HGB) aufzustellen.

Zu diesem Zweck wird zunächst „Inventur gemacht", d.h. es werden sämtliche Bestände aufgenommen, welche Vermögenswerte darstellen (z.B. Grundstücke, Maschinen, Rohstoffvorräte, Vorräte an fertigen Erzeugnissen, Geldforderungen an Kunden, Bankguthaben, Kassenbestand) oder Schulden bedeuten (z.B. Bankschulden, Verbindlichkeiten gegenüber Lieferanten). Diese Bestandsaufnahme besteht in einer **mengenmäßigen und/oder wertmäßigen** Erfassung.

Die **mengenmäßige** Bestandsaufnahme erfolgt je nach Wesensmerkmal der zu erfassenden Werte durch

- Zählen (z.B. Stückzahl von Schreibtischen),
- Messen (z.B. Längenmeter bei Textilien in Stoffballen, Raummeter bei flüssigen Stoffen),
- Wiegen (z.B. Gewicht von Vorräten an Rohkaffee)
- geeignete Schätzverfahren auf der Grundlage von Stichproben.

Kaufmännisch bedeutsamer und zum Teil allein aussagefähig ist die **wertmäßige** Erfassung im Rahmen der Inventur. Dies wird insbesondere am Beispiel des Bargeldes und der Nominalgüter (wie Geldforderungen oder Geldschulden) deutlich: Unter dem Begriff „Geldzählen" versteht in Wahrheit niemand die Ermittlung der Stückzahl, sondern jedermann verbindet damit die wertmäßige Erfassung von Banknoten und Münzen. Auch bei Geldschulden ist nicht die Anzahl der Kreditbeziehungen oder Gläubiger, sondern die Höhe der geldlichen Verpflichtungen in Währungseinheiten von vorrangigem Interesse. Aber auch bei den Vermögensteilen, deren Mengenangabe allein schon eine gewisse Aussagekraft besitzt (z.B. 7 Personenkraftwagen, 4 Maschinen), ist die zusätzliche Angabe des Wertes – ausgedrückt in Währungseinheiten – für eine ökonomische Aussage unentbehrlich.

Hinsichtlich der **Häufigkeit** der Inventur ergibt sich aus § 240 Abs. 1 HGB, daß sie im jährlichen Rhythmus erfolgen und jeweils die am Ende eines Geschäftsjahres geltenden Bestände wiedergeben muß. Das Geschäftsjahr ist im Normalfall, aber nicht zwingend, mit dem Kalenderjahr identisch.

Bei der Inventur sind die allgemeinen Grundsätze einer ordnungsmäßigen Buchführung zu befolgen. Auf eine weitergehende Festlegung des **Inventurverfahrens** hat der Gesetzgeber verzichtet und damit die Möglichkeit zur Anwendung rationeller Methoden eröffnet. Dies betrifft sowohl den Umfang als auch den Zeitpunkt der Inventur.

Grundsätzlich ist jeder körperliche Gegenstand einzeln zu erfassen. Bei der Bestandsaufnahme von Vermögensgegenständen kann der Inventurzweck jedoch auch durch eine Stichprobe erfüllt werden, wenn diese auf der Grundlage anerkannter mathematisch-statistischer Methoden genommen wird (§ 241 Abs. 1 HGB).

Hinsichtlich des **Zeitpunktes** der Durchführung der Inventur stehen verschiedene Möglichkeiten offen:

(1) **Stichtagsinventur und ausgeweitete Stichtagsinventur**

Als Regelfall ist die Inventur am letzten Tage des Geschäftsjahres („**Stichtagsinventur**") oder die auf einen Zeitraum von zehn Tagen vor oder nach dem Bilanzstichtag ausgedehnte Inventur („**ausgeweitete Stichtagsinventur**") anzusehen. Hierbei entsprechen die Bestände im Zeitpunkt der Ermittlung (nahezu) exakt den Beständen am Schluß des Geschäftsjahres. Allerdings macht diese Form der Stichtagsinventur eine – zumindest weitgehende – Betriebsunterbrechung und Einschaltung des gesamten Personals erforderlich. Deshalb wird die Inventur häufig auf einen betriebsorganisatorisch günstigeren Zeitpunkt verlegt.

(2) **Vor- oder nachverlegte Stichtagsinventur**

Die Bestände werden an einem Stichtag bis zu 3 Monate vor oder 2 Monate nach dem Schluß des Geschäftsjahres ordnungsgemäß nach Art, Menge und Wert aufgenommen. Daraus wird durch geeignete Fortschreibung bzw. Rückrechnung der Wert per Abschlußstichtag ermittelt (§ 241 Abs. 3 HGB); eine mengenmäßige Fortschreibung erfolgt nicht. Die Anwendbarkeit dieses Verfahrens ist jedoch eingeschränkt; es ist zum Beispiel unzulässig, wenn buchhalterisch nicht erfaßbare Bestandsminderungen (Verderb, Schwund) oder starke Wertschwankungen auftreten können, weil dann eine bloße wertmäßige Fortschreibung bzw. Rückrechnung den Anforderungen an eine ordnungsmäßige Inventur nicht gerecht wird.

(3) Permanente Inventur

Die körperliche Bestandsaufnahme erfolgt – im allgemeinen getrennt für bestimmte Vermögensgruppen – an beliebigen Stichtagen innerhalb des Geschäftsjahres. Der Bestand am Schluß des Geschäftsjahres wird dadurch festgestellt, daß die bis zum Abschlußstichtag erfolgten mengen- und wertmäßigen Bestandsveränderungen aus der Bestandsfortschreibung im Rahmen der Buchhaltung gewonnen werden. Dieses Verfahren ist somit begrenzt auf Lagerbestände, deren Zugänge und Abgänge kontinuierlich buch- oder karteimäßig erfaßt werden (können), so daß der aktuelle Soll-Bestand jederzeit bekannt ist. Es gilt im Sinne der GoB als hinreichend, wenn einmal jährlich der Soll-Bestand durch körperliche Bestandsaufnahme des Ist-Bestandes überprüft und ggf. korrigiert wird.

Die vor- oder nachverlegte Stichtagsinventur und die permanente Inventur sind ausgeschlossen für Wirtschaftsgüter, die besonders wertvoll sind, und für solche, bei denen üblicherweise unkontrollierbare Abgänge (z.b. durch Verderb, Bruch, Verdunstung) eintreten. Diese Einschränkungen – wie auch die zusätzlichen Aufzeichnungspflichten als Voraussetzung für die Zulässigkeit – der Inventurvereinfachungsverfahren sind zwar nur im Steuerrecht kodifiziert (Abschnitt 30 Einkommensteuer-Richtlinie), werden jedoch auch handelsrechtlich als Bestandteile der GoB anerkannt.

Inventar

Das Ergebnis der Inventur wird in geordneter Form in einem Bestandsverzeichnis (**Inventar**) festgehalten. Das Inventar ist also die detaillierte Aufstellung sämtlicher Vermögensgegenstände und Schulden eines Unternehmens.

Der Aufbau des Inventars folgt verschiedenen Gliederungskriterien und findet seine Entsprechung in der für Kapitalgesellschaften obligatorischen handelsrechtlichen Gliederung der Bilanz. Zunächst erfolgt eine Trennung zwischen Vermögen und Schulden, wobei gleichartige Werte zu Gruppen, z.B. Fuhrpark, Rohstoffe, Verbindlichkeiten aus Lieferungen, zusammengefaßt werden. Für die Reihenfolge innerhalb des Vermögens und der Schulden ist die Verweildauer im Betrieb das herausragende Gliederungsmerkmal. Die Positionen des Vermögens werden danach geordnet, wie lange sie üblicherweise in der bezeichneten Form im Betrieb gebunden bleiben. So werden an erster Stelle Grundstücke genannt, da diese im allgemeinen ohne zeitliche Begrenzung bis zum Ende der Existenz des Betriebes hier verbleiben, während in den letzten Positionen der Vermögensaufstellung die liquiden Mittel (Bargeld, Bankguthaben) stehen, da diese im allgemeinen bereits nach sehr kurzer Zeit eingesetzt werden und damit ihren Charakter als flüssige Mittel verlieren.

Die langfristig im Unternehmen gebundenen Vermögenswerte (Gebäude, Maschinen u.a.m.) dienen zumeist der Erfüllung des Betriebszweckes (z.B. der Produktion von Gütern); sie sind dauerhaft im Unternehmen angelegt und werden daher zum **Anlagevermögen** (AV) zusammengefaßt. Die andere Gruppe von Vermögenswerten erfährt durch den Betriebsprozeß laufend Veränderungen in ihrer Form (Rohstoffe werden zu fertigen Erzeugnissen verarbeitet, diese werden gegen Barzahlung verkauft, das Geld wird wieder für Rohstoffe eingesetzt); sie werden als **Umlaufvermögen** (UV) bezeichnet.

Die Verbindlichkeiten (Schulden, Fremdkapital) werden insbesondere nach den Kriterien Verfügbarkeitsdauer, Fremdkapitalgeber und rechtliche Unterschiede in Gruppen unterteilt.

Der Zweck der Erstellung eines Inventars ist jedoch nicht bereits mit der Aufstellung der Vermögenswerte und Schulden erfüllt; vielmehr schafft diese erst die Voraussetzung für eine weitere wichtige Folgerung: Die Vermögensaufstellung zeigt, in welcher Form wieviel Kapital im Unternehmen gebunden ist und verwendet wird. Die Aufstellung der Schulden weist aus, wieviel und in welcher Form fremdes, d.h. nicht vom Eigentümer selbst aufgebrachtes Kapital für die Finanzierung des Vermögens herangezogen worden ist. Folglich wird das Vermögen, soweit es nicht durch Fremdkapital finanziert wird, vom Unternehmer mittels eigenen Kapitals beschafft. Die Gegenüberstellung von Vermögen und Schulden läßt also erkennen, welchen Kapitalbetrag der Eigentümer des Unternehmens selbst zur Finanzierung des Vermögens eingesetzt hat: das **Eigenkapital** (EK); es wird auch als Reinvermögen bezeichnet.

Dieser Zusammenhang läßt sich auch an folgendem Gedankengang nachvollziehen: Wenn ein Unternehmen aufgelöst wird, werden die Vermögenswerte veräußert, also sämtlich in flüssige Mittel umgewandelt; davon werden die Schulden beglichen; der Rest verbleibt dem Eigentümer und kann nachträglich als der Teil des Vermögens quantifiziert werden, der dem Unternehmer selbst „gehörte“.

Die Erklärung des Zusammenhangs von Vermögen und Schulden sowie die daraus abgeleitete **Definition des Eigenkapitals** als **Differenz (= Saldo) von Vermögen und Schulden** ist für das Verständnis der Buchführung wie der Betriebswirtschaftslehre insgesamt von großer Bedeutung. Dem wirtschaftlichen Zweck des Inventars entsprechend wird daher die Aufstellung des Vermögens und der Schulden in einem dritten Teil ergänzt durch die Ermittlung des Eigenkapitals nach der Gleichung

Eigenkapital = Vermögen − Schulden
Ek = V − FK.

Bilanz

Die Aussagefähigkeit eines detaillierten Inventars mit vielleicht Tausenden von Einzelpositionen ist jedoch infolge seines außerordentlich großen Umfangs stark beeinträchtigt. Es erfüllt zwar seinen wirtschaftlichen Zweck insofern, als es sämtliche Bestände im einzelnen dokumentiert, kann hingegen wegen seiner Unübersichtlichkeit kaum der Aufgabe gerecht werden, einen Einblick in die wirtschaftliche Lage des Unternehmens zu vermitteln. Zu diesem Zweck wird aus dem Inventar die **Bilanz** abgeleitet, indem folgende Änderungen vorgenommen werden:

(1) Um die Anzahl der Positionen stark zu verringern, werden größere Gruppen von gleichartigen Positionen zusammengefaßt;

(2) um sich auf die ökonomisch wichtigsten Aussagen zu beschränken, werden – unter Verzicht auf Mengenangaben – lediglich die Wertangaben übernommen;

(3) um den Zusammenhang zwischen Vermögen einerseits als Ausdruck für die **Verwendung** des Kapitals sowie Fremdkapital und Eigenkapital andererseits als Ausdruck für die **Herkunft** des Kapitals auch optisch zu verdeutlichen,

wird das Vermögen (= **Aktiva**) und das Kapital (= **Passiva**) auf zwei Seiten in sogenannter Kontoform gegenübergestellt.

Da EK = V − FK, ist V = EK + FK. Die aus dieser sogenannten **Bilanzgleichung** sprechende wertmäßige Ausgewogenheit zwischen Vermögen und Kapital gibt der Bilanz ihren Namen (italienisch: bilancia = Waage).

Beispiel für ein Inventar (stark gekürzt):

A. Vermögen	DM	DM
I. Anlagevermögen		
1. Grundstück Fabrikstr. mit Fabrikgebäude		616.000,−
2. Maschinen lt. bes. Verz., Anlage 1		468.400,−
3. Fuhrpark		
2 LKW	91.600,−	
4 Transporter	43.200,−	
3 PKW	37.500,−	172.300,−
4. Betriebs- und Geschäftsausstattung lt. bes. Verz., Anlage 2		157.900,−
II. Umlaufvermögen		
1. Vorräte		
a) Rohstoffe lt. bes. Verz., Anlage 3	471.600,−	
b) Hilfsstoffe lt. bes. Verz., Anlage 4	16.800,−	
c) Betriebsstoffe lt. bes. Verz., Anlage 5	29.100,−	
d) Unfertige Erzeugnisse lt. bes. Verz., Anlage 6	218.200,−	
e) Fertigerzeugnisse lt. bes. Verz., Anlage 7	330.600,−	1.066.300,−
2. Kundenforderungen, Anlage 8		407.100,−
3. Kasse lt. Kassenbuch, Anlage 9		2.600,−
4. Postgiroguthaben lt. Auszug		800,−
Summe Vermögen		2.891.400,−

B. Schulden		
I. Langfristige Verbindlichkeiten		
1. Hypothekendarlehen Hypobank lt. Auszug		341.100,−
2. Darlehensschulden Volksbank lt. Auszug		642.500,−
II. Kurzfristige Verbindlichkeiten		
1. Liefererschulden, Anlage 10		410.500,−
2. Bankschulden		
a) Volksbank lt. Auszug	102.100,−	
b) Kreissparkasse lt. Auszug	28.300,−	130.400,−
Summe Schulden		1.524.500,−

C. Ermittlung des Eigenkapitals		
Summe Vermögen		2.891.400,−
Summe Schulden		1.524.500,−
Eigenkapital		1.366.900,−

Die Umformung des Inventars ergibt folgendes Bild einer Bilanz:

Aktiva	Bilanz		Passiva
Anlagevermögen		**Eigenkapital**	1.366.900,−
Grundstücke	616.000,−	**Fremdkapital**	
Maschinen	468.400,−	Hypothekendarlehen	341.100,−
Geschäftsausstattung	157.900,−	Darlehensschulden	642.500,−
Fuhrpark	172.300,−	Liefererschulden	410.500,−
Umlaufvermögen		Bankschulden	130.400,−
Rohstoffe	471.600,−		
Hilfsstoffe	16.800,−		
Betriebsstoffe	29.100,−		
Unfertige Erzeugnisse	218.200,−		
Fertigerzeugnisse	330.600,−		
Forderungen	407.100,−		
Kasse	2.600,−		
Postgiroguthaben	800,−		
	2.891.400,−		2.891.400,−

Aufgabe A2/1:

Ermittlung des Eigenkapitals

Ein Kaufmann ermittelt als zusammengefaßtes Ergebnis seiner Inventur folgende Bestandswerte (in DM):

Anlagevermögen	84.000,−
Umlaufvermögen	127.000,−
Langfristiges Fremdkapital	59.000,−
Kurzfristiges Fremdkapital	67.000,−

Ermitteln Sie das Eigenkapital!

Lösung:

Vermögen	= Eigenkapital + Fremdkapital
Eigenkapital	= Vermögen − Fremdkapital

AV	84.000,−	
UV	127.000,−	
Vermögen insgesamt		211.000,−
FK langfristig	59.000,−	
kurzfristig	67.000,−	
FK insgesamt		126.000,−
EK = V − FK		= 85.000,−

Aufgabe A2/2:

Eigenkapital ermitteln, Bilanz erstellen

Ein Kaufmann ermittelt als Ergebnis seiner Inventur per 31.12. folgende Bestandswerte (in DM):

Verbindlichkeiten gegenüber Lieferanten	15.000,–	P
Forderungen gegenüber Kunden	19.000,–	A
Kassenbestand	1.000,–	A
Darlehensschulden	30.000,–	P
Bankguthaben	3.000,–	A
Geschäftsausstattung	4.000,–	A
Rohstoffe	43.000,–	A

Lösung:

Aktiva		Bilanz per 31.12	Passiva
Geschäftsausstattung	4.000,–	Eigenkapital	25.000,–
Rohstoffe	43.000,–	Darlehensschulden	30.000,–
Forderungen	19.000,–	Verbindlichkeiten	15.000,–
Kasse	1.000,–		
Bank	3.000,–		
	70.000,–		70.000,–

Aufgabe A2/3:

Erstellen Sie eine Bilanz aus folgenden Inventurwerten (Beträge in DM):

Darlehensschulden	50.000,–	P
Fertigerzeugnisse	16.000,–	A
Maschinen	30.000,–	A
Verbindlichkeiten	40.000,–	P
Bebaute Grundstücke	70.000,–	A
Bankschulden	8.000,–	P
Forderungen	36.000,–	A
Kassenbestand	2.000,–	A
Rohstoffe	4.000,–	A

Lösung im Lösungsteil

2.2 Die Buchführung als Fortschreibung der Bilanz

> *Lernziele:*
>
> - *Verstehen des Zusammenhangs zwischen Schlußbilanz des Vorjahres und Eröffnungsbilanz des laufenden Jahres*
> - *Erkennen der Buchführung als Methode der Bilanzfortschreibung*
> - *Fähigkeit zum Nachvollziehen der bestandsverändernden Wirkungen von Geschäftsvorfällen auf die Bilanz*

Die per 31.12. ermittelten Schlußbestände der Aktiva und Passiva sind zugleich die Anfangsbestände per 01.01. des neuen Geschäftsjahres. Somit ist die aus der Inventur hervorgegangene Schlußbilanz des abgelaufenen Geschäftsjahres iden-

Bilanz

Aktiva

	Anfangsbestand	veränderter Bestand nach Geschäftsvorfall			
		1	2	3	4
Rohstoffe	35.000,–	35.000,–	35.000,–	39.000,–	39.000,–
Forderungen	30.000,–	25.000,–	25.000,–	25.000,–	25.000,–
Kasse	10.000,–	15.000,–	15.000,–	15.000,–	15.000,–
Bankguthaben	25.000,–	25.000,–	25.000,–	25.000,–	23.000,–
Bilanzsumme	100.000,–	100.000,–	100.000,–	104.000,–	102.000,–

Passiva

	Anfangsbestand	veränderter Bestand nach Geschäftsvorfall			
		1	2	3	4
Eigenkapital	40.000,–	40.000,–	40.000,–	40.000,–	40.000,–
Darlehensschulden	35.000,–	35.000,–	42.000,–	42.000,–	42.000,–
Verbindlichkeiten	25.000,–	25.000,–	18.000,–	22.000,–	20.000,–
Bilanzsumme	100.000,–	100.000,–	100.000,–	104.000,–	102.000,–

Geschäftsvorfall	Betrag in DM	Bestandsverändernde Wirkung in der Bilanz		
		konkret		verallgemeinert
1) Ein Kunde begleicht eine Rechnung in bar	5.000,–	Kasse Forderungen	+ DM 5.000,– – DM 5.000,–	Tausch zwischen zwei Positionen der Aktivseite („Aktivtausch"); Bilanzsumme unverändert.
2) Eine kurzfristige Verbindlichkeit wird in eine langfristige Darlehensschuld umgewandelt	7.000,–	Verbindlichkeiten Darlehensschulden	– DM 7.000,– + DM 7.000,–	Tausch zwischen zwei Positionen der Passivseite („Passivtausch"); Bilanzsumme unverändert.
3) Einkauf von Rohstoffen auf Ziel (d.h. gegen Rechnung)	4.000,–	Rohstoffe Verbindlichkeiten	+ DM 4.000,– + DM 4.000,–	Vermehrung bei je einer Aktiv- und Passivposition („Bilanzverlängerung"); Bilanzsumme wird größer.
4) Wir begleichen eine Rechnung durch Banküberweisung	2.000,–	Verbindlichkeiten Bank	– DM 2.000,– – DM 2.000,–	Verminderung bei je einer Aktiv- und Passivposition („Bilanzverkürzung"); Bilanzsumme wird kleiner.

tisch mit der Eröffnungsbilanz des neuen Geschäftsjahres. Um **innerhalb** des Geschäftsjahres jederzeit einen Überblick über die Vermögens- und Schuldensituation gewinnen zu können, müssen die **Veränderungen der Anfangsbestände** kontinuierlich aufgezeichnet werden. Wie dies durch jeweilige Fortschreibung der Bilanzwerte erfolgen könnte, soll – ausgehend von einer aus didaktischen Gründen stark vereinfachten Bilanz – anhand von vier typischen Geschäftsvorfällen und ihren bilanzverändernden Wirkungen in einem Schaubild gezeigt werden (vgl. S. 13).

(Der Leser sollte diese exemplarischen Geschäftsvorfälle und ihre Wirkungen auf die Bilanz intensiv nachvollziehen und sich um ihr vollständiges Verstehen bemühen, da hiermit die elementaren Grundlagen der Buchführung dargestellt werden, deren Verständnis für alle weiteren vertiefenden Darlegungen unverzichtbar sind.)

Andere als die vier im Schaubild verallgemeinert dargestellten Wirkungen auf die Bilanz sind nicht möglich; daher müssen sämtliche konkreten Geschäftsvorfälle einem der vier aufgezeigten Grundtypen entsprechen. Stets werden (mindestens) zwei Positionen der Bilanz verändert, und zwar entweder als Tauschvorgang auf derselben Seite oder als gleichgerichtete Veränderung auf beiden Seiten.

Die dargestellte Vorgehensweise bei der Aufzeichnung von Geschäftsvorfällen ist **ein** mögliches Verfahren der doppelten Buchführung. Es verdeutlicht, daß das System der doppelten Buchführung auf einer Fortschreibung der Bilanz beruht. Das gezeigte Verfahren hat jedoch in der Praxis gravierende Nachteile: Ein stärkerer Anfall von Geschäftsvorfällen wäre nicht zu bewältigen; die Bilanz würde unübersichtlich werden; die Aussagefähigkeit einer solchen Buchführung wäre begrenzt auf die aktuellen Bestände. Deshalb wird ein zweckmäßigeres Buchführungsverfahren praktiziert, das allein Gegenstand der folgenden Darlegungen ist.

2.3 Das System der Buchführung in kontenmäßiger Darstellung

Lernziele:

- *Kenntnis der charakteristischen Merkmale eines Kontos*
- *Fähigkeit zur Unterscheidung von Aktiv- und Passivkonten*
- *Beherrschung der Zuordnung der Anfangsbestände sowie der Bestandsmehrungen und -minderungen zur richtigen Kontoseite*
- *Fähigkeit zur Erklärung des Begriffs Saldo*
- *Beherrschen der Ermittlung des Schlußbestandes anhand eines Bestandskontos*
- *Kenntnis der formalen Anforderungen an einen korrekten Kontenabschluß*
- *Fähigkeit zur Erläuterung des Zusammenhangs zwischen Schlußbilanzkonto und Schlußbilanz*

Ausgehend von der Eröffnungsbilanz wird für jede Bestandsart eine eigene Rechnung zur Erfassung der Veränderungen erstellt. Dazu wird für jede einzelne Bilanzposition ein eigenes **Bestandskonto** eingerichtet: Für die Aktiva sogenannte **Aktivkonten**, für die Passiva sogenannte **Passivkonten**.

Ein Konto ist eine zweiseitige Rechnung; die linke Seite wird mit **Soll** (S), die rechte mit **Haben** (H) bezeichnet. Auf der einen Seite stehen der Anfangsbestand und die Zugänge (Mehrungen des Bestandes), auf der anderen Seite die Abgänge (Minderungen des Bestandes). Das System der doppelten Buchführung verlangt, daß dies für Aktiv- und Passivkonten spiegelbildlich erfolgt.

Der **Anfangsbestand (AB)** steht in den Konten stets auf der gleichen Seite, auf der er in der Bilanz steht:

AB der Aktiva im Soll (linke Seite) der Aktivkonten,
AB der Passiva im Haben (rechte Seite) der Passivkonten.

Zugänge (Mehrungen des AB) stehen auf derselben Kontenseite wie der Anfangsbestand:

Mehrungen der Aktiva im Soll der Aktivkonten,
Mehrungen der Passiva im Haben der Passivkonten.

Abgänge (Minderungen des AB) stehen auf der dem Anfangsbestand gegenüberliegenden Seite:

Minderungen der Aktiva im Haben der Aktivkonten,
Minderungen der Passiva im Soll der Passivkonten.

Der **aktuelle Bestand** bzw. (am Ende eines Abrechnungszeitraumes) der **Schlußbestand (SB)** ergibt sich aus der Rechnung

SB = AB + Zugänge − Abgänge

Im Konto wird der Schlußbestand in folgenden Schritten ermittelt:

(1) Addition der Beträge auf der wertmäßig größeren Seite (AB + Zugänge) und Niederschreiben der Summe.
(2) Übertragung dieser Summe auf die wertmäßig kleinere Seite, so daß beide Beträge in gleicher Zeile stehen.
(3) Auf der kleineren Seite Ermittlung des Differenzbetrages (Summe − Abgänge) und Einfügung als Ergänzungsbetrag („**Saldo**").
   Dieser Saldo ist zugleich der Schlußbestand.

Beispiel für die Ermittlung des Schlußbestandes im Konto anhand des Aktivkontos Kasse:

S		Kasse		H	
AB	300,−	Abgang	900,−		
Zugang	800,−	Abgang	400,−		
Zugang	600,−	SB	500,−	(3)	
Zugang	100,−				
(1)	1.800,−		1.800,−	(2)	

(1)	Summe AB + Zugänge	1.800,−
	− Summe Abgänge	1.300,−
(3)	Saldo = SB	500,−

Im allgemeinen wird die Anzahl der Buchungen im Soll und im Haben nicht übereinstimmen. Da die Summen jedoch auf beiden Seiten in der gleichen Zeile geschrieben werden, bleibt auf einer Kontoseite ein Leerraum; um spätere Hinzufügungen in manipulativer Absicht zu verhindern, muß dieser Leerraum durch einen Winkelstrich („**Buchhalternase**") ausgefüllt werden.

Danach erfolgt im letzten Schritt:

(4) Gegenüberstellung der Schlußbestände aller Aktiva und Passiva (der Salden aller Aktiv- und Passivkonten) im **Schlußbilanzkonto (SBK):**

   SB der Aktiva im Soll des SBK,
   SB der Passiva im Haben des SBK.

Somit ergibt der Buchungskreis von der Eröffungsbilanz zum Schlußbilanzkonto folgendes Bild:

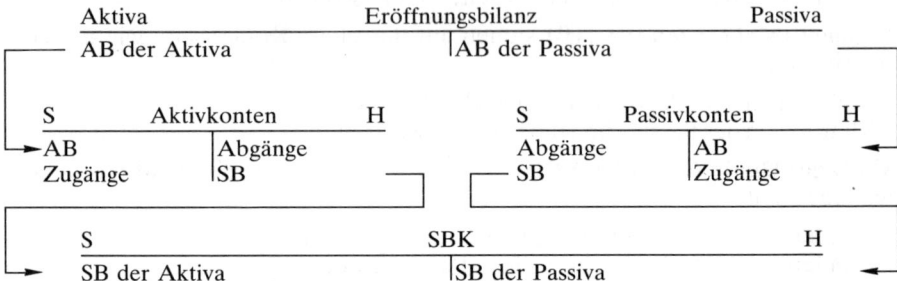

Unter der Voraussetzung, daß alle Bestandsveränderungen vollständig und korrekt gebucht worden sind, also keine Differenz zwischen den tatsächlichen und den in der Buchführung ermittelten Schlußbeständen besteht, entspricht diese Gegenüberstellung im SBK inhaltlich der Schlußbilanz, wie sie auch (zeitaufwendiger) durch erneute Inventur entwickelt werden könnte. Man kann daher das Schlußbilanzkonto unter der Prämisse

   Ist-Bestände   = Soll-Bestände
   (Inventurbestände)   (Buchbestände)

auch als Schlußbilanz bezeichnen, wenn man die beiden Seiten nach Bilanzart mit Aktiva und Passiva überschreibt.

2.4 Die Buchung laufender Geschäftsvorfälle in Konten

Lernziele:

- *Kenntnis der für den Buchungsvorgang zu beantwortenden Fragen*
- *Beherrschen der Zuordnung von einfachen Bestandsveränderungen zu den angesprochenen Konten und zu der zu buchenden Kontoseite*
- *Erkennen und Verstehen der Grundregel der doppelten Buchführung „Sollbuchung = Habenbuchung"*
- *Kenntnis der Funktion des Eröffnungsbilanzkontos*
- *Fähigkeit zum Nachvollziehen eines vollständigen Geschäftsgangs in kontenmäßiger Darstellung*
- *Fähigkeit zur selbständigen buchhalterischen Durchführung eines Geschäftsgangs mit bestandsverändernden Geschäftsvorfällen*

Die kontenmäßige Buchung eines Geschäftsvorfalles verlangt die Beantwortung folgender Fragen:

(1) Welche Bestände ändern sich durch den Geschäftsvorfall? (Welche Konten werden angesprochen?)
(2) Sind die angesprochenen Konten Aktiv- oder Passivkonten?
(3) Führt der Geschäftsvorfall zu einer Mehrung oder Minderung des Bestandes?

Daraus ergibt sich:

(4) Auf welcher Kontenseite ist zu buchen?

Auf die vier Ausgangsbeispiele (S. 13) angewendet, heißt dies:

	(1)	(2)	(3)	(4)	
	angesprochene Konten	Aktiv- oder Passivkonto	Bestandsmehrung oder -minderung	zu buchen	
				im Soll oder im Haben	Betrag in DM
1)	Kasse	A	+	S	5.000,–
	Forderungen	A	–	H	5.000,–
2)	Verbindlichkeiten	P	–	S	7.000,–
	Darlehensschulden	P	+	H	7.000,–
3)	Rohstoffe	A	+	S	4.000,–
	Verbindlichkeiten	P	+	H	4.000,–
4)	Bank	A	–	H	2.000,–
	Verbindlichkeiten	P	–	S	2.000,–

Diese Beispiele deuten zugleich auf die entscheidende Regel im System der doppelten Buchführung hin: Jeder Geschäftsvorfall wird mit dem gleichen Betrag im Soll und im Haben gebucht:

Sollbuchung = Habenbuchung

Nur wenn diese Regel ausnahmslos eingehalten wird, „stimmt" die Bilanz, d.h. es gilt die Gleichung

Summe der Schlußbestände der Aktiva = Summe der Schlußbestände der Passiva

Die Gültigkeit der Regel „Sollbuchung = Habenbuchung" soll noch an zwei Varianten zu den Geschäftsvorfällen 1) und 4) belegt werden:

1a) Variante zu Geschäftsvorfall 1):

Der Kunde zahlt die DM 5.000,– nicht in voller Höhe in bar, sondern lediglich DM 1.000,– in bar und DM 4.000,– per Bankscheck. In diesem Fall werden mehr als zwei Konten angesprochen, dennoch führen die Buchungsfragen zu dem Ergebnis, daß insgesamt der gleiche Betrag im Soll wie im Haben gebucht wird, allerdings verteilt auf mehrere Konten. Die Regel gilt hier in ihrer erweiterten Form „Summe Soll-Buchungen = Summe Haben-Buchungen".

Im Schaubild auf S. 17 würde sich diese Variante zu 1) wie folgt darstellen:

1a) Kasse   A + S   1.000,–
     Bank(guthaben)   A + S   4.000,–
     Forderungen   A – H   5.000,–

4a) Variante zu Geschäftsvorfall 4):

Das Bankkonto kann als Kontokorrentkonto einen Guthabensaldo **oder** einen Schuldsaldo haben. Demzufolge kann das Konto Bank in der Buchführung mal den Charakter eines Aktivkontos (Bankguthaben), mal den eines Passivkontos (Bankschulden) haben, je nach dem, welchen Saldo es zur Zeit aufweist; als Kontobezeichnung genügt daher „Bank". Wiese das Bankkonto vor dem Geschäftsvorfall 4) einen Schuldsaldo auf, stellte es Fremdkapital dar und hätte den Charakter eines Passivkontos. Auch in diesem Fall müßte auf dem Bankkonto im Haben gebucht werden, weil die Bankbelastung nunmehr eine Vermehrung des Passivbestandes darstellte.

4a) Bank(schulden)   P + H   2.000,–
     Verbindlichkeiten   P – S   2.000,–

Um die Regel „Sollbuchung = Habenbuchung" ohne jede Ausnahme einzuhalten, muß – abweichend von der bisherigen Form der Kontoeröffnung – auch für die Buchung der Anfangsbestände eine entsprechende Gegenbuchung in einem Konto vorgenommen werden.

Man richtet hierzu ein Sammelkonto ein, auf dem sämtliche Eröffnungsbuchungen gegengebucht werden.

Dieses Konto weist dann im Soll die Anfangsbestände aller Passiva und im Haben die Anfangsbestände aller Aktiva aus und stellt sich somit als das seitenverkehrte Spiegelbild der Eröffnungsbilanz dar. Da es jedoch ein Konto mit den Seitenbezeichnungen Soll und Haben ist, wird es als **Eröffnungsbilanzkonto (EBK)** bezeichnet. Dieses EBK ist nach Vornahme der Eröffnungsbuchungen ausgeglichen und erfährt danach keinerlei Veränderungen; es hat also keine materielle Bedeutung, sondern dient lediglich der Erfüllung formeller Anforderungen der Doppik und soll daher in den späteren Darstellungen vernachlässigt werden. Ebenso können – bei Unterstellung der erläuterten Prämisse Sollbestände = Istbestände – das SBK und die Schlußbilanz in Zukunft identifiziert werden, auch wenn die Seitenbezeichnungen nicht übereinstimmen.

Die **kontenmäßige Darstellung** der im Abschnitt 2.2 als Bilanzfortschreibung dargestellten Geschäftsvorfälle ergibt dann folgendes Bild:

A	Eröffnungsbilanz		P
Rohstoffe	35.000,–	Eigenkapital	40.000,–
Forderungen	30.000,–	Darlehensschulden	35,000,–
Kasse	10.000,–	Verbindlichkeiten	25.000,–
Bank	25.000,–		
	100.000,–		100.000,–

S	EBK		H
Eigenkapital	40.000,–	Rohstoffe	35.000,–
Darlehensschulden	35.000,–	Forderungen	30.000,–
Verbindlichkeiten	25.000,–	Kasse	10.000,–
		Bank	25.000,–
	100.000,–		100.000,–

S	Rohstoffe		H		S	Eigenkapital		H
AB	35.000,–	SB	39.000,–		SB	40.000,–	AB	40.000,–
3)	4.000,–							
	39.000,–		39.000,–					

S	Forderungen		H		S	Darlehensschulden		H
AB	30.000,–	1)	5.000,–		SB	42.000,–	AB	35.000,–
		SB	25.000,–				2)	7.000,–
	30.000,–		30.000,–			42.000,–		42.000,–

S	Kasse		H		S	Verbindlichkeiten		H
AB	10.000,–	SB	15.000,–		2)	7.000,–	AB	25.000,–
1)	5.000,–				4)	2.000,–	3)	4.000,–
	15.000,–		15.000,–		SB	20.000,–		
						29.000,–		29.000,–

S	Bank		H
AB	25.000,–	4)	2.000,–
		SB	23.000,–
	25.000,–		25.000,–

S	SBK		H
Rohstoffe	39.000,–	Eigenkapital	40.000,–
Forderungen	25.000,–	Darlehensschulden	42.000,–
Kasse	15.000,–	Verbindlichkeiten	20.000,–
Bank	23.000,–		
	102.000,–		102.000,–

Aufgabe A2/4:

Buchung bestandsverändernder Geschäftsvorfälle

Anfangsbestände: (alle Beträge in DM)

Maschinen	50.000,–	Bank (Guthaben)	12.000,–
Rohstoffe	25.000,–	Darlehensschulden	42.000,–
Forderungen	48.000,–	Verbindlichkeiten	35.000,–
Kasse	15.000,–	Eigenkapitel	73.000,–

Geschäftsvorfälle:

1)	Kauf von Rohstoffen gegen Barzahlung	7.500,–
2)	Kunde begleicht Rechnung durch Banküberweisung	10.000,–
3)	Kauf einer Maschine auf Ziel	12.000,–
4)	Tilgung von Darlehensschulden durch Banküberweisung	5.000,–
5)	Bareinzahlung auf Bankkonto	2.500,–

Buchung:

(1) Welche Konten werden berührt?	(2) Aktiv-/ Passivkonto?	(3) Bestandsmehrung/ -minderung?	(4) Buchung im Soll/Haben?
1) Rohstoffe	A	+	S
Kasse	A	–	H
2) Bank	A	+	S
Forderungen	A	–	H
3) Maschinen	A	+	S
Verbindlichkeiten	P	+	H
4) Darlehenssch.	P	–	S
5) Bank	A	+	S
Kasse	A	–	H

Lösung:

1)	Rohstoffe	A	+ S	7.500,–
	Kasse	A	– H	7.500,–
2)	Bank	A	+ S	10.000,–
	Forderungen	A	– H	10.000,–
3)	Maschinen	A	+ S	12.000,–
	Verbindlichkeiten	P	+ H	12.000,–
4)	Darlehensschulden	P	– S	5.000,–
	Bank	A	– H	5.000,–
5)	Bank	A	+ S	2.500,–
	Kasse	A	– H	2.500,–

A	Eröffnungsbilanz		P
Maschinen	50.000,–	Eigenkapital	73.000,–
Rohstoffe	25.000,–	Darlehen	42.000,–
Forderungen	48.000,–	Verbindlichkeiten	35.000,–
Kasse	15.000,–		
Bank	12.000,–		
	150.000,–		150.000,–

S	Maschinen		H
AB	50.000,–	SB	62.000,–
3)	12.000,–		
	62.000,–		62.000,–

S	Eigenkapital		H
SB	73.000,–	AB	73.000,–

S	Rohstoffe		H
AB	25.000,–	SB	32.500,–
1)	7.500,–		
	32.500,–		32.500,–

S	Darlehen		H
4)	5.000,–	AB	42.000,–
SB	37.000,–		
	42.000,–		42.000,–

S	Forderungen		H
AB	48.000,–	2)	10.000,–
		SB	38.000,–
	48.000,–		48.000,–

S	Verbindlichkeiten		H
SB	47.000,–	AB	35.000,–
		3)	12.000,–
	47.000,–		47.000,–

S	Kasse		H
AB	15.000,–	1)	7.500,–
		5)	2.500,–
		SB	5.000,–
	15.000,–		15.000,–

S	Bank		H
AB	12.000,–	4)	5.000,–
2)	10.000,–	SB	19.500,–
5)	2.500,–		
	24.500,–		24.500,–

S	Schlußbilanzkonto		H
Maschinen	62.000,–	Eigenkapital	73.000,–
Rohstoffe	32.500,–	Darlehen	37.000,–
Forderungen	38.000,–	Verbindlichkeiten	47.000,–
Kasse	5.000,–		
Bank	19.500,–		
	157.000,–		157.000,–

Aufgabe A2/5:

Geschäftsgang mit Bestandsveränderungen (alle Beträge in DM)

A	Eröffnungsbilanz		P
Gebäude	86.000,–	Eigenkapital	117.000,–
Maschinen	63.000,–	Darlehensschulden	89.000,–
Geschäftsausstattung	18.000,–	Verbindlichkeiten	48.000,–
Rohstoffe	54.000,–	Bankschulden	35.000,–
Forderungen	61.000,–		
Kasse	7.000,–		
	289.000,–		289.000,–

Geschäftsvorfälle:

1) Barkauf einer Schreibmaschine   1.000,–
2) Banküberweisung von Kunden   32.000,–
3) Bareinzahlung auf Bankkonto   5.000,–
4) Zieleinkauf von Rohstoffen   3.000,–
5) Aufnahme eines Bankdarlehens (Gutschrift auf Girokonto)   10.000,–
6) Verkauf einer gebrauchten Fertigungsmaschine gegen Bankscheck   4.000,–
7) Begleichung von Liefererschulden durch Banküberweisung   9.000,–

Aufgabenstellung:

1. Eröffnung der Konten (Konten einrichten und Anfangsbestände vortragen)
2. Angabe der Buchung in der Form:

        (1)   (2)   (3)   (4)
     Welche Konten?   A/P?   +/–?   S/H   Betrag!
3. Buchung der Geschäftsvorfälle in Konten
4. Abschluß der Konten (Schlußbestände ermitteln und im SBK gegenüberstellen)

Lösung im Lösungsteil

2.5 Der Buchungssatz als Ausdrucksmittel für Buchungsanweisungen

Lernziele:

- *Verstehen der Funktion des Buchungssatzes*

- *Formale Beherrschung der Umsetzung eines Geschäftsvorfalles in einen Buchungssatz*

- *Kenntnis verschiedener Schreibweisen für einfache und zusammengesetzte Buchungssätze*

- *Fähigkeit zur Bildung von Buchungssätzen*

- *Fähigkeit zur Ableitung eines ursächlichen Geschäftsvorfalles aus einem Buchungssatz*

Für die richtige **Umsetzung** eines Geschäftsvorfalles in eine buchhalterisch verwertbare Form muß man wissen, in welchen Konten auf welcher Seite welcher Betrag gebucht werden muß. Dies setzt buchhalterische Kenntnisse voraus. Die korrekte **Ausführung** der Buchung bedarf demgegenüber keiner speziellen Qualifikation; sie setzt lediglich eine verständliche Buchungsanweisung voraus. Als geeignetes Ausdrucksmittel einer Anweisung für die richtige Buchung eines Geschäftsvorfalles in knapper, hinreichender Form wird der sogenannte **„Buchungssatz"** verwendet.

Der Buchungssatz nennt die berührten Konten in der Reihenfolge:

    zuerst Konto mit Buchung auf der Sollseite („Sollbuchung"),
    dann Konto mit Buchung auf der Habenseite („Habenbuchung").

Die Reihenfolge wird verdeutlicht durch die vorangestellten Hilfswörter:

   per (Sollbuchungskonto)   **an** (Habenbuchungskonto)

Für den Geschäftsvorfall
   Bareinzahlung auf Bankkonto   DM 3.000,–
lautet der Buchungssatz also:
   per Bank   DM 3.000,–   an Kasse   DM 3.000,–

In der Praxis sind auch zwei andere Schreibweisen für Buchungssätze üblich:

1) Als sogenannte „**Journalbuchung**" wird der Buchungssatz durch Zuordnung der Beträge in die Soll- oder in die Habenspalte nach folgendem Schema geschrieben:

Kontobezeichnung	Betrag in DM	
	Soll	Haben
Bank	3.000,–	
Kasse		3.000,–

2) Die Bedeutung der Hilfswörter per und an wird dadurch ersetzt, daß die Trennung zwischen Sollbuchung und Habenbuchung durch einen Mittelstrich markiert wird:

   Bank   DM 3.000,– | Kasse   DM 3.000,–

Diese einfachste Schreibweise wird in diesem Buch überwiegend Verwendung finden.

Werden wie in Geschäftsvorfall 1a) (vgl. S. 17 f.) mehr als zwei Konten angesprochen, läßt sich ein „**zusammengesetzter**" Buchungssatz bilden:

1a) per Kasse   DM 1.000,–
    per Bank   DM 4.000,–   an Forderungen   DM 5.000,–
oder in anderer Schreibweise:
    Kasse   DM 1.000,–
    Bank   DM 4.000,– | Forderungen   DM 5.000,–

Aus der Verbuchung in den Konten bzw. aus einem Buchungssatz läßt sich – z.B. zwecks Kontrolle der Richtigkeit der vorgenommenen Buchung – der zugrundeliegende Geschäftsvorfall interpretieren. Hierzu sind die Überlegungen, die zu dem Buchungssatz führen, in umgekehrter Reihenfolge anzustellen:

Der Buchungssatz
   per Kasse   DM 5.000,–   an Forderungen   DM 5.000,–
bedeutet:
   Kasse im Soll gebucht, Kasse ist ein Aktivkonto, bei Aktivkonten bedeutet Buchung im Soll Mehrung des Anfangsbestandes;
   Konto Forderungen ist ein Aktivkonto, Buchung im Haben bedeutet Minderung des Anfangsbestandes.
   Also hat der Geschäftsvorfall einerseits zu einer Mehrung des Kassenbestandes, andererseits zu einer Minderung des Forderungsbestandes geführt. Das ist nur der Fall, wenn ein Kunde eine Rechnung in bar beglichen hat. Also mußte der Geschäftsvorfall lauten:
   Kunde begleicht Rechnung in bar DM 5.000,–.

Aufgabe A2/6:

Bilden von Buchungssätzen

Bilden Sie die Buchungssätze in der Form

      per (Sollbuchung)   (Betrag) an (Habenbuchung)   (Betrag)

                         oder

   (Sollbuchung)   (Betrag) I (Habenbuchung   (Betrag)

zu folgenden Geschäftsvorfällen:

1) Barabhebung vom Bankkonto   DM 2.000,–
2) Tilgung einer Darlehensschuld durch Belastung des
   Girokontos   DM 3.000,–
3) Einkauf von Rohstoffen   DM 10.000,–
   gegen Barzahlung   DM 1.000,–
   gegen Bankscheck   DM 2.000,–
   auf Ziel   DM 7.000,–
4) Kunden begleichen ihre Schulden   DM 8.000,–
   durch Barzahlung   DM 3.000,–
   duch Postüberweisung   DM 5.000,–

Lösung im Lösungsteil

Aufgabe A2/7:

Interpretieren von Buchungssätzen

Geben Sie zu folgenden Buchungssätzen die zugrundeliegenden Geschäftsvorfälle an:

1) Bank	DM 50.000,–	I	Hypothekendarl.	DM 50.000,–
			Kasse	DM 1.000,–
2) Verbindlkeiten	DM 32.000,–		Bank	DM 6.000,–
			Darlehensschulden	DM 25.000,–
		I	Bank	DM 2.000,–
3) Gesch.ausstg.	DM 10.000,–	I	Postscheck	DM 8.000,–
4) Bank	DM 4.000,–	I	Kasse	DM 4.000,–

Lösung im Lösungsteil

3. Kapitel:
Die Buchung eigenkapitalverändernder Vorgänge

3.1 Aufwendungen und Erträge

Lernziele:
• *Fähigkeit zum Erkennen der Ursachen von Eigenkapitalveränderungen*
• *Fähigkeit zum Nachvollziehen eigenkapitalverändernder Wirkungen von Geschäftsvorfällen*
• *Beherrschen der Begriffsinhalte Aufwand und Ertrag*
• *Verstehen des kausalen Zusammenhangs zwischen Aufwand/Ertrag und Gewinn/ Verlust*
• *Fähigkeit zur Nennung von typischen Beispielen für Aufwendungen und Erträge in einem Produktionsbetrieb*

Alle bisherigen Buchungen haben das Eigenkapital unverändert gelassen. Ein positiver oder negativer wirtschaftlicher Erfolg in einer Rechnungsperiode, ausgedrückt als Gewinn oder Verlust, verändert jedoch das Eigenkapital. Daher sind die für die Veränderung der wirtschaftlichen Lage wichtigeren (und zahlreicheren) Geschäftsvorfälle jene, die das Eigenkapital und damit die Differenz zwischen Vermögen und Schulden verändern.

Das sind solche Fälle, die
a) ohne Veränderung der Schulden
    a1) das Vermögen vermindern → Eigenkapitalminderung
    a2) das Vermögen vermehren → Eigenkapitalmehrung

b) ohne Veränderung des Vermögens
    b1) die Schulden vermehren → Eigenkapitalminderung
    b2) die Schulden vermindern → Eigenkapitalmehrung

Beispiele für solche Geschäftsvorfälle sind:

a1) Entnahme von Bargeld DM 600,–, um den Wochenlohn an einen Mitarbeiter als Gegenleistung für dessen Arbeitsleistung am Fälligkeitstag zu zahlen. Dieser Geschäftsvorfall führt bei unveränderten Schulden zu einer Minderung des Vermögens (Kasse), also zwingend zu einer **Minderung des Eigenkapitals**.

a2) Unser Mieter zahlt bei Fälligkeit die Miete in bar DM 1.000,–. Dieser Geschäftsvorfall führt bei unveränderten Schulden zu einer Mehrung des Vermögens (Kasse), also zwingend zu einer **Mehrung des Eigenkapitals**.

b1) Unsere Bank belastet unser Darlehenskonto mit den fälligen Zinsen in Höhe von DM 800,–. Dieser Geschäftsvorfall führt bei unverändertem Vermögen zu einer Mehrung der Schulden (Darlehensschulden), also zwingend zu einer **Minderung des Eigenkapitals**.

b2) Ein Lieferant gewährt uns für die Vermittlung eines neuen Kunden eine Provision in Höhe von DM 700,−, die er zu Gunsten unserer Verbindlichkeiten gutschreibt.

Dieser Geschäftsvorfall führt bei unverändertem Vermögen zu einer Minderung der Schulden (Verbindlichkeiten), also zwingend zu einer **Mehrung des Eigenkapitals**.

Die Fälle a1) und b1) führen zu einer Minderung des Eigenkapitals; sie stellen einen **wertmäßigen Verzehr** von Gütern oder Diensten in der Rechnungsperiode dar und werden als **Aufwand (Aufwendungen)** bezeichnet; sie **vermindern den Erfolg**.

Die Fälle a2) und b2) führen zu einer Mehrung des Eigenkapitals; sie stellen **Wertzuflüsse** in der Rechnungsperiode dar und werden als **Ertrag (Erträge)** bezeichnet; sie **vermehren den Erfolg.**

Die Höhe der Aufwendungen und Erträge bestimmt den wirtschaftlichen Erfolg in einer Rechnungsperiode:

$$E > A \rightarrow \text{Gewinn}$$
$$E < A \rightarrow \text{Verlust.}$$

Aufwendungen fallen in einem produzierenden Betrieb insbesondere für den Einsatz von Personal, für Materialverbrauch, für die Nutzung von Gebäuden und Maschinen, für Werbung, aber auch für fällige Steuern, Zinsen, Mieten und ähnliches an.

Erträge ergeben sich insbesondere als Umsatzerlöse aus dem Verkauf der produzierten Erzeugnisse, aber auch aus Zinsgutschrift, Vermietung, Provisionen und ähnlichem.

3.2 Die Buchung in Erfolgskonten

3.2.1 Das System der Erfolgsbuchungen

Lernziele:

- *Erkennen der Nachteile von Erfolgsbuchungen im Konto Eigenkapital und Einsicht in die Zweckmäßigkeit zur Bildung von Unterkonten*
- *Fähigkeit zur Erläuterung der charakteristischen Merkmale von Aufwands- und Ertragskonten*
- *Kenntnis der Funktion des Gewinn- und Verlustkontos*
- *Beherrschen der Buchung in Erfolgskonten und deren Abschluß*
- *Fähigkeit zum Nachvollziehen der buchhalterischen Durchführung eines Geschäftsganges mit Erfolgsvorgängen*

Im Passivkonto Eigenkapital müssen sich Minderungen (= Aufwendungen) im Soll und Mehrungen (= Erträge) im Haben niederschlagen. Die Buchung der Beispielfälle a1) bis b2) ergibt im Eigenkapitalkonto folgendes Bild:

S	Eigenkapital		H
a1) Lohnaufwand	600,–	AB	40.000,–
b1) Zinsaufwand	800,–	a2) Mieterträge	1.000,–
SB	40.300,–	b2) Provisionserträge	700,–
	41.700,–		41.700,–

Die Buchung sämtlicher eigenkapitalverändernder (erfolgswirksamer) Vorgänge im Eigenkapialkonto hätte jedoch erhebliche Nachteile:

- Wegen der großen Anzahl der erfolgswirksamen Vorgänge würde das Eigenkapitalkonto unübersichtlich werden.
- Der Erfolg würde lediglich in undifferenzierter Form aus der Veränderung des Eigenkapitalbestandes ersichtlich sein. Der Kaufmann muß jedoch nicht nur wissen, ob er in der Geschäftsperiode insgesamt einen Gewinn oder Verlust in einer bestimmten Höhe erwirtschaftet hat, sondern er benötigt als wirtschaftliche Entscheidungsgrundlage detaillierte Informationen über die Quellen (Ursachen) seines Erfolgs oder Mißerfolgs. Diesen Informationsanforderungen muß die Buchführung gerecht werden.

Zwecks größerer Aussagekraft werden daher **Unterkonten zum Eigenkapitalkonto** eingerichtet, sogenannte **Erfolgskonten**, auf denen die unterschiedlichen Arten von Aufwendungen und Erträgen getrennt voneinander auf speziellen **Aufwands- und Ertragskonten** erfaßt werden. Als Unterkonten des Eigenkapitals haben diese Aufwands- und Ertragskonten **keine eigenen Anfangsbestände**.

Die Buchungen müssen auf diesen Unterkonten nach derselben Systematik erfolgen wie auf dem übergeordneten Passivkonto Eigenkapital, d.h.

Aufwendungen als Bestandsminderungen des Eigenkapitals im **Soll** der Aufwandskonten,
Erträge als Bestandsmehrungen des Eigenkapitals im **Haben** der Ertragskonten.

Demzufolge steht beim Abschluß der Aufwandskonten der Saldo im Haben, bei den Ertragskonten im Soll. Da die Erfolgskonten keine eigenen Anfangsbestände haben, dürfen ihre Salden auch nicht als Schlußbestände gedeutet werden. Zum Zwecke einer übersichtlichen Gegenüberstellung aller Aufwands- und Ertragsarten werden die Salden sämtlicher Erfolgskonten auf einem besonderen Erfolgssammelkonto gegengebucht, dem **Gewinn- und Verlustkonto (GuV-Konto)**.

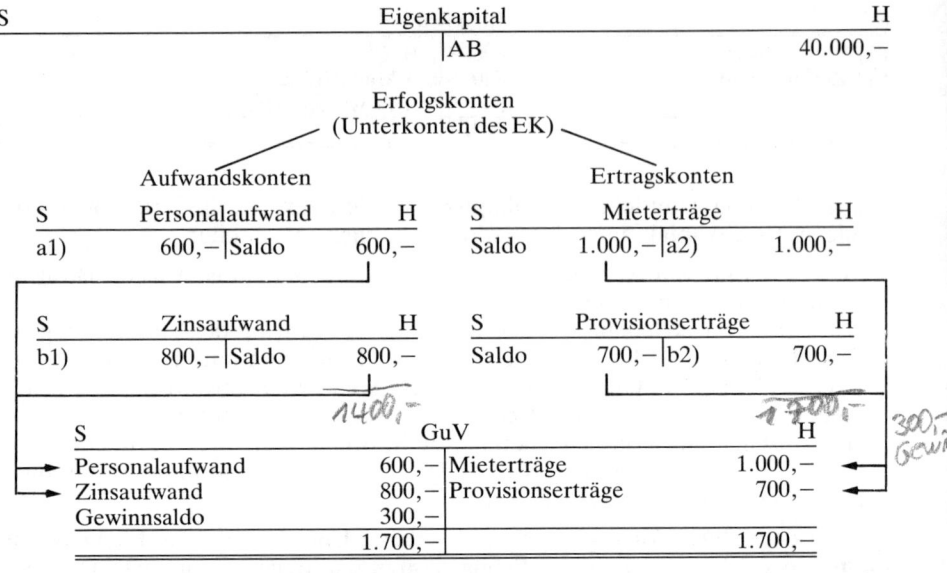

S   Eigenkapital   H
                                          |AB   40.000,-

Erfolgskonten
(Unterkonten des EK)

Aufwandskonten   Ertragskonten

S   Personalaufwand   H   S   Mieterträge   H
a1)   600,-|Saldo   600,-   Saldo   1.000,-|a2)   1.000,-

S   Zinsaufwand   H   S   Provisionserträge   H
b1)   800,-|Saldo   800,-   Saldo   700,-|b2)   700,-

                                      1400,-
S   GuV   *1700,-*   *300,-*
                                                                 Gew
      Personalaufwand   600,-|Mieterträge   1.000,-
      Zinsaufwand   800,-|Provisionserträge   700,-
      Gewinnsaldo   300,-|
                        1.700,-| 1.700,-

Im GuV-Konto zeigt sich nun als Saldo der Gesamterfolg der Abrechnungsperiode. Dieser Erfolgssaldo des GuV wird im Eigenkapitalkonto gegengebucht, so daß sich in dem Bestandskonto Eigenkapital der neue Schlußbestand – unter Berücksichtigung sämtlicher Erfolgsvorgänge der Geschäftsperiode – ergibt:

S   Eigenkapital   H
SB   40.300,-|AB   40.000,-
                        |Gewinnsaldo   300,-

In Erweiterung unseres Ausgangsbeispiels, das nur Bestandsveränderungen enthält, soll gezeigt werden, wie die konkreten Erfolgsvorgänge a1) bis b2) gebucht werden; wir geben in unserem fortlaufenden Beispiel diesen Geschäftsvorfällen die Nummern 5 bis 8:

5) Lohnzahlung in bar   DM 600,-
    Personalaufwand   600,- | Kasse   600,-
6) Mieter zahlt Miete bar DM 1.000,-
    Kasse   1.000,- | Mieterträge   1.000,-
7) Zinsbelastung auf unserem Darlehenskonto   DM 800,-
    Zinsaufwand   800,- | Darlehensschulden   800,-
8) Gutschrift eines Lieferers wegen Provision   DM 700,-
    Verbindlichkeiten   700,- | Provisionserträge   700,-.

Für den um diese Erfolgsvorgänge erweiterten Geschäftsgang ergibt sich dann in kontenmäßiger Darstellung folgendes Bild:

A   Eröffnungsbilanz   P
Rohstoffe   35.000,-|Eigenkapital   40.000,-
Forderungen   30.000,-|Darlehensschulden   35.000,-
Kasse   10.000,-|Verbindlichkeiten   25.000,-
Bankguthaben   25.000,-|
                   100.000,-| 100.000,-

S	Rohstoffe		H		S	Eigenkapital		H
AB	35.000,–	SB	39.000,–		SB	40.300,–	AB	40.000,–
3)	4.000,–						Gewinnsaldo	300,–
	39.000,–		39.000,–			40.300,–		40.300,–

S	Forderungen		H		S	Darlehensschulden		H
AB	30.000,–	1)	5.000,–		SB	42.800,–	AB	35.000,–
		SB	25.000,–				2)	7.000,–
	30.000,–		30.000,–				7)	800,–
						42.800,–		42.800,–

S	Kasse		H		S	Verbindlichkeiten		H
AB	10.000,–	5)	600,–		2)	7.000,–	AB	25.000,–
1)	5.000,–	SB	15.400,–		4)	2.000,–	3)	4.000,–
6)	1.000,–				8)	700,–		
	16.000,–		16.000,–		SB	19.300,–		
						29.000,–		29.000,–

S	Bank		H
AB	25.000,–	4)	2.000,–
		SB	23.000,–
	25.000,–		25.000,–

S	Personalaufwand		H		S	Mieterträge		H
5)	600,–	GuV	600,–		GuV	1.000,–	6)	1.000,–
	600,–		600,–			1.000,–		1.000,–

S	Zinsaufwand		H		S	Provisionserträge		H
7)	800,–	GuV	800,–		GuV	700,–	8)	700,–
	800,–		800,–			700,–		700,–

S	Gewinn- und Verlustrechnung		H
Personalaufwand	600,–	Mieterträge	1.000,–
Zinsaufwand	800,–	Provisionserträge	700,–
Gewinnsaldo	300,–		
	1.700,–		1.700,–

S	SBK		H
Rohstoffe	39.000,–	Eigenkapital	40.300,–
Forderungen	25.000,–	Darlehensschulden	42.800,–
Kasse	15.400,–	Verbindlichkeiten	19.300,–
Bank	23.000,–		
	102.400,–		102.400,–

3.2.2 Das Ertragskonto Umsatzerlöse

> *Lernziele:*
>
> - *Fähigkeit zum Erkennen von Verkäufen von Fertigerzeugnissen als Erfolgsvorgänge*
> - *Fähigkeit zur Buchung von Verkäufen von Fertigerzeugnissen*

Ein Industriebetrieb stellt sich die Aufgabe, unter Einsatz von Aufwendungen für Personal, Stoffe und Betriebsmittel Produkte zu erzeugen, mit denen am Absatzmarkt höhere Erträge erzielt werden können, als für den Einsatz der Produktionsfaktoren an Aufwendungen erforderlich war. Haupterfolgsquelle eines Produktionsbetriebs ist daher der Umsatzerlös aus dem Verkauf der gefertigten Erzeugnisse. Die erzielten Verkaufspreise werden als Erträge im Konto Umsatzerlöse gebucht und per Saldo über das GuV-Konto abgeschlossen.

Beispiel:

1) Barverkauf von Fertigerzeugnissen   DM   200,−
2) Zielverkauf von Fertigerzeugnissen   DM 1.000,−

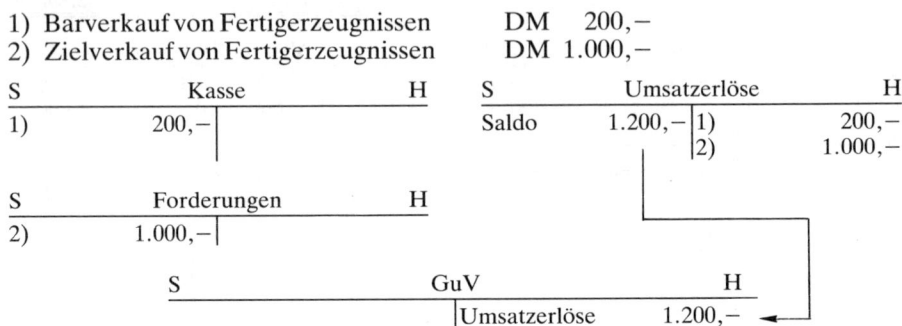

Da dieser Vorgang häufig buchungsmäßig falsch verarbeitet wird, sei nochmals hervorgehoben:

Der Verkauf von Fertigerzeugnissen ist ein **Erfolgsvorgang**, der in Höhe des Netto-Verkaufspreises als Ertrag zu buchen ist (Konto Umsatzerlöse). Er darf **nicht** mißdeutet werden als **Bestands**minderung an Fertigerzeugnissen. In den Erfolgskonten werden die Verkaufspreise (als Wertezufluß) und der in diversen Aufwandskonten gesammelte, für den Fertigungsprozeß notwendige Einsatz von Produktionsfaktoren (als Werteverzehr) gegenübergestellt, so daß sich im GuV-Konto der wirtschaftliche Erfolg aus Fertigung und Absatz zeigt.

3.2.3 Die Aufwandskonten des Materialverbrauchs

Lernziele:

- *Fähigkeit zum Erkennen des Materialverbrauchs als Erfolgsvorgang*
- *Fähigkeit zur inhaltlichen Erläuterung der Begriffe Rohstoffe, Hilfsstoffe, Betriebsstoffe*
- *Beherrschen der verschiedenen Möglichkeiten zur Ermittlung des Materialverbrauchs und deren buchhalterische Auswirkungen*
- *Fähigkeit zum Nachvollziehen der buchhalterischen Durchführung eines Geschäftsgangs mit Umsatzerlösen und Materialverbrauch*

Ein Industriebetrieb setzt zur Leistungserstellung Produktionsfaktoren ein, deren wertmäßiger Verzehr Aufwand im Sinne der Buchhaltung ist. So wird sich in einem Produktionsbetrieb neben Aufwendungen für Personal und Betriebsmittel insbesondere der Verbrauch an Roh-, Hilfs- und Betriebsstoffen als Aufwand niederschlagen.

Rohstoffe sind diejenigen Werkstoffe, die als Hauptbestandteile in die Produkte eingearbeitet werden, z.B. in der Möbelfabrik der Rohstoff Holz.

Hilfsstoffe gehen zwar auch als Bestandteile in die Erzeugnisse ein, sind aber mengen- und/oder wertmäßig von untergeordneter Bedeutung, so daß eine exakte stückmäßige Erfassung nicht möglich oder nicht erforderlich ist, z.B. Schrauben, Leim.

Betriebsstoffe sind z.B. elektrische Energie, Schmiermittel oder Öl, also Stoffe, die zum Betreiben der Anlagen und damit zur Aufrechterhaltung der Produktion zwangsläufig verbraucht werden.

Die nachfolgenden Ausführungen über den Rohstoffverbrauch gelten analog für Hilfs- und Betriebsstoffe. Sobald Rohstoffe aus dem Lagerbestand entnommen und zur Verarbeitung in die Fertigung gegeben werden, werden sie zu Aufwendungen und müssen als solche erfolgswirksam gebucht werden. Der Verbrauch an Rohstoffen muß daher wertmäßig erfaßt werden.

Für die Ermittlung des Materialverbrauchs stehen verschiedene Möglichkeiten zur Verfügung:

(1) Direkte Ermittlung des Verbrauchs durch Materialentnahmescheine

In Betrieben mit umfangreichem Materialverbrauch wird schon aus Gründen einer optimalen Lagerhaltung eine Lagerverwaltung institutionalisiert sein, die jede verbrauchsbedingte Materialentnahme belegmäßg erfaßt. In diesem Fall wird der Verbrauch an Rohstoffen laut Materialentnahmescheine einerseits als Minderung im Bestandskonto und andererseits als Rohstoffaufwand gebucht.

Rohstoffaufwand   80.000,– | Rohstoffe   80.000,–

Dann ergibt sich als Saldo im Rohstoffbestandskonto der Soll-Schlußbestand, der mit dem Ist-Bestand als Ergebnis der Inventur abgestimmt werden kann.

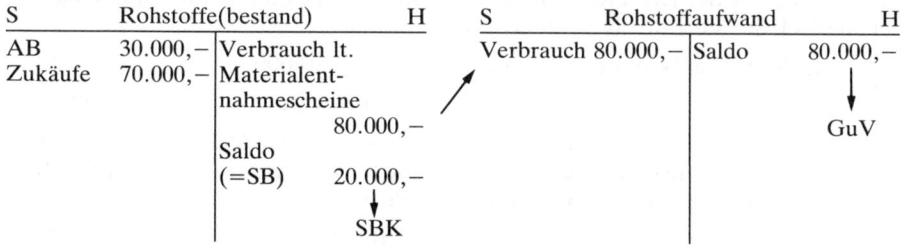

Analoge Buchung des Verbrauchs von Hilfs- und Betriebsstoffen:

Hilfsstoffaufwendungen an Hilfsstoffe
Betriebsstoffaufwendungen an Betriebsstoffe

Vorteile dieses Verfahrens:

1. Informationsgewinn: Über die Materialentnahmescheine können wertvolle Informationen gesammelt und ausgewertet werden
   – für eine optimale Beschaffungs- und Lagerhaltungspolitik, weil bei kontinuierlicher Fortschreibung stets die aktuellen Bestände jeder Güterart bekannt sind;

– für die Kostenrechnung, weil auf den Materialentnahmescheinen eine verursachungsgemäße Zuordnung des Verbrauchs zu Kostenstellen und/oder Kostenträgern erfolgen kann, was für Betriebsabrechnung und Kalkulation von Bedeutung ist.

2. Kontrollmöglichkeit: Der durch Saldierung ermittelte Schlußbestand ist der Bestand, der sich – unter der Prämisse korrekter buchhalterischer Erfassung – auf Lager befinden müßte. Durch Vergleich dieses Sollbestandes mit dem durch Inventur ermittelten tatsächlichen Bestand läßt sich der unbemerkt gebliebene und folglich buchungsmäßig nicht erfaßte Schwund aufdecken und als außerordentlicher Aufwand nachträglich buchen. Dies gilt ebenso für den natürlichen Schwund (Verderb, Gewichtsverlust etc.) wie für rechtswidrigen Schwund (Diebstahl, Unterschlagung etc.) und Katastrophenverschleiß (Brandschäden etc.).

Nachteil dieses Verfahrens:

Hoher Erfassungsaufwand des Verbrauchs.

(2) Indirekte Ermittlung des Verbrauchs aufgrund der Inventur (Inventurvergleichsmethode)

In Betrieben mit geringem Materialverbrauch und übersichtlichem Lager wird oft auf eine aufwendige Lagerverwaltung verzichtet. In diesem Fall wird unterstellt, daß die Bestandsminderung im Lagervorrat ausschließlich auf Verbrauch zurückzuführen ist. Unter dieser Prämisse gilt die Gleichung

Verbrauch = AB + Zukäufe − SB lt. Inventur

Der Materialverbrauch wird also nicht kontinuierlich, sondern indirekt erfaßt, indem am Ende der Rechnungsperiode der Inventurbestand ermittelt und daraus rechnerisch der Verbrauch gefolgert wird.

Buchung des Schlußbestandes lt. Inventur   DM 20.000,−:

SBK   20.000,− | Rohstoffe   20.000,−

Nun zeigt sich im Rohstoffbestandskonto im Haben ein Saldo, der unterstellungsgemäß als verbrauchsbedingte Bestandsminderung gedeutet und folglich im Soll des Rohstoffaufwandskontos gegengebucht wird.

Rohstoffaufwand   80.000,− | Rohstoffe   80.000,−

S	Rohstoffe(bestand)	H	S	Rohstoffaufwand	H
AB	30.000,−	SB lt. Inv. 20.000,−	Verbr.	80.000,−	Saldo 80.000,−
Zukäufe	70.000,−	Saldo (=Verbrauch) 80.000,−			GuV

SBK

Vorteil dieses Verfahrens:

Da die Materialentnahmen belegmäßig nicht erfaßt werden, erübrigt sich eine institutionalisierte Lagerverwaltung; dies bedeutet Kostenersparnis.

Nachteile dieses Verfahrens:

Keine Informationen über den materialbedingten Kostenanfall bezogen auf den Verwendungszweck. Keine Kontrolle über den Schwund.

(3) Retrograde Ermittlung des Verbrauchs aufgrund der produzierten Erzeugnismenge

Wenn die produzierten Erzeugnisse gemäß Bauplan, Rezept o.ä. bestimmte Bestandteile in bestimmter mengenmäßiger Zusammensetzung enthalten müssen, um als Fertigerzeugnisse Absatzreife zu erlangen, kann aus der Anzahl der erstellten Erzeugnisse und der bekannten materialmäßigen Zusammensetzung durch Rückrechnung gefolgert werden, wieviel Material bei der Produktion verbraucht worden sein muß. Der wertmäßige Verbrauch kann dann durch Gewichtung der Verbrauchsmengen mit den Kosten je Mengeneinheit ermittelt werden.

Die buchhalterische Behandlung entspricht der bei Methode (1).

Vorteil dieses Verfahrens:

Durch Verzicht auf kontinuierliche Erfassung des Verbrauchs auf Materialentnahmescheinen Verringerung des Erfassungsaufwands gegenüber Verfahren (1).

Nachteil dieses Verfahrens:

Die Anwendbarkeit ist begrenzt auf Produktionsprozesse mit Mehrfachfertigung und konstanter Materialzusammensetzung.

(4) Ermittlung des Verbrauchs beim „Just-in-time-Verfahren"

Zwecks Minimierung der Lagerhaltungskosten und des Lagerhaltungsrisikos wird seitens der Hersteller der Endprodukte bzw. der Einzelhändler in zunehmendem Maße eine enge zeitliche Verknüpfung zwischen Anlieferung und Verbrauch der Vorprodukte angestrebt.

Beispiele:

– Eine Glaswarenfabrik befördert die füllbereiten Flaschen direkt aus dem eigenen Produktionsprozeß über ein Laufband an die Abfüllanlage des benachbarten Getränkeherstellers.
– Baumaterial wird unmittelbar vor Verbrauch vom Baustoffhersteller oder -händler direkt zur Baustelle gebracht.
– Molkereiprodukte werden täglich frisch vom Hersteller direkt zum Abverkauf in die Regale des Einzelhandelsgeschäfts gestellt.
– Kraftfahrzeugteile werden vom Zulieferer direkt an die Fertigungsstraße des Kraftfahrzeugherstellers geliefert.

Im Extremfall wird mit dem „Just-in-time-Verfahren" angestrebt, daß die Vorprodukte in demselben Zeitpunkt, in dem sie im Fertigungsprozeß benötigt werden, vom Zulieferer an den Verarbeitungsort gebracht werden. Dieses Verfahrens stellt höchste Ansprüche an Logistik und Fertigungsplanung sowie an die Zuverlässigkeit der Lieferanten.

In buchhalterischer Hinsicht ist aus diesem Liefersystem eine weitere Form der Erfassung des Materialverbrauchs abzuleiten. Grundsätzlich besteht für jeden Gegenstand des Umlaufvermögens, somit auch für bezogene Fremdbauteile und andere Gegenstände des Vorratsvermögens, Aktivierungspflicht. Da jedoch bei Anlieferung „just in time" keine Bevorratung stattfindet, kann das gelieferte und sogleich verbrauchte Material auch unter Umgehung einer bestandsverändernden Buchung sofort im Aufwandskonto gebucht werden:

per Aufwand für bezogene Fremdbauteile an Verbindlichkeiten

Eine Buchung der Zugänge im Bestandskonto entfällt ebenso wie die Umbuchung der verbrauchsbedingten Abgänge auf das zugehörige Aufwandskonto. Dennoch wird üblicherweise ein Bestandskonto geführt, um die Sicherheitsreserve („eiserner Bestand") und die ablaufbedingten geringen Bestandsschwankungen buchhalterisch zu erfassen. Hierzu wird – wie bei der Inventurvergleichsmethode – der Schlußbestand durch Inventur ermittelt und gebucht:

SBK | Bestandskonto

Der Saldo des Bestandskontos gibt die Bestandsveränderung wieder und wird – als zusätzlicher Verbrauch oder als Minderverbrauch – in bekannter Weise auf das Aufwandskonto umgebucht:

Aufwandskonto | Bestandskonto

	Bestandskonto (z.B. bezogene Fremdbauteile)			Aufwandskonto (z.B. Aufw. für bez. Fremdbauteile)	
S		H	S		H
AB 30.000,–	SB lt. Inv. 29.000,– (Gegenbuchung: SBK) Saldo 1.000,– (= Bestandsveränderung)	→	Verbrauch 70.000,– (Gegenbuchung: Verbindlichkeiten) Saldo des Best.kto. 1.000,–	Saldo 71.000,– ↓ GuV	

Aufgabe A3/1:

Geschäftsgang mit Umsatzerlösen und Materialverbrauch

Anfangsbestände:

Maschinen	30.000,–	Kasse	3.000,–
Rohstoffe	20.000,–	Bankguthaben	15.000,–
Hilfsstoffe	2.000,–	Darlehensschulden	35.000,–
Forderungen	50.000,–	Verbindlichkeiten	45.000,–

Geschäftsvorfälle:

1) Bareinkauf von Hilfsstoffen   1.000,–
2) Rohstoffverbrauch lt. Materialentnahmescheine (ME)   6.000,–
3) Banküberweisung von Löhnen   15.000,–
4) Zielverkauf von Fertigerzeugnissen   23.000,–
5) Unser Girokonto wird mit Darlehenszinsen belastet   1.000,–
6) Zieleinkauf von Rohstoffen   5.000,–
7) Mieteinnahme bar   2.000,–
8) Bargeldlose Zahlung von Gehältern   7.000,–
9) Verkauf aller restlichen Fertigerzeugnisse gegen Bankscheck   12.000,–

Abschlußangaben:

Schlußbestand lt. Inventur: Hilfsstoffe   2.000,–

(Der Verbrauch ist retrograd (indirekt) zu ermitteln und auf Konto Hilfsstoffaufwendungen umzubuchen.)

Lösung:

Buchungssätze:

1)	Hilfsstoffe	1.000,–	|	Kasse	1.000,–
2)	Rohstoffaufwendungen	6.000,–	|	Rohstoffe	6.000,–
3)	Personalaufwendungen	15.000,–	|	Bank	15.000,–
4)	Forderungen	23.000,–	|	Umsatzerlöse	23.000,–
5)	Zinsaufwendungen	1.000,–	|	Bank	1.000,–
6)	Rohstoffe	5.000,–	|	Verbindlichkeiten	5.000,–
7)	Kasse	2.000,–	|	Mieterträge	2.000,–
8)	Personalaufwendungen	7.000,–	|	Bank	7.000,–
9)	Bank	12.000,–	|	Umsatzerlöse	12.000,–

Abschlußbuchung:

SBK	2.000,–	|	Hilfsstoffe	2.000,–

A	Eröffnungsbilanz		P
Maschinen	30.000,–	Eigenkapital	40.000,–
Rohstoffe	20.000,–	Darlehensschulden	35.000,–
Hilfsstoffe	2.000,–	Verbindlichkeiten	45.000,–
Forderungen	50.000,–		
Kasse	3.000,–		
Bank	15.000,–		
	120.000,–		120.000,–

S	Maschinen		H
AB	30.000,–	SBK	30.000,–

S	Rohstoffe		H
AB	20.000,–	2)	6.000,–
6)	5.000,–	SBK	19.000,–

S	Hilfsstoffe		H
AB	2.000,–	SBK	2.000,–
1)	1.000,–	(SB lt. Inventur)	
		Verbrauch	1.000,–

S	Forderungen		H
AB	50.000,–	SBK	73.000,–
4)	23.000,–		

S	Kasse		H
AB	3.000,–	1)	1.000,–
7)	2.000,–	SBK	4.000,–

S	Bank		H
AB	15.000,–	3)	15.000,–
9)	12.000,–	5)	1.000,–
		8)	7.000,–
		SBK	4.000,–

S	Eigenkapital		H
SBK	47.000,–	AB	40.000,–
		GuV	7.000,–

S	Darlehensschulden		H
SBK	35.000,–	AB	35.000,–

S	Verbindlichkeiten		H
SBK	50.000,–	AB	45.000,–
		6)	5.000,–

S	Rohstoffaufwand		H
2)	6.000,–	GuV	6.000,–

S	Personalaufwand		H
3)	15.000,–	GuV	22.000,–
8)	7.000,–		

S	Hilfsstoffaufwand		H
Verbrauch	1.000,–	GuV	1.000,–

S	Zinsaufwand		H
5)	1.000,–	GuV	1.000,–

S	Mieterträge		H
GuV	2.000,–	7)	2.000,–

S H		Umsatzerlöse	
GuV	35.000,–	4)	23.000,–
		9)	12.000,–

S	GuV		H
Rohstoffaufwand	6.000,–	Umsatzerlöse	35.000,–
Hilfsstoffaufwand	1.000,–	Mieterträge	2.000,–
Personalaufwand	22.000,–		
Zinsaufwand	1.000,–		
EK (Gewinn)	7.000,–		
	37.000,–		37.000,–

S	SBK		H
Maschinen	30.000,–	EK	47.000,–
Rohstoffe	19.000,–	Darlehensschulden	35.000,–
Hilfsstoffe	2.000,–	Verbindlichkeiten	50.000,–
Forderungen	73.000,–		
Kasse	4.000,–		
Bank	4.000,–		
	132.000,–		132.000,–

Aufgabe A3/2:

Geschäftsgang mit Umsatzerlösen und Materialverbrauch

Anfangsbestände:

Maschinen	84.600,–	Eigenkapital	71.000,–
Rohstoffe	38.300,–	Darlehensschulden	60.500,–
Betriebsstoffe	9.100,–	Verbindlichkeiten	24.200,–
Forderungen	27.600,–	Bankschulden	8.700,–
Kasse	4.800,–		

Geschäftsvorfälle:

1) Zieleinkauf von Rohstoffen   6.320,–
2) Kauf einer Fertigungsmaschine gegen Bankscheck   8.500,–
3) Zielverkauf von Fertigerzeugnissen   11.240,– GuV
4) Bargeldlose Lohnzahlung   13.650,–
5) Kunde begleicht Rechnung durch Banküberweisung   11.080,–
6) Barkauf von Büromaterial   410,–
7) Betriebsstoffverbrauch lt. Materialentnahmeschein   1.830,–
8) Zinsbelastung durch die Bank   520,–
9) Verkauf aller restlichen Fertigerzeugnisse gegen Bankscheck   18.670,– GuV
10) Banküberweisung der Miete für unsere Geschäftsräume   4.800,–
11) Verkauf einer gebrauchten Maschine gegen Bankscheck 13.900,–

Abschlußangaben:

Schlußbestand lt. Inventur: Rohstoffe 30.900,–

Lösung im Lösungsteil

3.2.4 Bestandsveränderungen an unfertigen und fertigen Erzeugnissen

Lernziele:

- *Fähigkeit zur Angabe von betriebswirtschaftlichen Gründen für Diskrepanzen zwischen Produktionsmenge und Absatzmenge innerhalb einer Abrechnungsperiode*

- *Fähigkeit zum Verstehen und zur Erklärung der Verfälschung des Erfolgsausweises als Folge von Diskrepanzen zwischen Produktionsmenge und Absatzmenge*

- *Fähigkeit zum Verstehen und zur Erklärung der Notwendigkeit von buchhalterischen Maßnahmen mit erfolgsneutralisierender Wirkung*

- *Kenntnis der Funktion des Kontos Bestandsveränderungen an unfertigen und fertigen Erzeugnissen*

- *Beherrschen der buchungstechnischen Durchführung dieser Maßnahme*

Die bisherigen Darstellungen haben gezeigt, daß zur Ermittlung des wirtschaftlichen Erfolgs einer Rechnungsperiode die Umsatzerlöse und die Aufwendungen in der GuV-Rechnung gegenübergestellt werden.

Die Umsatzerlöse beziehen sich auf die abgesetzten Leistungseinheiten, die Aufwendungen dagegen weitgehend auf die produzierten Leistungen. Die Aufwandsseite beinhaltet also (unter anderem) sämtliche Aufwendungen zum Zwekke der Produktion unabhängig davon, ob die produzierten Leistungen in derselben Geschäftsperiode zu Umsatzerlösen geführt haben oder erst in späteren Perioden abgesetzt werden. Andererseits werden die abgesetzten Erzeugnisse mit ihren Verkaufspreisen als Umsatzerlöse erfaßt unabhängig davon, ob sie in derselben oder schon in einer früheren Periode produziert worden sind. Deshalb hat der in der GuV sich ergebende Gewinn- oder Verlustsaldo nur dann eine verläßliche Aussagekraft im Hinblick auf den wirtschaftlichen Erfolg der Rechnungsperiode, wenn produzierte und abgesetzte Leistungseinheiten (LE) annähernd mengengleich sind (Produktion = Absatz).

GuV (bei P = A)

Aufwendungen für die in dieser Periode produzierten (und abgesetzten) LE	Umsatzerlöse aus den in dieser Periode (produzierten und) abgesetzten LE

Gewinn (oder) Verlust
aus dem Umsatz der in dieser Periode produzierten und abgesetzten LE.

Diese Voraussetzung annähernd gleicher Produktions- und Absatzmengen ist in einem Industriebetrieb jedoch im allgemeinen nicht gegeben. Gründe für die übliche Diskrepanz zwischen Produktionsmenge und Absatzmenge in einer Abrechnungsperiode sind u.a.:

- lange, z.T. überjährige Fertigungszeiten, wie z.B. im Großanlagenbau;
- Aufbau eines Lagervorrats aus Wettbewerbsgründen (kürzere Lieferfristen);

- Beibehaltung einer (möglichst hochgradigen) gleichbleibenden Auslastung der Produktionskapazität trotz schwankender Absatzmengen, um im Bereich des Stückkostenminimums zu bleiben. (Die Stückkosten steigen bei Verringerung der Produktionsmenge infolge nicht abbaufähiger Fixkosten und bei Erhöhung der Produktionsmenge infolge progressiv steigender variabler Kosten.)

Jede Ungleichheit zwischen Produktionsmenge (P) und Absatzmenge (A) führt zu einer Veränderung der Lagerbestände an gefertigten Erzeugnissen.

$P > A \Rightarrow$ Bestandsmehrung
$P < A \Rightarrow$ Bestandsminderung

Nach der bisherigen Darstellung der Erfolgsbuchungen würde eine Bestandsmehrung ($P > A$) dazu führen, daß der wirtschaftliche Erfolg durch die Aufwendungen für den Produktionsüberschuß ungerechtfertigt geschmälert würde:

GuV (bei $P > A$)

Aufwendungen für die in dieser Periode produzierten **und** abgesetzten LE + Aufwendungen für die in dieser Periode produzierten, aber noch **nicht** abgesetzten LE (Produktionsüberschuß dieser Periode)	Umsatzerlöse aus den in dieser Periode abgesetzten LE

Eine Bestandsminderung ($P < A$) würde demgegenüber den Erfolgsausweis infolge der aus dem Lagerabbau erzielten Umsatzerlöse ungerechtfertigt erhöhen:

GuV (bei $P < A$)

Aufwendungen für die produzierten **und** abgesetzten LE	Umsatzerlöse aus den in dieser Periode abgesetzten **und** produzierten LE + Umsatzerlöse aus den in dieser Periode abgesetzten, aber **nicht** produzierten LE (Produktionsüberschuß vergangener Perioden)

Da ein solches buchhalterisches Vorgehen den Erfolgsausweis in seiner Aussagefähigkeit stark beeinträchtigen würde, müssen die Bestandsveränderungen buchhalterisch so berücksichtigt werden, daß sie **erfolgsneutral** wirken.

Bei $P > A$:

Die Aufwendungen für den Produktionsüberschuß in dieser Periode gelangen mit allen anderen Aufwendungen in das GuV-Konto. Eine erfolgsneutralisierende Kompensation dieser Aufwendungen wird dadurch erreicht, daß die sich aus dem Produktionsüberschuß ergebende Bestandsmehrung als Wertezufluß dieser Periode (= Ertrag) erfaßt wird.

Bei $P < A$:

Der Mehrerlös aus dem Lagerabbau wird erfolgsmäßig dadurch kompensiert, daß die aus dem Lagerabbau sich ergebende Bestandsminderung als Werteabfluß dieser Periode (= Aufwand) erfaßt wird.

Buchungstechnisch ist dieser betriebswirtschaftlich relativ komplizierte Gedankengang einfach zu bewältigen:

Man ermittelt die Bestandsveränderung durch Gegenüberstellung von Anfangsbestand und Schlußbestand (lt. Inventur) und bucht diese über das Erfolgskonto Bestandsveränderungen (BV), von dort erfolgt der Abschluß über das GuV-Konto; dies erfolgt getrennt für unfertige Erzeugnisse (UE) und Fertigerzeugnisse (FE).

Beispiel:

```
UE: AB 100
    P    700  <  A     720
              ⇒ SB     80    (Gegenbuchung: SBK)
              ⇒ BV −   20    (Gegenbuchung: BV)

FE: AB  50
    P    400  >  A     340
              ⇒ SB    110    (Gegenbuchung: SBK)
              ⇒ BV +   60    (Gegenbuchung: BV)
```

S	Unf. Erzeugnisse	H		S	Fertigerzeugnisse	H
AB	100	SB lt. Inv. 80		AB	50	SB lt. Inv. 110
		BV 20		BV	60	

S	Bestandsveränderungen	H
UE	20	FE 60
GuV	40	

S	GuV	H		S	SBK	H
		BV 40		UE	80	
				FE	110	

Ebenso kann sich insgesamt eine negative Bestandsveränderung ergeben, die sich zur Kompensation der Mehrerlöse im GuV-Konto auf der Sollseite niederschlagen würde.

Beispiel:

	AB	SB
UE	38.000,−	37.000,−
FE	62.000,−	55.000,−

S	UE	H		S	FE	H
AB	38.000,−	SB 37.000,−		AB	62.000,−	SB 55.000,−
		BV 1.000,−				BV 7.000,−

S	BV	H
UE	1.000,−	GuV 8.000,−
FE	7.000,−	

S	GuV	H
BV	8.000,–	

S	SBK	H
UE	37.000,–	
FE	55.000,–	

Beispiel:

UE:	AB	61.000,–	Mehrbestand	18.000,–
FE:	AB	41.000,–	Minderbestand	3.000,–

S	UE	H
AB	61.000,–	SB	79.000,–
BV	18.000,–		

S	FE	H
AB	41.000,–	BV	3.000,–
		SB	38.000,–

S	BV	H
FE	3.000,–	UE	18.000,–
GuV	15.000,–		

S	GuV	H
		BV	15.000,–

S	SBK	H
UE	79.000,–	
FE	38.000,–	

3.3 Das Privatkonto

Lernziele:

- *Fähigkeit zur buchhalterischen Interpretation von buchungsrelevanten Sachverhalten mit privatem Charakter*
- *Fähigkeit zum Erkennen der Notwendigkeit der Einrichtung eines Privatkontos*
- *Fähigkeit zur Buchung privat verursachter Buchungsfälle*
- *Fähigkeit zur selbständigen Lösung von Geschäftsgängen unter Berücksichtigung von Bestandsveränderungen an unfertigen und fertigen Erzeugnissen sowie Privatvorgängen*

Wenn das Betriebsvermögen vermindert wird zum Zwecke privater Verwendung durch den Unternehmer, dann ist dies kein Aufwand im Sinne der Erfolgsrechnung, sondern der Kaufmann mindert lediglich seine frühere Kapitaleinlage bzw. er entnimmt einen Vorschuß auf den zu erwartenden Gewinn. So entnimmt der Unternehmer seinem Betriebsvermögen regelmäßig liquide Mittel, um seinen privaten Lebensunterhalt zu bestreiten. Daneben ist es aber auch möglich, Sachwerte für den Eigenverbrauch zu entnehmen (z.B. Fertigerzeugnisse, Betriebsstoffe) und betriebliche Anlagen privat zu nutzen (z.B. Kraftfahrzeug für Privatfahrten).

Diese privat verursachten Eigenkapital-Minderungen müssen durch Ausstellen eines Eigenbelegs aufgezeichnet und buchhalterisch erfaßt werden. Um das Eigenkapitalkonto jedoch von häufig sich wiederholenden Vorgängen freizuhalten sowie zwecks besserer Übersicht über die Privatentnahmen wird dem Eigenkapitalkonto ein besonderes **Privatkonto** vorgeschaltet. Es ist – wie die Aufwands- und Ertragskonten – ein Unterkonto des Passivkontos Eigenkapital. Daraus folgt: Es hat keinen eigenen Anfangsbestand, und gebucht wird wie auf jedem Passivkonto, d.h. Privatentnahmen als Minderung des Eigenkapital-Bestandes im Soll.

Zusätzliche Kapitaleinlagen aus Privatvermögen wären dementsprechend im Haben zu buchen; sie werden jedoch häufig unter Umgehung des Privatkontos direkt als Mehrung im Eigenkapitalkonto im Haben gebucht.

Beispiele für privat verursachte Buchungsfälle:

1) Barentnahme für private Zwecke   DM 500,–
   Privatkonto   500,– | Kasse   500,–
2) Banküberweisung der Miete für die Geschäftsräume   DM 2.000,–,
   für die Privatwohnung   DM 1.000,–
   Mietaufwand   2.000,– | Bank   3.000,–
   Privatkonto   1.000,– |

Auch die Entnahme von Fertigerzeugnissen für den privaten Verbrauch oder die private Nutzung von Betriebsvermögen sind im Soll des Privatkontos zu buchen. Andererseits sind diese Vorgänge (ähnlich einem Umsatzerlös für verkaufte Güter oder Leistungen) als Ertrag im Konto Eigenverbrauch zu buchen. Durch diese Ertragsbuchung sollen die Aufwandsbuchungen neutralisiert werden, die durch die Produktion der Fertigerzeugnisse (z.B. in Form von Aufwendungen für Personal und Rohstoffe) bzw. durch die Unterhaltung des Kraftfahrzeugs (z.B. Versicherungsaufwand, Reparaturaufwand) veranlaßt worden sind.

S	Privat	H		S	EK	H
Privatentnahmen	Saldo	→		Saldo Privatkonto	AB	
				SB	Privateinlagen	

Aufgabe A3/3:

Geschäftsgang mit Bestandsveränderungen an UE und FE sowie Privatvorgängen

Anfangsbestände:

Maschinen	DM 60.000,–
Rohstoffe	DM 40.000,–
Fertigerzeugnisse	DM 50.000,–
Forderungen	DM 40.000,–
Kasse	DM 5.000,–
Bankguthaben	DM 5.000,–
Eigenkapital	DM 60.000,–
Darlehensschulden	DM 90.000,–
Verbindlichkeiten	DM 50.000,–

Geschäftsvorfälle:

1)	Bareinkauf von Rohstoffen	DM 3.000,–
2)	Zielverkauf von Fertigerzeugnissen	DM 10.000,–
3)	Privatentnahme bar	DM 1.000,–
4)	Maschinenreparatur, Eingang der Rechnung	DM 800,–
5)	Verkauf einer Maschine gegen Bankscheck	DM 9.000,–
6)	Bank belastet unser Girokonto mit Zinsen für Darlehen	DM 1.600,–
7)	Kunden überweisen auf Bankkonto	DM 4.000,–
8)	Rohstoffverbrauch lt. Materialentnahmeschein	DM 2.000,–
9)	Banküberweisung der Gehälter	DM 13.000,–

10) Banküberweisung für Büromiete   DM   1.000,–
11) Verkauf von Fertigerzeugnissen gegen Bankscheck   DM   5.000,–

Abschlußangaben:

Schlußbestand der Fertigerzeugnisse lt. Inventur   DM 43.000,–
Schlußbestand der unfertigen Erzeugnisse lt. Inventur   DM   3.000,–

Lösung im Lösungsteil

Aufgabe A3/4:

A	Eröffnungsbilanz		P
Maschinen	63.600,–	Eigenkapital	57.000,–
Geschäftsausstattung	7.900,–	Darlehensschulden	43.000,–
Rohstoffe	6.600,–	Verbindlichkeiten	18.600,–
UE	11.400,–		
FE	7.900,–		
Forderungen	13.100,–		
Kasse	6.700,–		
Bank	1.400,–		
	118.600,–		118.600,–

Aufgabenstellung:

a) Richten Sie die erforderlichen Bestandskonten ein, und eröffnen Sie diese mit den Anfangsbeständen aus der Eröffnungsbilanz!
b) Richten Sie außerdem folgende Konten ein:
   Löhne, Büroaufwendungen, Rohstoffaufwendungen, Umsatzerlöse, Privat, Eigenverbrauch, BV, GuV, SBK!
c) Buchen Sie folgende Geschäftsvorfälle und Abschlußangaben:

Geschäftsvorfälle:

1) Lohnzahlung durch Banküberweisung   4.720,–
2) Barverkauf von Fertigerzeugnissen   2.080,–
3) Banklastschrift wegen Tilgungsrate für Darlehen   2.400,–
4) Eigentümer zahlt aus einer Erbschaft auf Bankkonto ein   10.000,–
5) Banküberweisung von Liefererschulden   9.760,–
6) Kauf einer Schreibmaschine gegen Bankscheck   1.980,–
7) Verkauf einer gebrauchten Fertigungsmaschine gegen Verrechnung von Liefererschulden   5.900,–
8) Privatentnahme von Fertigerzeugnissen   820,–
9) Zielverkauf von Fertigerzeugnissen   16.070,–
10) Privatentnahme bar   690,–
11) Zieleinkauf von Rohstoffen   4.120,–
12) Bareinkauf von Schreibmaterial   140,–
13) Kunden zahlen durch Banküberweisung   5.350,–

Abschlußangaben:

Schlußbestände: UE   13.100,–
                 FE   7.800,–
                 Rohstoffe   5.700,–

d) Schließen Sie die Konten in folgender Reihenfolge ab:

Konto:	Saldo gegenbuchen in Konto:
UE, FE	BV
Rohstoffe	Rohstoffaufwendungen

Löhne
Büroaufwand
Rohstoffaufwand } GuV
Umsatzerlöse
Eigenverbrauch
BV

GuV } EK
Privat

sämtliche } SBK
Bestandskonten

Lösung im Lösungsteil

4. Kapitel:
Kontenrahmen und Kontenplan

4.1 Kontenrahmen

Lernziele:

- *Erkennen der Vorteile einer systematischen numerischen Ordnung aller Konten*
- *Kenntnis der historischen Entwicklung der Kontenrahmen zur Industriebuchführung*
- *Kenntnis des grundlegenden Gliederungsprinzips und des konkreten Aufbaus des IKR*

In vielen Lebensbereichen hat es sich als zweckmäßig erwiesen, bestimmte Merkmale durch Zuordnung numerischer Zeichen zu systematisieren (z.B. Postleitzahlen, Hausnummern, Gliederungspunkte in Sachbüchern, Gesetzesparagraphen, amtliche Kfz-Kennzeichen und anderes mehr). Auch im betrieblichen Rechnungswesen sind zwecks rationeller Gestaltung den einzelnen Konten Zahlen zugeordnet, und zwar auf der Grundlage einer einheitlichen Kontensystematik für alle branchengleichen Unternehmen. Damit sollen u.a. folgende Vorteile erreicht werden:

- Kürzere und eindeutige Kontenbezeichnung in Form von Nummern im Vergleich zu verbaler Benennung,
- Erleichterung von zwischenbetrieblichen Vergleichen,
- Unterstützung des Verständnisses für die inhaltlichen Zusammenhänge zwischen den Konten.

Unter dieser Zielsetzung sind sämtliche Konten, die in einem Unternehmen bestimmter Branche benötigt werden könnten, durch Nummern systematisch geordnet und in einem **„Kontenrahmen"** übersichtlich zusammengefaßt. Da im Rechnungswesen der Handelsbetriebe teilweise mit anderen Konten gearbeitet werden muß (z.B. Wareneinkaufskonto) als im Bankbetrieb (z.B. Spareinlagen mit gesetzlicher Kündigungsfrist) oder im Industriebetrieb (z.B. Rohstoffe), sind von den Spitzenverbänden der einzelnen Wirtschaftszweige unterschiedliche Kontenrahmen erstellt und zur Anwendung empfohlen worden. Eine weitergehende Differenzierung in branchenspezifische Kontenrahmen (z.B. Einzelhandel, Großhandel) durch die jeweiligen Fachverbände kann bei unterschiedlichen Anforderungen an das Rechnungswesen sinnvoll sein. Da in dieser Schrift die Buchführung der Industriebetriebe behandelt wird, wird der Industriekontenrahmen (IKR) zugrundegelegt.

Die Bemühungen um eine einheitliche Kontensystematik lassen sich bis zu den Ursprüngen der deutschen Betriebswirtschaftslehre zurückverfolgen; so kann auf Veröffentlichungen von Schär (1890, 1911) und Schmalenbach („Der Kontenrahmen", 1927) verwiesen werden.

Die staatlicherseits verordnete Vereinheitlichung des Rechnungswesens schlug sich im Jahre 1937 im **„Erlaßkontenrahmen"** nieder, dessen Anwendung verbindlich war. Demgegenüber hat der nachfolgende, im Jahre 1951 vom Bundesverband der Deutschen Industrie veröffentlichte „**Gemeinschaftskontenrahmen der Industrie**" (GKR) lediglich Empfehlungscharakter.

In den 60er Jahren wurden neue Überlegungen notwendig, insbesondere

- wegen des zunehmenden Auseinanderdriftens des industriellen Rechnungswesens;
- wegen des gewachsenen Bedürfnisses nach Harmonisierung des Rechnungswesens im Rahmen der Europäischen Gemeinschaft, insbesondere bei international tätigen Konzernen;
- wegen gestiegener Anforderungen an DV-gerechte Systematik;
- wegen veränderter Anforderungen an das Rechnungswesen als Folge des Vordringens vielfältiger Kostenrechnungsverfahren.

So entstand in Zusammenarbeit von Wissenschaft und Praxis der **Industrie-Kontenrahmen (IKR)**, der im Jahre 1971 vom Bundesverband der Deutschen Industrie vorgelegt und den Mitgliedsunternehmen zur Anwendung empfohlen wurde. Die 4. EG-Richtlinie betreffend die Vereinheitlichung der Rechnungslegungsvorschriften und die damit verbundenen Änderungen des Handelsgesetzbuches i.d.F. des Bilanzrichtlinien-Gesetzes von 1985 machten eine Anpassung des IKR '71 an die neuen Rechnungslegungsvorschriften erforderlich. Der Bundesverband der Deutschen Industrie hat daraufhin im Jahre 1986 eine Ergänzungs-Neufassung des Industrie-Kontenrahmens herausgegeben, den **IKR '86**. Diese Neufassung 1986 des IKR liegt diesem Buch zugrunde.

Der IKR systematisiert die Konten nach dem dekadischen System in die **Kontenklassen** 0, 1, 2, ... 9. Jede der 10 Kontenklassen wird wiederum in 10 **Kontengruppen** unterteilt (z.B. 20, 21, 22, ... 29). Diese mit zweistelligen Kontennummern versehenen Kontengruppen können ihrerseits in bis zu 10 **Konten(arten)** (dreistellig, z.B. 240, ... 249) und diese in bis zu 10 **Unterkonten (Kontenunterarten)** (vierstellig, z.B. 2001, 2002, ...) untergliedert werden.

Beispiel für die Untergliederung im IKR:

Klasse	2	Umlaufvermögen und aktive Rechungsabgrenzungsposten
Gruppe	20	Roh-, Hilfs- und Betriebsstoffe
Konto	200	Rohstoffe
Unterkonto	2000	Rechnungsbeträge für Rohstoffe

Der **vollständige IKR '86** in der Tiefgliederungsfassung des BDI[1] wird auf den Seiten 49ff. wiedergegeben.

Aus Gründen der Übersichtlichkeit wird diesem Buch eine leicht **gekürzte und modifizierte Fassung des IKR '86** zugrunde gelegt, die den Anforderungen vollauf genügt; der gekürzte IKR '86 ist als Faltblatt vor der 3. Umschlagseite dargestellt.

---

[1] Bundesverband der Deutschen Industrie e.V. (Hrsg.): Industrie-Kontenrahmen – IKR, Neufassung 1986 in Anpassung an das Bilanzrichtlinien-Gesetz, Tiefgliederung, 2. Auflage, Köln und Bergisch Gladbach 1986 (im folgenden zitiert als: BDI)

Die Grobstruktur des IKR wird mit folgendem Schema verdeutlicht:

Kontenklasse	Kontenart	
0 1 2	} aktive	
		} Bestandskonten
3 4	} passive	
5	Ertragskonten	
		} Erfolgskonten
6 7	} Aufwandskonten	
8	Konten der Ergebnisrechnungen	
9	Konten für Kosten- und Leistungsrechnung	

Mit diesem Aufbau folgt der IKR dem **Abschlußgliederungsprinzip**. Während seine Vorläufer die Konten nach ihrer Stellung im betrieblichen Ablauf gliederten, systematisiert der IKR '86 die Konten so, daß sie unmittelbar in den Jahresabschluß einfließen können. Er ordnet die Konten nach den gesetzlichen Gliederungsvorschriften für die Bilanz (§ 266 HGB) und die GuV-Rechnung (§ 275 HGB). Diese Gliederungsvorschriften sind zwingend für alle Unternehmen in der Rechtsform einer Kapitalgesellschaft; aber auch für Nicht-Kapitalgesellschaften ist die Anwendung dieser Gliederungsschemata in ihren Grundstrukturen empfehlenswert.

Jedem im Jahresabschluß ausweispflichtigen Posten ist im allgemeinen eine eigene namensgleiche Kontengruppe (oder zumindest ein eigenes Konto oder Unterkonto) zugeordnet. Dies macht die nachfolgende schematische Darstellung der Kontenzuordnung zum gesetzlichen Gliederungsschema der Bilanz und der GuV-Rechnung (Gesamtkostenverfahren) deutlich[2]: (vgl. Seiten 48 und 49).

Ergänzend mußten einige wenige Kontengruppen in den IKR aufgenommen werden, die nicht den Gliederungsschemata zur Bilanz und GuV-Rechnung enthalten sind, die aber aufgrund anderer Rechtsvorschriften ausweispflichtig sind (Kontengruppen 00, 01, 35, 59, 79).

In einem Fall wird allerdings eine systemwidrige Zuordnung in Kauf genommen: Der (sehr selten) auftretende Ausgleichsposten „Fehlbetrag" muß als letzter Posten auf der Aktivseite der Bilanz ausgewiesen werden und deshalb im Kontenrahmen letztes Konto der Klasse 2 sein. Da im dekadischen System eine weitere Kontengruppe nach 29 jedoch nicht zur Verfügung steht, hat das Konto „Fehlbetrag" die Nummer 299 bekommen, obwohl es inhaltlich keinesfalls der Kontengruppe 29 (Aktive Rechnungsabgrenzung) zugeordnet werden kann.

Eine Besonderheit stellt auch die Kontengruppe 33 „Ergebnisverwendung" dar, weil sie keiner gleichlautenden Bilanzposition entspricht. Die für die Gewinnverwendung relevanten Bilanzpositionen sind gem. § 266 HGB im Eigenkapital unter „IV. Gewinnvortrag/Verlustvortrag" (= der aus dem Vorjahr übertra-

---

[2] BDI, IKR '86, S. 17f.

Kontenzuordnung zum gesetzlichen Bilanzgliederungsschema

Konten-Klasse/Gruppe	Aktiva	Konten-Klasse/Gruppe	Passiva
00	*ausstehende Einlagen*;*	3	
01	*Aufw. f. Ingangsetzung und Erweiterung d. Geschäftsbetriebs;*		
	A. Anlagevermögen:		A. Eigenkapital
	I. Immaterielle Vermögensgegenstände:	30	I. Gezeichnetes Kapital;
		31	II. Kapitalrücklage;
02	1. Konzessionen, gewerbliche Schutzrechte und ähnliche Rechte und Werte sowie Lizenzen an solchen Rechten und Werten;	32	III. Gewinnrücklagen:
			1. gesetzliche Rücklage;
			2. Rücklage für eigene Anteile;
			3. satzungsmäßige Rücklagen;
03	2. Geschäfts- oder Firmenwert;		4. andere Gewinnrücklagen;
04	3. geleistete Anzahlungen;	33	IV. Gewinnvortrag/Verlustvortrag;
	II. Sachanlagen:	34	V. Jahresüberschuß/Jahresfehlbetrag.
05	1. Grundstücke, grundstücksgleiche Rechte und Bauten einschließlich der Bauten auf fremden Grundstücken;	35	*Sonderposten mit Rücklageanteil;*
		36	*Wertberichtigungen (Bei Kapitalgesellschaften als Passivposten der Bilanz nicht mehr zulässig).*
07	2. technische Anlagen und Maschinen;		
08	3. andere Anlagen, Betriebs- und Geschäftsausstattung;		B. Rückstellungen:
09	4. geleistete Anzahlungen und Anlagen im Bau;	37	1. Rückstellungen für Pensionen und ähnliche Verpflichtungen;
		38	2. Steuerrückstellungen;
1	III. Finanzanlagen:	39	3. sonstige Rückstellungen.
11	1. Anteile an verbundenen Unternehmen;		
12	2. Ausleihungen an verbundenen Unternehmen;	4	C. Verbindlichkeiten:
13	3. Beteiligungen;	41	1. Anleihen, davon konvertibel;
14	4. Ausleihungen an Unternehmen; mit denen ein Beteiligungsverhältnis besteht;	42	2. Verbindlichkeiten gegenüber Kreditinstituten;
		43	3. erhaltene Anzahlungen auf Bestellungen;
15	5. Wertpapiere des Anlagevermögens;	44	4. Verbindlichkeiten aus Lieferungen und Leistungen;
16	6. sonstige Ausleihungen.	45	5. Verbindlichkeiten aus der Annahme gezogener Wechsel und der Ausstellung eigener Wechsel;
2	B. Umlaufvermögen:	46	6. Verbindlichkeiten gegenüber verbundenen Unternehmen;
	I. Vorräte:	47	7. Verbindlichkeiten gegenüber Unternehmen, mit denen ein Beteiligungsverhältnis besteht;
20	1. Roh-, Hilfs- und Betriebsstoffe;		
21	2. unfertige Erzeugnisse, unfertige Leistungen;	48	8. sonstige Verbindlichkeiten, davon aus Steuern, davon im Rahmen der sozialen Sicherheit.
22	3. fertige Erzeugnisse und Waren;		
23	4. geleistete Anzahlungen;		
	II. Forderungen und sonstige Vermögensgegenstände:		
24	1. Forderungen aus Lieferungen und Leistungen;		
25	2. Forderungen gegen verbundene Unternehmen;	49	D. Rechnungsabgrenzungsposten.
	3. Forderungen gegen Unternehmen, mit denen ein Beteiligungsverhältnis besteht;		
26	4. sonstige Vermögensgegenstände;		
	III. Wertpapiere:		
	1. Anteile an verbundenen Unternehmen;		
27	2. eigene Anteile;		
	3. sonstige Wertpapiere;		
28	IV. Schecks, Kassenbestand, Bundesbank- und Postgiroguthaben, Guthaben bei Kreditinstituten.		
29	C. Rechnungsabgrenzungsposten.		* Die Posten in Kursivschrift sind im Bilanzgliederungsschema gemäß § 266 Abs. 2 HGB nicht aufgeführt, sind aber ggf. an dieser Stelle auszuweisen.

Kontenzuordnung zum gesetzlichen GuV-Gliederungsschema

Kontenklasse			Kontengruppe Aufwendungen/Erträge		GuV im Gesamtkostenverfahren
5	6	7	50/51		1. Umsatzerlöse
			52		2. Erhöhung oder Verminderung des Bestands an fertigen und unfertigen Erzeugnissen
			53		3. andere aktivierte Eigenleistungen
			54		4. sonstige betriebliche Erträge
					5. Materialaufwand:
			60		a) Aufwendungen für Roh-, Hilfs- und Betriebsstoffe und für bezogene Waren
			61		b) Aufwendungen für bezogene Leistungen
					6. Personalaufwand:
			62/63		a) Löhne und Gehälter
			64		b) soziale Abgaben und Aufwendungen für Altersversorgung und für Unterstützung, davon für Alterversorgung
			65		7. Abschreibungen: a) auf immaterielle Vermögensgegenstände des Anlagevermögens und Sachanlagen sowie auf aktivierte Aufwendungen für die Ingangsetzung und Erweiterung des Geschäftsbetriebs b) auf Vermögensgegenstände des Umlaufvermögens, soweit diese die in der Kapitalgesellschaft üblichen Abschreibungen überschreiten
			66-70		8. sonstige betriebliche Aufwendungen
				55	9. Erträge aus Beteiligungen, davon aus verbundenen Unternehmen
				56	10. Erträge aus anderen Wertpapieren und Ausleihungen des Finanzanlagevermögens. davon aus verbundenen Unternehmen
				57	11. sonstige Zinsen und ähnliche Erträge, davon aus verbundenen Unternehmen
			74		12. Abschreibungen auf Finanzanlagen und auf Wertpapiere des Umlaufvermögens
			75		13. Zinsen und ähnliche Aufwendungen, davon an verbundene Unternehmen
					14. Ergebnis der gewöhnlichen Geschäftstätigkeit
				58	15. außerordentliche Erträge
			76		16. außerordentliche Aufwendungen
					17. außerordentliches Ergebnis
			77		18. Steuern vom Einkommen und vom Ertrag
			78		19. sonstige Steuern
			79	59	*Aufwendungen/Erträge aus Ergebnisabführungsvertrag bei Tochtergesellschaft**
				34	20. Jahresüberschuß/Jahresfehlbetrag.

* Im GuV-Gliederungsschema gem. § 275 Abs. 2 nicht aufgeführt, aber ggf. an dieser Stelle auszuweisen

gene Gewinn/Verlust) und unter „V. Jahresüberschuß/Jahresfehlbetrag" (= die Ausgangsgröße für die diesjährige Gewinnverwendung) ausgewiesen. Ist jedoch bereits in der aufgestellten Bilanz – wie bei den großen Publikumsgesellschaften üblich – die teilweise Verwendung des Jahresergebnisses zur Bildung von Rücklagen berücksichtigt, werden diese Bilanzpositionen ersetzt durch den Posten „Bilanzgewinn/Bilanzverlust" (= der zur Verteilung vorgesehene Reingewinn). Um für beide Alternativen offen zu sein, wählt der IKR für die Kontengruppe 33 die neutrale Bezeichnung „Ergebnisverwendung"; die Verwendung des Jahresüberschusses kann dann durch Bildung von untergeordneten Konten buchhalterisch dargestellt werden.

Für die Erfolgskonten hat der IKR die Klassen 5 (Ertragskonten) sowie 6 und 7 (Aufwandskonten) vorgesehen. Darin werden die Erfolgsvorgänge vorwiegend nach ihrer Art unterschieden (z.B. Aufwendungen für Material, für Personal, für Kommunikation, für Zinsen). Dies kommt der herkömmlichen buchhalterischen Aufstellung der GuV-Rechnung bei nicht publizitätspflichtigen Unternehmen entgegen, die in Kontoform die Salden der Ertragsarten den Salden der Aufwandsarten gegenüberstellen.

Das HGB (§ 275) verlangt jedoch von Kapitalgesellschaften die Aufstellung der GuV-Rechnung in **Staffelform**. In der GuV-Staffel werden die Ertrags- und Aufwandsarten so gegenübergestellt, daß sich als Zwischensummen die Ergebnisse des betrieblichen Bereichs, des Finanzbereichs und des außerordentlichen Bereichs ermitteln lassen. Schematisch wird dies in folgender Aufstellung deutlich:

	Konten- gruppen	Ziffern in GuV-Staffel (GKV)
Erträge/betrieblicher Bereich	50-54	1-4
∴ Aufwendungen/betrieblicher Bereich	60-70	5-8
+ Erträge/Finanzbereich	55-57	9-11
∴ Aufwendungen/Finanzbereich	74-75	12-13
= Ergebnis der gewöhnlichen Geschäftstätigkeit		14
Außerordentliche Erträge	58	15
∴ Außerordentliche Aufwendungen	76	16
+/∴ = Außerordentliches Ergebnis		17
∴ Steuern vom Einkommen und Ertrag	77	18
∴ Sonstige Steuern	78	19
= Jahresüberschuß/Jahresfehlbetrag		20

(Vgl. auch die ausführliche Kontenzuordnung zum gesetzlichen GuV-Gliederungsschema/ Gesamtkostenverfahren, S. 48)

Die Kontenklasse 8 (Ergebnisrechnungen) erfaßt die Bilanzkonten
    800 Eröffnungsbilanzkonto (EBK) und
    801 Schlußbilanzkonto (SBK)
sowie das Erfolgssammelkonto

802 GuV-Konto (Gesamtkostenverfahren)
bzw. alternativ
803 GuV-Konto (Umsatzkostenverfahren).

(Die Unterschiede zwischen der GuV-Rechnung nach Gesamtkostenverfahren und Umsatzkostenverfahren sollen hier nicht erörtert werden; es wird verwiesen auf Teil B: Bilanzen).

Der Saldo im GuV-Konto zeigt den Jahresüberschuß/Jahresfehlbetrag. Dieser wird, wenn er in dieser Form publiziert wird, über das Passivkonto
34 Jahresüberschuß/Jahresfehlbetrag
abgeschlossen. Wird dagegen in der Bilanz nach teilweise erfolgter Gewinnverwendung der Bilanzgewinn ausgewiesen, muß das Jahresergebnis zwecks Verteilung vom GuV-Konto in die Kontengruppe
33 Ergebnisverwendung
übertragen werden; von dort gelangt es in die Bilanzpositionen Rücklagen und Bilanzgewinn.

Darüber hinaus bietet die Klasse 8 Kontierungsraum für die Kostenbereiche, die für die Entwicklung der GuV-Rechnung nach dem Umsatzkostenverfahren benötigt werden (Gruppen 81-84), und für den buchhalterischen Aufbau der kurzfristigen Erfolgsrechnung (Gruppen 85-89).

Ebenso kann die Klasse 9 für eine kontenmäßige Darstellung der Kosten- und Leistungsrechnung genutzt werden, obwohl diese in der Praxis üblicherweise tabellarisch durchgeführt wird.

Industriekontenrahmen (IKR '86)
(Tiefgliederung i.d.F. vom Bundesverband der Deutschen Industrie)

Kontenklasse 0

0 Immaterielle Vermögensgegenstände und Sachanlagen

00 Ausstehende Einlagen (bei Kapitalgesellschaften: auf das gezeichnete Kapital, bei Kommanditgesellschaften: ausstehende Kommanditeinlagen)

   001 noch nicht eingeforderte Einlagen

*   002 eingeforderte Einlagen (s. § 272 Abs. 1[1] und vgl. Ktn. 268 u. 305)

01 Aufwendungen für die Ingangsetzung und Erweiterung des Geschäftsbetriebes (s. § 269)

Immaterielle Vermögensgegenstände[2] (vgl. §248 Abs. 2)

02 Konzessionen, gewerbliche Schutzrechte und ähnliche Rechte und Werte sowie Lizenzen an solchen Rechten und Werten

   021 Konzessionen
   022 Gewerbliche Schutzrechte
   023 ähnliche Rechte und Werte
   024 Lizenzen an Rechten und Werten

03 Geschäfts- oder Firmenwert

   031 Geschäfts- oder Firmenwert
   032 Verschmelzungsmehrwert

04 Geleistete Anzahlungen auf immaterielle Vermögensgegenstände

Sachanlagen

05 Grundstücke, grundstücksgleiche Rechte und Bauten einschließlich der Bauten auf fremden Grundstücken

   050 unbebaute Grundstücke
   051 bebaute Grundstücke
      0511 – mit eigenen Bauten
      0519 – mit fremden Bauten
   052 grundstücksgleiche Rechte
   053 Betriebsgebäude
      0531 – auf eigenen Grundstücken
      0539 – auf fremden Grundstücken
   054 Verwaltungsgebäude
   055 andere Bauten
   056 Grundstückseinrichtungen
      0561 – auf eigenen Grundstücken
      0569 – auf fremden Grundstücken
   057 Gebäudeeinrichtungen
   058 frei
   059 Wohngebäude

06 frei

07 Technische Anlagen und Maschinen
(Untergliederung nach den Bedürfnissen des Industriezweiges bzw. des Unternehmens. Nachstehende Positionen können dazu nur eine Anregung geben).

   070 Anlagen und Maschinen der Energieversorgung
   071 Anlagen der Materiallagerung und -bereitstellung
   072 Anlagen und Maschinen der mechanischen Materialbearbeitung, -verarbeitung und -umwandlung
   073 Anlagen für Wärme-, Kälte- und chemische Prozesse sowie ähnliche Anlagen
   074 Anlagen für Arbeitssicherheit und Umweltschutz
   075 Transportanlagen und ähnliche Betriebsvorrichtungen
   076 Verpackungsanlagen und -maschinen
   077 sonstige Anlagen und Maschinen
   078 Reservemaschinen und -anlageteile
   079 geringwertige Anlagen und Maschinen

08 Andere Anlagen, Betriebs- und Geschäftsausstattung

   080 andere Anlagen
   081 Werkstätteneinrichtung
   082 Werkzeuge, Werksgeräte und Modelle, Prüf- und Meßmittel
   083 Lager- und Transporteinrichtungen
   084 Fuhrpark
   085 sonstige Betriebsausstattung
   086 Büromaschinen, Organisationsmittel und Kommunikationsanlagen
   087 Büromöbel und sonstige Geschäftsausstattung
   088 Reserveteile für Betriebs- und Geschäftsausstattung
   089 geringwertige Vermögensgegenstände der Betriebs- und Geschäftsausstattung

09 Geleistete Anzahlungen und Anlagen im Bau

   090 geleistete Anzahlungen auf Sachanlagen
   095 Anlagen im Bau

(Fortsetzung)

Kontenklasse 1

1   Finanzanlagen

10 frei

11 Anteile an verbundenen Unternehmen
(s. § 271 Abs. 2)

110 – an einem herrschenden oder einem mit
        Mehrheit beteiligten Unternehmen
        (vgl. § 272 Abs. 4 S. 4)
111 – an der Konzernmutter, soweit nicht zu
        Kto. 110 gehörig (vgl. § 301 Abs. 4)
112 – an Tochterunternehmen
  |
117
118 frei
119 – an sonstigen verb. Unternehmen

**12 Ausleihungen an verbundene Unterneh-
     men**

120 – gesichert, durch Grundpfandrechte
        oder andere Sicherheiten
125 – ungesichert

13 Beteiligungen (s. § 271 Abs. 1)

130 Beteiligungen an assozierten Unterneh-
       men (s. § 311 Abs. 1)
135 andere Beteiligungen

**14 Ausleihungen an Unternehmen, mit denen
     ein Beteiligungsverhältnis besteht**

140 – gesichert, durch Grundpfandrechte
        oder andere Sicherheiten
145 – ungesichert

15 Wertpapiere des Anlagevermögens

150 Stammaktien
151 Vorzugsaktien
152 Genußscheine
153 Investmentzertifikate
154 Gewinnobligationen
155 Wandelschuldverschreibungen
156 festverzinsliche Wertpapiere
157 frei
158 Optionsscheine
159 sonstige Wertpapiere

**16 Sonstige Ausleihungen
     (Sonstige Finanzanlagen)**

160 Genossenschaftsanteile (vgl. § 271 Abs.
       1 S. 5)
161 gesicherte sonstige Ausleihungen
162 frei
163 ungesicherte sonstige Ausleihungen
164 frei
165 Ausleihungen an Mitarbeiter, an Organ-
       mitglieder und an Gesellschafter (vgl. §§
       89 und 115 AktG, § 285 Nr. 9c HGB so-
       wie § 42 Abs. 3 GmbHG)
     1651 Ausl. an Mitarbeiter
       |
     1653
*   1654 Ausl. an Geschäftsführer/Vor-
             standsmitglieder
     1655 frei
*   1656 Ausl. an Mitglieder des Beirats/
             Aufsichtsrats
     1657 frei
*   1658 Ausl. an Gesellschafter
166
  | frei
168
169 übrige sonstige Finanzanlagen

(Fortsetzung)

Kontenklasse 2

**2 Umlaufvermögen und aktive Rechnungs-
abgrenzung**

Vorräte

20 Roh-, Hilfs- und Betriebsstoffe[3]

200 Rohstoffe/Fertigungsmaterial
201 Vorprodukte/Fremdbauteile
202 Hilfsstoffe
203 Betriebsstoffe
204
 | frei
209

**21 Unfertige Erzeugnisse, unfertige Leistun-
gen**

210 unfertige Erzeugnisse
 |
217
218 frei
219 nicht abgerechnete Leistungen
      (unfertige Leistungen)

22 Fertige Erzeugnisse und Waren

220 fertige Erzeugnisse
 |
227
228 Waren (Handelswaren)[3]
229 frei

23 Geleistete Anzahlungen auf Vorräte

*Forderungen und sonstige Vermögensgegenstän-
de (24-26)*

**24 Forderungen aus Lieferungen und Leistun-
gen**[4]

240 Forderungen aus Lieferungen und Lei-
 | stungen
244
245 Wechselforderungen aus Lieferungen
      und Leistungen (Besitzwechsel)
246
 | frei
248
249 Wertberichtigungen zu Forderungen aus
      Lieferungen und Leistungen
      2491 Einzelwertberichtigungen[5]
      2492 Pauschalwertberichtigungen

**25 Forderungen gegen verbundene Unterneh-
men und gegen Unternehmen, mit denen
ein Beteiligungsverhältnis besteht**

* *Forderungen gegen verbundene Unternehmen*

250 | Forderungen aus Lieferungen und
251 | Leistungen gegen verbundene Unter-
    | nehmen
252 Wechselforderungen (verb. Untern.)
253 sonstige Forderungen gegen verbunde-
      ne Unternehmen
254 Wertberichtigungen zu Forderungen ge-
      gen verbundene Unternehmen[5]

* *Forderungen gegen Unternehmen, mit denen
ein Beteiligungsverhältnis besteht.*

255 | Forderungen aus Lieferungen und
256 | Leistungen gegen Unternehmen, mit de-
    | nen ein Beteiligungsverhältnis besteht
257 Wechselforderungen (Betlg.verh.)
258 sonstige Forderungen gegen Unterneh-
      men, mit denen ein Beteiligungsverhält-
      nis besteht
259 Wertberichtigungen zu Forderungen bei
      Beteiligungsverhältnissen[5]

26 Sonstige Vermögensgegenstände

260 anrechenbare Vorsteuer
      2601 anrechenb. VorSt. 1/2 Satz
      2605 anrechenb. VorSt. 1/1 Satz
261 aufzuteilende Vorsteuer
      2611 aufzut. VorSt. 1/2 Satz
      2615 aufzut. VorSt. 1/1 Satz
262 Sonstige Forderungen an Finanzbehör-
      den
      2621 Umsatzsteuerforderungen
      2622 USt.-Ford. laufendes Jahr
      2623 USt.-Ford. Vorjahr
      2624 USt.-Ford. frühere Jahre
      2625 § 13 Berlin FG
      2626 Kürzung Berlin FG
      2627 Kürzung Warenbezüge a. d.
            WgM-DDR
      2628 bezahlte Einfuhrumsatzsteuer
      2629 VorSt. im Folgejahr abziehbar
263 sonstige Forderungen an Finanzbehör-
      den
264 Forderungen an Sozialversicherungsträ-
      ger
265 Forderungen an Mitarbeiter, an Organ-
      mitglieder und an Gesellschafter (vgl. §§
      89 und 115 AktG, § 285 Nr. 9c HGB so-
      wie § 42 Abs. 3 GmbHG)
      2651 Ford. an Mitarbeiter
       |
      2653
*   2654 Ford. an Geschäftsführer/Vor-
            standsmitglieder
      2655 frei
*   2656 Ford. an Mitglieder des Beirats/
            Aufsichtsrats
      2657 frei
*   2658 Ford. an Gesellschafter

(Fortsetzung)

Kontenklasse 2

266 andere sonstige Forderungen
    2661 Ansprüche auf Versicherungs-
         sowie Schadensersatzleistungen
    2662 Kostenvorschüsse,
         (soweit nicht Anzahlungen)
    2663 Kautionen und sonstige Sicher-
         heitsleistungen
    2664 Darlehen, soweit nicht Finanz-
         anlage
    2665
     | frei
    2667
    2668 Forderungen aus Soll-Salden
         der Kontengruppe 44
267 andere sonstige Vermögensgegenstände
    (z.B. außer Betrieb gesetzte und zur Ver-
    äußerung oder Verschrottung bestimmte
    ehemalige Gegenstände des Sachanla-
    gevermögens)
268 eingefordertes, noch nicht eingezahltes
    Kapital und eingeforderte Nachschüsse
*   2681 eingefordertes, noch nicht einge-
         zahltes Kapital (s. § 272 Abs. 1 und
         vgl. Ktn. 305 und 002)
*   2685 eingeforderte Nachschüsse gem.
         § 42 Abs. 2 GmbHG (vgl. Kto. 318)
269 Wertberichtigungen zu sonstigen Forde-
    rungen und Vermögensgegenständen[5]

27 **Wertpapiere**

*   270 Anteile an verbundenen Unternehmen
    2701 – an einem herrschenden oder ei-
         nem mit Mehrheit beteiligten Un-
         ternehmen (vgl. § 272 Abs. 4 S. 4)
    2702 – an der Konzernmutter, soweit
         nicht zu Kto. 110 gehörig
         (vgl. § 301 Abs 4)
    2703 – an Tochterunternehmen
     |
    2707
    2708 frei
    2709 – an sonstigen verb. Unternehmen

*   271 eigene Anteile (s. § 265 Abs. 3 S. 2)
*   *Sonstige Wertpapiere*
272 Aktien
273 variabel verzinsliche Wertpapiere
274 festverzinsliche Wertpapiere
275 Finanzwechsel
276 frei
277 frei
278 Optionsscheine
279 sonstige Wertpapiere

28 **Flüssige Mittel**

280 Guthaben bei Kreditinstituten
  |
284

285 Postgiroguthaben
286 Schecks
287 Bundesbank
288 Kasse
289 Nebenkassen

29 **Aktive Rechnungsabgrenzung**
    (s. § 250 Abs. 1 u. 3)

*   290 Disagio (s. § 268 Abs. 6)
291 Zölle und Verbrauchssteuern
292 Umsatzsteuer auf Anzahlungen
293 andere aktive Jahresabgrenzungspo-
    sten
294 frei
*   295 aktive Steuerabgrenzung
    (s. § 274 Abs. 2)
296
  | frei
298
Anmerkung: Die Konten 296-298 können je
nach betrieblicher Organisation auch für die
innerjährige Rechnungsabgrenzung eingesetzt werden.

*   299 nicht durch Eigenkapital gedeckter Fehl-
    betrag (vgl. § 268 Abs. 3)

(Fortsetzung)

Kontenklasse 3

3 Eigenkapital und Rückstellungen

Eigenkapital (Vgl. § 272)

30 Kapitalkonto/Gezeichnetes Kapital

Bei Einzelfirmen und Personengesellschaften:

- 300 Kapitalkonto Gesellschafter A
  - 3001 Eigenkapital
  - 3002 Privatkonto
- 301 Kapitalkonto Gesellschafter B
  - 3011 Eigenkapital
  - 3012 Privatkonto

alternativ:

- 300 Festkapitalkonto
  - 3001 – Gesellschafter A
  - 3002 – Gesellschafter B
- 301 veränderliches Kapitalkonto
  - 3011 – Gesellschafter A
  - 3012 – Gesellschafter B
- 302 Privatkonto
  - 3021 – Gesellschafter A
  - 3022 – Gesellschafter B

Bei Kapitalgesellschaften:

- 300 Gezeichnetes Kapital
  (s. § 272 Abs. 1 S. 1 u. § 283)
- * 305 noch nicht eingeforderte Einlagen
  (s. § 272 Abs. 1 und vgl. Ktn. 268 u. 001)

31 Kapitalrücklage

- 311 Aufgeld aus der Ausgabe von Anteilen
- 312 Aufgeld aus der Ausgabe von Wandelschuldverschreibungen
- 313 Zahlung aus der Gewährung eines Vorzugs für Anteile
- 314 andere Zuzahlungen von Gesellschaftern in das Eigenkapital
- 315
- | frei
- 317
- * 318 eingeforderte Nachschüsse gemäß § 42 Abs. 2 GmbHG (vgl. Kto. 268)

32 Gewinnrücklagen

- * 321 gesetzliche Rücklagen
- * 322 Rücklage für eigene Anteile
  (s. § 272 Abs. 4)
  - 3221 – für Anteile eines herrschenden oder eines mit Mehrheit beteiligten Unternehmens
  - 3222 – für Anteile des Unternehmens selbst

- * 323 satzungsmäßige Rücklagen
- * 324 andere Gewinnrücklagen
- * 325 Eigenkapitalanteil bestimmter Passivposten (s. § 58 Abs. 2a AktG und § 29 Abs. 4 GmbHG)
  - 3251 EK-Anteil von Wertaufholungen
  - 3252 EK-Anteil von Preissteigerungsrücklagen

33 Ergebnisverwendung[6]
(anstelle Bilanzposition A IV „*Gewinnvortrag/ Verlustvortrag*" gem. § 266 Abs. 3)

- 331 Jahresergebnis des Vorjahres
- * 332 Ergebnisvortrag aus früheren Perioden (ges. Ausw. gem. § 268 Abs. 1)
- 333 Entnahmen aus der Kapitalrücklage
- 334 Veränderungen der Gewinnrücklagen vor Bilanzergebnis
- 335 Bilanzergebnis (Bilanzgewinn/Bilanzverlust)
- 336 Ergebnisausschüttung
- 337 zusätzlicher Aufwand oder Ertrag aufgrund Ergebnisverwendungsbeschluß (vgl. § 278 HGB, § 174 Abs. 2 Ziffer 5 AktG und § 29 Abs. 1 GmbHG)
- 338 Einstellungen in Gewinnrücklagen nach Bilanzergebnis
- 339 Ergebnisvortrag auf neue Rechnung

34 Jahresüberschuß/Jahresfehlbetrag

35 Sonderposten mit Rücklageanteil
(s. § 247 Abs. 3, § 273 u. § 281)

- 350 sog. steuerfreie Rücklagen
- 355 Wertberichtigungen auf Grund steuerlicher Sonderabschreibungen gem. § 254 i.V. m. § 281 Abs. 1 u. Abs. 2 S. 2 (vgl. Kto. 697)

36 Wertberichtigungen
(Bei Kapitalgesellschaften als Passivposten der Bilanz nicht mehr zulässig)

Rückstellungen (s. § 249)

37 Rückstellungen für Pensionen und ähnliche Verpflichtungen

- 371 Verpflichtungen für eingetretene Pensionsfälle
- 372 Verpflichtungen für unverfallbare Anwartschaften
- 373 Verpflichtungen für verfallbare Anwartschaften
- 374 Verpflichtungen für ausgeschiedene Mitarbeiter
- 375 Pensionsähnliche Verpflichtungen (z.B. Verpflichtungen aus Vorruhestandsregelungen)

(Fortsetzung)

Kontenklasse 3

38 Steuerrückstellungen

- 380 Gewerbeertragsteuer
- 381 Körperschaftsteuer
- 382 Kapitalertragsteuer
- 383 ausländ. Quellensteuer
- 384 andere Steuern vom Einkommen und Ertrag
- * 385 latente Steuern (passive Steuerabgrenzung – s. § 274 Abs. 1 und vgl. Kto. 775)
- 386 frei
- 387 frei
- 388 frei (ursprünglich vorgesehen im Sinne von § 257 Abs. 1 HGB – Reg.entw. v. 26.8.83 für Steuern vom Einkommen die Unternehmer/Mitunternehmer vom steuerlich zugerechneten Gewinn zahlen. Vgl. Kto 768)[7]
- 389 sonstige Steuerrückstellungen

39 Sonstige Rückstellungen

- 390 – für Personalaufwendungen und die Vergütung an Aufsichtsgremien
- 391 – für Gewährleistung
  - 3911 Vertragsgarantie
  - 3915 Kulanzgarantie
- 392 – Rechts- und Beratungskosten
- 393 – für andere ungewisse Verbindlichkeiten
- 394
  | frei
- 396
- 397 – für drohende Verluste aus schwebenden Geschäften
- 398 – für unterlassene Instandhaltung
  - 3981 Pflichtrückstellungen (s. § 249 Abs. 1 S. 2 Ziff. 1)
  - 3985 freiwillige Rückstellung (s. § 249 Abs. 1 S. 3)
- 399 – für andere Aufwendungen gem. § 249 Abs. 2

(Fortsetzung)

Kontenklasse 4

4 Verbindlichkeiten und passive Rechnungs-abgrenzung	**48 Sonstige Verbindlichkeiten**

* 480 Umsatzsteuer

40 frei

4801 Umsatzsteuer 1/2 Satz
4805 Umsatzsteuer 1/1 Satz

41 Anleihen

* 481 Umsatzsteuer nicht fällig
4811 Ust. nicht fällig 1/2 Satz
4815 Ust. nicht fällig 1/1 Satz

* 410 Konvertible Anleihen
415 Anleihen – nicht konvertibel

* 482 Umsatzsteuer nicht fällig
4821 USt.-Vorauszahlung 1/11
4822 USt.-Abzugsverfahren, UStVA

(Einzelfirmen u. Pers.gesellschaften können diese Kontengr. auch für langfr. Investitionskredite nutzen)

Kennziffer 75
4823 Nachsteuer, UStVA Kennziffer 65
4824 USt. laufendes Jahr
4825 USt. Vorjahr

42 Verbindlichkeiten gegenüber Kreditinstituten

4826 USt. frühere Jahre
4827 Einfuhr-USt. aufgeschoben
4828 In Rechnung unberechtigt aus-gew. Steuer, UStVA Kennziffer 69

420 Kredit, Bank A
I
424 Kredit, Bank Z
425 Investitionskredit, Bank A
I
428 Investitionskredit, Bank Z
429 sonstige Verbindlichkeiten gegenüber Kreditinstituten

* 4829 frei
483 sonstige Steuerverbindlichkeiten
484 Verbindlichkeiten gegenüber Sozialver-sicherungsträgern
485 Verbindlichkeiten gegenüber Mitarbei-tern, Organmitgliedern und Gesellschaf-tern (vgl. § 42 Abs. 3 GmbHG)
4851 Verb. geg. Mitarbeitern
I
4853

43 Erhaltene Anzahlungen auf Bestellungen

44 Verbindlichkeiten aus Lieferungen und Leistun-gen⁴

4854 Verb. geg. Geschäftsführern/Vorstandsmitgliedern
4855 frei
4856 Verb. geg. Mitgl. d. Beirats/Auf-sichtsrats

440 Verbindlichkeiten aus Lieferungen und Leistungen/Inland
445 Verbindlichkeiten aus Lieferungen und Leistungen/Ausland

4857 frei
* 4858 Verb. geg. Gesellschaftern
486 andere sonstige Verbindlichkeiten

45 Wechselverbindlichkeiten (Schuldwechsel)

4861 Verpflichtungen zu Schadenser-satzleistungen

420 – gegenüber Dritten
451 – gegenüber verbundenen Unternehmen
452 – gegenüber Unternehmen, mit denen ein Beteiligungsverhältnis besteht

4862 erhaltene Kostenvorschüsse (so-weit nicht Anzahlungen)
4863 erhaltene Kautionen
4864

46 Verbindlichkeiten gegenüber verbundenen Unternehmen⁴

I frei
4867
4868 Verbindlichkeiten aus Haben-Salden der Kontengruppe 24

460 – aus Lieferungen und Leistungen/Inland
465 – aus Lieferungen und Leistungen/Aus-land
469 sonstige Verbindlichkeiten (verb. Untern.)

4869 frei
487 frei
488 frei
489 übrige sonstige Verbindlichkeiten

47 Verbindlichkeiten gegenüber Unternehmen, mit denen ein Beteiligungsverhältnis be-steht⁴

49 Passiver Rechnungsabgrenzung
(s. § 250 Abs. 2)

470 – aus Lieferungen und Leistungen/Inland
475 – aus Lieferungen und Leistungen/Aus-land
479 sonstige Verbindlichkeiten (Betlg. verh.)

490 passive Jahresabgrenzung

Anmerkung: Hier können je nach betriebli-cher Organisation weitere Konten für die in-nerjährige Rechnungsabgrenzung einge-fügt werden.

(Fortsetzung)

Kontenklasse 5

5   Erträge

50 Umsatzerlöse (vgl. § 277 Abs. 1)

500
| frei
504
505 st.freie Umsätze § 4 Ziff. 1–6 UStG
506 st.freie Umsätze § 4 Ziff. 8 ff. UStG
507 Lieferungen in das Währungsgebiet der
     Mark der DDR (WgM-DDR)
     5070   Erlöse 3% Umsatzsteuer
     5075   Erlöse 6% Umsatzsteuer
508 Erlöse 1/2 USt.-Satz
509 frei
51
510 Umsatzerlöse für eigene Erzeugnisse
| und andere eigene Leistungen
513 1/1 USt.-Satz
514 andere Umsatzerlöse, 1/1 USt.-Satz
515 Umsatzerlöse für Waren, 1/1 USt.-Satz

*Erlösberichtigungen
(soweit nicht den Umsatzerlösarten direkt zurechenbar)*
516 Skonti
     5161   Skonti, 1/2 USt.-Satz
     5165   Skonti, 1/1 USt.-Satz
517 Boni
     5171   Boni, 1/2 USt.-Satz
     5175   Boni, 1/1 USt.-Satz
518 andere Erlösberichtigungen
     5181   andere Erlösber. 1/2 USt.-Satz
     5185   andere Erlösber. 1/1 USt.-Satz
519 frei

**52 Erhöhung oder Verminderung des Bestan-
des an unfertigen und fertigen Erzeugnissen**

521 Bestandsveränderungen an unfertigen
     Erzeugnissen und nicht abgerechneten
     Leistungen
522 Bestandsveränderungen an fertigen Er-
     zeugnissen
523 frei
524 frei
* 525 zusätzliche Abschreibungen auf Erzeug-
     nisse bis Untergrenze erwarteter Wert-
     schwankungen gem. § 253 Abs. 3 S. 3
     (vgl. § 277 Abs. 3 S. 1)
* 526 Steuerliche Sonderabschreibungen auf
     Erzeugnisse gem. § 254 (vgl. § 279 Abs.
     2 u. § 281 Abs. 2 S. 1 und vgl. Kto. 6973)

53 Andere aktivierte Eigenleistungen

530 selbsterstellte Anlagen
539 sonstige andere aktivierte Eigenleistun-
     gen

54 Sonstige betriebliche Erträge[8]

540 Nebenerlöse
     5401 – aus Vermietung und Verpach-
          tung[8]
     5402   frei
     5403 – aus Werksküche und Kantine
     5404 – aus anderen Sozialeinrichtungen
     5405 – aus Abgabe von Energien und
          Abfällen soweit nicht Umsatzer-
          löse
     5406 – aus anderen Nebenbetrieben
     5407   frei
     5408   frei
     5409   sonstige Nebenerlöse
541 sonstige Erlöse[8]
     5411 – aus Provision
     5412 – aus Lizenzen
     5413 – aus Veräußerung von Patenten
542 Eigenverbrauch (umsatzsteuerpflichtige
     Lieferungen und Leistungen ohne Ent-
     gelt gem. § 1 Abs. 1 Nr. 2a, 2b, 2c und 3
     UStG; vgl. Kto 6935)
     5421   Entn. v. Gegenst. gem. 2a, 1/2
          USt.-Satz
     5422   Entn. v. Gegenst. gem. 2a, 1/1
          USt.-Satz
     5423   Entn. v. so. Leistungen gem. 2b.
          1/2 USt.-Satz
     5424   Entn. v. so. Leistungen gem. 2b.
          1/1 USt.-Satz
     5425   Eigenverbrauch gem. 2c, 1/2
          USt.-Satz
     5426   Eigenverbrauch gem. 2c, 1/1
          USt.-Satz
     5427   Unentgeltl. Leistungen gem.
          Nr. 3, 1/2 USt.-Satz
     5428   Unentgeltl. Leistungen gem.
          Nr. 3, 1/1 USt.-Satz
543 andere sonstige betriebliche Erträge
     5431   empfangene Schadensersatzlei-
          stungen
     5432   Schuldennachlaß
     5433   Steuerbelastungen an Organge-
          sellschaften
     5434   Investitionszulagen
544 Erträge aus Werterhöhungen von Ge-
     genständen des Anlagevermögens
     (Zuschreibungen gem. § 280 Abs. 1)
545 Erträge aus Werterhöhungen von Ge-
     genständen des Umlaufvermögens au-
     ßer Vorräten und Wertpapieren
     (Zuschreibungen gem. § 280 Abs. 1)
     5451 – aus der Auflösung oder Herab-
          setzung der Einzelwertberichti-
          gung
     5452 – aus der Auflösung oder Herab-
          setzung der Pauschalwertberich-
          tigung
     5453   frei

(Fortsetzung)

Kontenklasse 5

5454 – aus Kurserhöhungen bei Forderungen in Fremdwährung und Valutabeständen

546 Erträge aus dem Abgang von Vermögensgegenständen

5461 – immaterielle Vermögensgegenstände

5462 – Sachanlagen

5463 – Umlaufvermögen (soweit nicht unter anderen Erlösen)

* 547 Erträge aus der Auflösung von Sonderposten mit Rücklageanteil (s. § 281 Abs. 2 und vgl. Kto. 697)

548 Erträge aus der Herabsetzung von Rückstellungen

5481 Erträge aus der Auflösung von (nicht verbrauchten) Rückstellungen

5489 Ausgleichsposten für (über andere Aufwendungen) verbrauchte Rückstellungen (z.B. bei Aufwendungen für Gewährleistung)

* 549 periodenfremde Erträge (soweit nicht bei den betroffenen Ertragsarten zu erfassen; vgl. § 277 Abs. 4 S. 3)

5491 Rückerstattungen von betrieblichen Steuern

5492 Rückerstattung von Steuern vom Einkommen und Ertrag

5493 Rückerstattung von sonstigen Steuern

5494 andere Aufwandsrückerstattungen

5495 Zahlungseingänge auf abgeschriebene Forderungen

5496 andere periodenfremde Erträge

55 Erträge aus Beteiligungen

* *E. aus Bet. an verbundenen Unternehmen*

* 550 Erträge aus Beteiligungen an verbundenen Unternehmen, mit denen Verträge über Gewinngemeinschaft, Gewinnabführung oder Teilgewinnabführung bestehen (gem. § 277 Abs. 3 ges. auszuweisen)

551 Erträge aus Beteiligungen an anderen verbundenen Unternehmen

552 Erträge aus Zuschreibungen zu Anteilen an verbundenen Unternehmen

553 Erträge aus dem Abgang von Anteilen an verbundenen Unternehmen

554 frei

* *E. aus Bet. an nicht verb. Unternehmen*

* 555 Erträge aus Beteiligungen an nicht verbundenen Unternehmen, mit denen Verträge über Gewinngemeinschaft, Gewinnabführung oder Teilgewinnabführungen bestehen (gem. § 277 Abs. 3 ges. auszuweisen)

556 Erträge aus anderen Beteiligungen

557 Erträge aus Zuschreibungen zu Anteilen an nicht verbundenen Unternehmen

558 Erträge aus dem Abgang von Anteilen an nicht verbundenen Unternehmen

559 frei

56 Erträge aus anderen Wertpapieren und Ausleihungen des Finanzanlagevermögens

* 560 Erträge von verbundenen Unternehmen aus anderen Wertpapieren und Ausleihungen des Anlagevermögens

5601 Zinsen und ähnliche Erträge

5602 Erträge aus Zuschreibungen zu anderen Wertpapieren

5603 Erträge aus dem Abgang von anderen Wertpapieren

565 Erträge von nicht verbundenen Unternehmen aus anderen Wertpapieren und Ausleihungen des Anlagevermögens

57 Sonstige Zinsen und ähnliche Erträge

* 570 sonstige Zinsen und ähnliche Erträge von verbundenen Unternehmen (einschl. Erträgen aus Wertpap. d. UV)

571 Bankzinsen

572 frei

573 Diskonterträge

574 frei

575 Bürgschaftsprovisionen

576 Zinsen für Forderungen

577 Aufzinsungserträge

578 Erträge aus Wertpapieren des Umlaufvermögens (soweit von nicht verbundenen Unternehmen)

5781 Zinsen und Dividenden aus Wertpapieren des UV

5782 zinsähnliche Erträge aus Wertpapieren des UV

5783 Erträge aus der Zuschreibung zu Wertpapieren des UV

5784 Erträge aus dem Abgang von Wertpapieren des UV

579 übrige sonstige Zinsen und ähnliche Erträge

58 Außerordentliche Erträge (vgl. §277 Abs. 4)

59 Erträge aus Verlustübernahme
(bei Tochtergesellschaft; Ausweis in GuV vor der Pos. 20 Jahresüberschuß/Jahresfehlbetrag)

(Fortsetzung)

Kontenklasse 6

6 Betriebliche Aufwendungen

Materialaufwand

60 Aufwendungen für Roh-, Hilfs- und Betriebsstoffe und für bezogene Waren

- 600 Rohstoffe/Fertigungsmaterial
- 601 Vorprodukte/Fremdbauteile
- 602 Hilfsstoffe
- 603 Betriebsstoffe/Verbrauchswerkzeuge
- 604 Verpackungsmaterial
- 605 Energie
- 606 Reparaturmaterial und Fremdinstandhaltung (sofern nicht unter 616, weil die Fremdinstandhaltung überwiegt)
- 607 sonstiges Material
  - 6071 Putz- und Pflegematerial
  - 6072 Berufskleidung
  - 6073 Lebensmittel und Kantinenwaren
  - 6074 anderes sonstiges Material
- 608 Aufwendungen für Waren
- 609 Sonderabschreibungen auf Roh-, Hilfs- und Betriebsstoffe u. f. bezogene Waren (sofern das Kto. 609 noch für best. Materialien benötigt wird, können für diese Abschreibungen auch z.B. die Unter-Ktn. 6198/6199 eingesetzt werden)
  - 6091 frei
  - * 6092 zusätzliche Abschreibungen auf Material und Waren bis Untergrenze erwarteter Wertschwankungen gem. § 253 Abs. 3 S. 3 bzw. nach vernünftiger kfm. Beurteilung gem. § 253 Abs. 4 (vgl. § 279 Abs. 1 S. 1 u. § 277 Abs. 3 S. 1)
  - * 6093 steuerliche Sonderabschreibungen auf Material und Waren gem. § 254 (vgl. § 279 Abs. 2 u § 281 Abs. 2 S. 1 und vgl. Kto. 6973)

61 Aufwendungen für bezogene Leistungen

- 610 Fremdleistungen für Erzeugnisse und andere Umsatzleistungen
- 611 Fremdleistungen für die Auftragsgewinnung (bei Auftragsfertigung – soweit einzelnen Aufträgen zurechenbar)
- 612 Entwicklungs-, Versuchs- und Konstruktionsarbeiten durch Dritte
- 613 weitere Fremdleistungen
  - 6131 Fremdleistungen für Garantiearbeiten
  - 6132 Leiharbeitskräfte für die Leistungserstellung
- 614 Frachten und Fremdlager (incl. Vers. u. anderer Nebenkosten)
- 615 Vertriebsprovisionen (sofern nicht unter Kto. 676)

- 616 Fremdinstandhaltung und Reparaturmaterial (alternativ zu Kto. 606, sofern die Fremdinstandhaltung überwiegt; eine Trennung von Fremdleistung und Material erscheint bei der Instandhaltung nicht sinnvoll)
- 617 sonstige Aufwendungen für bezogene Leistungen

Aufwandsberichtigungen (soweit nicht den Aufwandsarten direkt zurechenbar)

- 618 Skonti
  - 6181 Skonti 1/2 USt.-Satz
  - 6185 Skonti 1/1 USt.-Satz
- 619 Boni und andere Aufwandsberichtigungen
  - 6191 Boni 1/2 USt.-Satz
  - 6195 Boni 1/1 USt.-Satz
  - 6197 andere Aufwandsberichtigungen
  - |
  - 6199

Personalaufwand

62 Löhne

- 620 Löhne für geleistete Arbeitszeit einschl. tariflicher, vertraglicher oder arbeitsbedingter Zulagen
- 621 Löhne für andere Zeiten (Urlaub, Feiertag, Krankheit)
- 622 sonstige tarifliche oder vertragliche Aufwendungen für Lohnempfänger
- 623 freiwillige Zuwendungen
- 624 frei
- 625 Sachbezüge
- 626 Vergütungen an gewerbl. Auszubildende
- 627
  - | frei
- 628
- 629 sonstige Aufwendungen mit Lohncharakter

63 Gehälter

- 630 Gehälter einschließlich tariflicher, vertraglicher oder arbeitsbedingter Zulagen
- 631 frei
- 632 sonstige tarifliche oder vertragliche Aufwendungen
- 633 freiwillige Zuwendungen
- 634 frei
- 635 Sachbezüge
- 636 Vergütung an techn./kaufm. Auszubildende
- 637
  - | frei
- 638
- 639 sonstige Aufwendungen mit Gehaltscharakter

(Fortsetzung)

Kontenklasse 6

64 Soziale Abgaben und Aufwendungen für Altersversorgung und für Unterstützung

Soziale Abgaben

640 Arbeitgeberanteil zur Sozialversicherung (Lohnbereich)
641 Arbeitgeberanteil zur Sozialversicherung (Gehaltsbereich)
642 Beiträge zur Berufsgenossenschaft
643 sonstige soziale Abgaben
    6431 Beiträge zum Pensionssicherungsverein (PSV)
    6439 übrige sonstige soziale Abgaben

* *Aufwendungen für Alterversorgung*

644 gezahlte Betriebsrenten (einschl. Vorruhestandsgeld)
645 Veränderungen der Pensionsrückstellungen
646 Aufwendungen für Direktversicherungen
647 Zuweisungen an Pensions- und Unterstützungskassen
648 sonstige Aufwendungen für Altersversorgung

Aufwendung für Unterstützung

649 Beihilfen und Unterstützungsleistungen

65 Abschreibungen

* 650 Abschreibungen auf aktivierte Aufwendungen für die Ingangsetzung und Erweiterung des Geschäftsbetriebes (s. § 282)

Abschreibungen auf Anlagevermögen

651 Abschreibungen auf immaterielle Vermögensgegenstände des Anlagevermögens
  * 6511 A. auf Rechte gem. Ktn.Gr. 02
  * 6512 A. auf Geschäfts- oder Firmenwert
  * 6513 A. auf Anzahlungen gem. Ktn.Gr. 04
* 652 Abschreibungen auf Grundstücke und Gebäude
* 653 Abschreibungen auf technische Anlagen und Maschinen
* 654 Abschreibungen auf andere Anlagen, Betriebs- und Geschäftsausstattung
  6541 A. auf andere Anlagen und Betriebsausstattung
  6543 |
  6544 A. auf Fuhrpark
  6545 frei
  6546 A. auf Geschäftsausstattung
  6548 |
  6549 A. auf geringwertige Wirtschaftsgüter

* 655 außerplanmäßige Abschreibungen auf Sachanlagen gem. § 253 Abs. 2 S. 3 (vgl. § 279 Abs. 1 S. 2 u. § 277 Abs. 3)
* 656 steuerrechtliche Sonderabschreibungen auf Sachanlagen gem. § 254 (vgl. § 279 Abs. 2 und § 281 Abs. 2 S. 1 und vgl. Kto. 6971)

* *Abschreibungen auf Umlaufvermögen (soweit das in d. Gesellsch. übliche Maß überschreitend, s. § 275 Abs. 2 Ziff. 7b)*

657 unübliche Abschreibungen auf Vorräte
658 unübliche Abschreibungen auf Forderungen und sonstige Vermögensgegenstände
659 frei

Sonstige betriebliche Aufwendungen (66-70)

66 Sonstige Personalaufwendungen

660 Aufwendungen für Personaleinstellung
661 Aufwendungen für übernommene Fahrtkosten
662 Aufwendungen für Werkarzt und Arbeitssicherheit
663 personenbezogene Versicherungen
664 Aufwendungen für Fort- und Weiterbildung
665 Aufwendungen für Dienstjubiläen
666 Aufwendungen für Belegschaftsveranstaltungen
667 frei (evtl. Aufwendungen für Werksküche und Sozialeinrichtungen)
668 Ausgleichsabgabe nach dem Schwerbehindertengesetz
669 übrige sonstige Personalaufwendungen

67 Aufwendungen für die Inanspruchnahme von Rechten und Diensten

670 Mieten, Pachten, Erbbauzinsen
671 Leasing
  6711 Leasing Sachmittel
  6712 Leasing EDV
672 Lizenzen und Konzessionen
673 Gebühren
674 Leiharbeitskräfte (soweit nicht unter 6132)
675 Bankspesen/Kosten des Geldverkehrs u. d. Kapitalbeschaffung
676 Provisionen (soweit nicht unter 611 oder 615)
677 Prüfung, Beratung, Rechtsschutz
678 Aufwendungen für Aufsichtsrat bzw. Beirat oder dgl.
679 frei

(Fortsetzung)

Kontenklasse 6

68 **Aufwendungen für Kommunikation (Dokumentation, Informatik, Reisen, Werbung)**

  680 Büromaterial und Drucksachen
    6800 Büromaterial (sofern nicht unter 607)
    6805 Vordrucke/Formulare
    6806 andere Drucksachen
      I   (evtl. getrennt nach
    6809 Funktionsbereichen)
  681 Zeitungen und Fachliteratur
    6811 Abonnements für Zeitungen und Fachliteratur
    6815 Bücher und sonstiges Informationsmaterial
  682 Post
    6821 Porto
    6822 Telefon
    6823 andere Postnetzdienste
  683 sonstige Kommunikationsmittel
  684 frei
  685 Reisekosten
    6851 Tagegeld und Übernachtung
    6852 Fahrt- und Flugkosten
    6853 Erstattung für private PKW-Benutzung und Parkgebühren
  686 Gästebewirtung und Repräsentation
    6861 Bewirtung mit amtlichem Vordruck
    6862 Bewirtung ohne amtlichen Vordruck
    6863 Repräsentation
    6864
      I   frei
    6868
    6869 Spenden
  687 Werbung
    6871 Werbegeschenke bis 50.00 DM
    6872 Werbegeschenke über 50.00 DM
    6873 übrige Werbeaufwendungen
  688 frei
  689 sonstige Aufwendungen für Kommunikation

69 **Aufwendungen für Beiträge und Sonstiges sowie Wertkorrekturen und periodenfremde Aufwendungen**

  690 Versicherungsbeiträge, diverse
  691 Kfz-Versicherungsbeiträge
  692 Beiträge zu Wirtschaftsverbänden und Berufsvertretungen
  693 andere sonstige betriebliche Aufwendungen
    6931 Verluste aus Schadensfällen
    6932 Forderungsverzicht
    6933 frei
    6934 frei

    6935 Eigenverbrauch (umsatzsteuerpflichtige Lieferungen und Leistungen ohne Entgelt gem. § 1 Abs. 1 UStG – soweit nicht an anderer Stelle als Aufwand oder Privatentnahme zu buchen; vgl. Kto 542)
  694 frei
  695 Verluste aus Wertminderungen von Gegenständen des Umlaufvermögens (außer Vorräten und Wertpapieren)
    6951 Abschreibungen auf Forderungen wegen Uneinbringlichkeit
    6952 Einzelwertberichtigungen
    6953 Pauschalwertberichtigungen
    6954 Kursverluste bei Forderungen in Fremdwährung und Valutabeständen
  * 6955 zusätzliche Abschreibungen auf Forderungen in Fremdwährung und Valutabestände bis Untergrenze erwarteter Wertschwankungen gem. § 253 Abs. 3 S. 3. (vgl. 277 Abs. 3 S. 1.)
  696 Verluste aus dem Abgang von Vermögensgegenständen
    6961 – immaterielle Vermögensgegenstände
    6962 – Sachanlagen
    6963 – Umlaufvermögen (außer Vorräten und Wertpapieren)
  697 Einstellungen in den Sonderposten mit Rücklageanteil
  * 6971 steuerliche Sonderabschreibungen auf Anlagevermögen gem. § 254 i.V. m § 281 Abs. 1 u. Abs. 2 S. 2 (vgl. Ktn. 656 u. 7404)
    6972 frei
  * 6973 steuerliche Sonderabschreibungen auf Umlaufvermögen gem. § 254 i.V. m. § 281 Abs. 1 u. Abs. 2 S. 2 (vgl. Ktn. 526, 6095 u. 7403)
    6979 sonstige Einstellungen in den Sonderposten mit Rücklageanteil
  698 Zuführungen zu Rückstellungen, soweit nicht unter anderen Aufwendungen erfaßbar
    6981 Zuführungen für Gewährleistung
    6982 Zuführungen für Wechselobligo
    6989 Zuführungen aus sonstigem Grund
  * 699 periodenfremde Aufwendungen (soweit nicht bei den betreffenden Aufwandsarten zu erfassen; vgl. § 277 Abs. 4 S. 3)

(Fortsetzung)

Kontenklasse 7

7 Weitere Aufwendungen

70 Betriebliche Steuern

700 Gewerbekapitalsteuer
701 Vermögensteuer
702 Grundsteuer
703 Kraftfahrzeugsteuer
704 frei
705 Wechselsteuer
706 Gesellschaftssteuer
707 Ausfuhrzölle
708 Verbrauchsteuern
709 sonstige betriebliche Steuern

71 frei

72 frei

73 frei

74 Abschreibungen auf Finanzanlagen und auf Wertpapiere des Umlaufvermögens und Verluste aus entsprechenden Abgängen

740 Abschreibungen auf Finanzanlagen
   7401 frei
* 7402 Abschreibungen auf den beizulegenden Wert gem. § 253 Abs. 2 S. 3 (vgl. § 279 Abs. 1 S. 2 u. § 277 Abs. 3 S. 1)
* 7403 steuerliche Sonderabschreibungen gem. § 254 (vgl. § 279 Abs. 2 u. § 281 Abs. 2 S. 1 und Kto. 6971)

741 frei
742 Abschreibungen auf Wertpapiere des Umlaufvermögens
   7421 Abschreibungen auf den Tageswert gem. § 253 Abs. 3, S. 1 und 2
* 7422 zusätzliche Abschreibungen bis Untergrenze erwarteter Wertschwankungen gem. § 253 Abs. 3 S. 3 bzw. nach vernünftiger kfm. Beurteilung gem. § 253 Abs. 4 (vgl. § 279 Abs. 1 S. 1 u. § 277 Abs. 3 S. 1)
* 7423 steuerliche Sonderabschreibungen gem. § 254 (vgl. § 279 Abs. 2 u. § 281 Abs. 2 S. 1 und Kto. 6973)
743 frei
744 frei
745 Verluste aus dem Abgang von Finanzanlagen
746 Verluste aus dem Abgang von Wertpapieren des Umlaufvermögens
747
 | frei
748

* 749 Aufwendungen aus Verlustübernahme (gem. § 277 Abs. 3 gesondert auszuweisen)

75 Zinsen und ähnliche Aufwendungen

* 750 Zinsen und ähnliche Aufwendungen an verbundene Unternehmen
751 Bankzinsen
   7511 Zinsen für Dauerkredite
   7512 Zinsen für andere Kredite
752 Kredit- und Überziehungsprovisionen
753 Diskontaufwand
754 Abschreibung auf Disagio
755 Bürgschaftsprovisionen
756 Zinsen für Verbindlichkeiten
757 Abzinsungsbeträge
758 frei
759 sonstige Zinsen und ähnliche Aufwendungen

76 Außerordentliche Aufwendungen (vgl. § 277 Abs. 4)

77 Steuern vom Einkommen und Ertrag

770 Gewerbeertragsteuer
771 Körperschaftsteuer
772 Kapitalertragsteuer
773 ausländ. Quellensteuer
774 frei
775 latente Steuern (s. § 274 und vgl. Kto. 385)
776 frei
777 frei
778 frei (ursprünglich vorgesehen im Sinne von § 257 Abs. 1 HGB-Reg.entw. v. 26.8.83 für Steuern vom Einkommen, die Unternehmer/Mitunternehmer vom steuerlich zugerechneten Gewinn zahlen. Vgl. Kto. 388)[7]
779 sonstige Steuern vom Einkommen und Ertrag

78 Sonstige Steuern

79 Aufwendungen aus Gewinnabführungsvertrag (bei Tochtergesellschaft; Ausweis in GuV vor der Pos. 20 Jahresüberschuß/Jahresfehlbetrag)

(Fortsetzung)

Kontenklasse 8

ERGEBNISRECHNUNGEN

8   Ergebnisrechnungen

80   Eröffnung/Abschluß

   800   Eröffnungsbilanzkonto
   801   Schlußbilanzkonto
   802   GuV-Konto Gesamtkostenverfahren
   803   GuV-Konto Umsatzkostenverfahren

*Konten der Kostenbereich für die GuV im Umsatz-
kostenverfahren*

81   Herstellungskosten

   810   Fertigungsmaterial
   811   Fertigungsfremdleistungen
   812   Fertigungslöhne und -gehälter
   813   Sondereinzelkosten der Fertigung
   814   Primärgemeinkosten des Materialbe-
        reichs
   815   Primärgemeinkosten des Fertigungsbe-
        reichs
   816   Sekundärgemeinkosten des Materialbe-
        reichs (s. § 255 Abs. 2: anteilige Ge-
        meinkosten des Verwaltungs- und So-
        zialbereichs)
   817   Sekundärgemeinkosten des Fertigungs-
        bereichs (s. Hinweis unter Konto 816)

82   Vertriebskosten

83   Allgemeine Verwaltungskosten

84   Sonstige betriebliche Aufwendungen

*Konten der kurzfristigen Erfolgsrechnung (KER)
für innerjährige Rechnungsperioden (Monat,
Quartal oder Halbjahr)*

**85   Korrekturkonten zu den Erträgen der Kon-
     tenklasse 5**

   850   Umsatzerlöse
   851
   852   Bestandsveränderungen
   853   andere aktivierte Eigenleistungen
   854   sonstige betriebliche Erträge
   855   Erträge aus Beteiligungen
   856   Erträge aus anderen Wertpapieren und
        Ausleihungen des Finanzvermögens
   857   sonstige Zinsen und ähnliche Erträge
   858   außerordentliche Erträge
   859   frei

**86   Korrekturkonten zu den Aufwendungen
     der Kontenklasse 6**

   860   Aufwendungen für Roh-, Hilfs- und Be-
        triebsstoffe und für bezogene Waren
   861   Aufwendungen für bezogene Leistungen
   862   Löhne
   863   Gehälter
   864   Soziale Abgaben und Aufwendungen für
        Altersversorgung und für Unterstützung
   865   Abschreibungen
   866   sonstige Personalaufwendungen
   867   Aufwendungen für die Inanspruchnahme
        von Rechten und Diensten
   868   Aufwendungen für Kommunikation
        (Dokumentation, Informatik, Reisen,
        Werbung)
   869   Aufwendungen für Beiträge und Sonsti-
        ges sowie Wertkorrekturen und perio-
        denfremde Aufwendungen

**87   Korrekturkonten zu den Aufwendungen
     der Kontenklasse 7**

   870   betriebliche Steuern
   871
    I   frei
   873
   874   Abschreibungen auf Finanzanlagen und
        auf Wertpapiere des Umlaufvermögens
        und Verluste aus entsprechenden Ab-
        gängen
   875   Zinsen und ähnliche Aufwendungen
   876   außerordentliche Aufwendungen
   877   Steuern vom Einkommen und Ertrag
   878   sonstige Steuern
   879   frei

88   Kurzfristige Erfolgsrechnung (KER)

   880   Gesamtkostenverfahren
   881   Umsatzkostenverfahren

89   Innerjährige Rechnungsabgrenzung
     (alternativ zu 298 bzw. 498)

   890   aktive Rechnungsabgrenzung
   895   passive Rechnungsabgrenzung

Die Kontengruppen 85-87 erfassen die Gegenbu-
chungen zur KER auf Konto 880. Gleichzeitig enthalten sie die Abgrenzungsbeträge dieser perio-
denbereinigten Aufwendungen und Erträge zu
den Salden der Kontenklasse 5-7. Die Gegenbuchung der Abgrenzungsbeträge erfolgt auf entsprechenden Konten der innerjährigen Rechnungsabgrenzung, z.B. 298 bzw. 498 oder 890
bzw. 895,

(Fortsetzung)

Kontenklasse 9	
KOSTEN- UND LEISTUNGSRECHNUNG	95 **Fertige Erzeugnisse**
9 **Kosten- und Leistungsrechnung (KLR)**	96 **Interne Lieferungen und Leistungen sowie deren Kosten**
90 **Unternehmensbezogene Abgrenzungen** (betriebsfremde Aufwendungen und Erträge)	97 **Umsatzkosten**
91 **Kostenrechnerische Korrekturen**	98 **Umsatzleistungen**
92 **Kostenarten und Leistungsarten**	99 **Ergebnisausweise**
93 **Kostenstellen**	In der Praxis wird die KLR gewöhnlich tabellarisch durchgeführt.
94 **Kostenträger**	

Erläuterungen einzelner Positionen:

* Abgesehen von geringfügigen Ausnahmen wurde die Gliederung des IKR so angelegt, daß die laut den gesetzlichen Bilanz- und GuV-Gliederungsschemata für große Kapitalgesellschaften ausweispflichtigen Posten jeweils eine Kontengruppe (zweistellige Nummer) belegen. Außerdem wurde bestimmten weiteren gesondert auszuweisenden Posten jeweils eine Kontengruppe eingeräumt. Die dann noch verbleibenden gesondert ausweispflichtigen Posten, die auf Einzelkonten (dreistellige Nummer) oder Unterkonten (vierstellige Nummer) erfaßt werden, wurden durch Kennzeichnung mit einem Stern (*) hervorgehoben. Zum Teil können einzelne Posten davon zusammengefaßt ausgewiesen werden. Die Pflicht zum gesonderten Ausweis kann sich auch auf den Anhang beziehen.

[1]) Hinweise auf Gesetzesparagraphen beziehen sich auf das HGB, sofern nichts anderes vermerkt ist.

[2]) Bestimmte Begriffe der gesetzlichen Gliederungsschemata können nicht in die Nomenklatur des Kontenrahmens selbst übernommen werden, weil sie sich nicht mit einem Konto oder einer Kontengruppe decken. Sie wurden deshalb in Kursivdruck als Zwischenüberschriften an den entsprechenden Stellen des Kontenrahmens eingefügt. Eine Ausnahme bilden demgegenüber die Kursiv-Zeilen der Klasse 8, die als Überschriften zur Abgrenzung von getrennten Funktionsbereichen eingefügt wurden, sowie die Zwischenzeilen „Erlösberichtigungen" und „Aufwandsberichtigungen".

[3]) Für Anschaffungsnebenkosten und Anschaffungskostenminderungen können Unterkonten gebildet werden (s. Kontengruppe 20 und Konto 228).

[4]) Forderungen und Verbindlichkeiten aus Lieferungen und Leistungen werden im allgemeinen nach Inland und Ausland sowie ggf. nach weiteren Kundengruppierungen gegliedert. Für Forderungen und Verbindlichkeiten in Fremdwährung werden getrennte Konten geführt (s. Kontengruppen 24 und 44).

Für Verbindlichkeiten, die durch Pfandrechte oder ähnliche Rechte gesichert sind, empfiehlt es sich, in allen Kontengruppen jeweils getrennte Konten zu führen – vgl. § 285 Nr. 1b u. Nr. 2 i. V. m. § 288 (s. Kontengruppen 44-48).

Eine Gliederung der Konten für Forderungen und Verbindlichkeiten nach den gesetzlich unterschiedenen Restlaufzeiten (s. § 268 Abs. 4 u. 5 und § 285 Nr. 1a u. 2 i.V.m. § 288) wird nicht als generell zu empfehlen angesehen, da dies im Zeitablauf jeweils entsprechende Umbuchungen bedingen würde. Bei den Verbindlichkeiten ergäbe sich außerdem eine zusätzliche Komplikation durch die weitere gesetzliche Unterscheidung zwischen gesicherten und ungesicherten Verbindlichkeiten (s. § 285 Nr. 1 u. Nr. 2). Es soll daher der Buchführungsorganisation im Einzelfall überlassen bleiben, ob sie das Kriterium der Restlaufzeiten im Kontenplan berücksichtigt.

[5]) Einzelwertberichtigungen können auch direkt auf den Einzelkonten bzw. auf Unterkonten zugeordnet werden (s. Konten 249, 254 u. 259).

[6]) Bei der Kontengruppe 33 ergibt sich eine Besonderheit. Sie steht anstelle der Position A IV der Passivseite „Gewinnvortrag/Verlustvortrag" des Bilanzgliederungsschemas. Eine gleichlautende Bezeichnung für die Kontengruppe erweist sich jedoch als nicht sinnvoll, weil in der Bilanz dieser Posten vom Gesetzgeber nur unter der Voraussetzung einer Bilanzaufstellung „vor Ergebnisverwendung" oder „nach vollständiger Ergebnisverwendung" vorgesehen ist. Bei Bilanzaufstellung „nach teilweiser Ergebnisverwendung" steht an dieser Stelle der Bilanz der Posten „Bilanzgewinn/Bilanzverlust". In allen drei Fällen ist es aber dieselbe Kontengruppe, die je nach den Voraussetzungen den einen oder den anderen Posten als Saldo ausweist. Es muß daher für die Kontengruppe eine Bezeichnung gewählt werden, die alle Alternativen abdeckt. Da sich in jedem Fall in dieser Kontengruppe die Buchungsschritte der „Ergebnisverwendung" abspielen, dürfte der Begriff „Ergebnisverwendung" die richtige Bezeichnung für diese Kontengruppe sein.

[7]) Die bei Einzelunternehmen und Personengesellschaften anfallenden Einkommensteuern für die Unternehmer/Mitunternehmer werden nicht in der Kontengruppe 77 erfaßt, sondern unmittelbar den jeweiligen Privatkonten belastet. Es besteht andererseits ein Interesse auch für die Bilanzleser, daß publizitätspflichtige Einzelunternehmen und Personengesellschaften ein mit Kapitelgesellschaften vergleichbares Ergebnis ausweisen können. Eine dem § 257 Abs. 1 HGB-Regierungsentwurf v. 26.8.83 entsprechende Regelung im Publizitätsgesetz wäre daher wünschenswert (s. Konten 388 u. 778).

[8]) Die mit den Konten 540 u. 541 angesprochenen Erträge können je nach den Verhältnissen des einzelnen Unternehmens auch zu den Umsatzerlösen gehören und sind dann in der Kontengruppe 50/51 zu erfassen (s. § 277 Abs. 1).

4.2 Kontenplan

Lernziel:

• *Fähigkeit zur inhaltlichen Erläuterung des Begriffs Kontenplan sowie zur begrifflichen Abgrenzung zum Kontenrahmen*

Der IKR stellt eine Rahmenempfehlung für die Kontensystematik im industriellen Rechnungswesen dar. Er nimmt eine Einteilung in einstellige Kontenklassen und zweistellige Kontengruppen vor; eine weitergehende Unterteilung in dreistellige Konten und vierstellige Unterkonten bietet er nur für einige Kontengruppen an, soweit eine allgemeine Übertragbarkeit auf alle Industriebetriebe, unabhängig von Branchenzugehörigkeit, Größe und Rechtsform, zu unterstellen ist.

Der IKR läßt somit Spielraum für eine betriebsindividuelle Ausgestaltung des übergeordneten Rahmenschemas. Diese Möglichkeit wird ein Unternehmen z.B. nutzen, um aus einer weitergehenden Kontendifferenzierung zusätzlich gewünschte Informationen zu gewinnen. Andererseits benötigt nicht jedes Unternehmen alle genannten Konten. Wer keine Beteiligungen oder Wertpapiere hat, verzichtet auch auf die Führung solcher Konten.

Das Rechnungswesen eines konkreten Unternehmens wird daher auf der Basis des generellen Kontenrahmens eine betriebsbezogene Auswahl aus den angebotenen Konten treffen, diese jedoch teilweise aus Informationsgründen weitergehend differenzieren. Die Zusammenstellung aller Konten, die ein bestimmter

Betrieb führt, bezeichnet man als **Kontenplan**. Wenn in folgenden Übungsaufgaben ein Kontenplan vorangestellt wird, beinhaltet dieser also die zur Verfügung stehenden Konten.

4.3 Kontenabschlußschema nach IKR

Lernziele:

- *Fähigkeit zum Nachvollziehen des Kontenabschlußschemas nach IKR*
- *Fähigkeit zur Anwendung des IKR und der Beherrschung des Kontenabschlusses nach IKR an konkreten Geschäftsgängen*

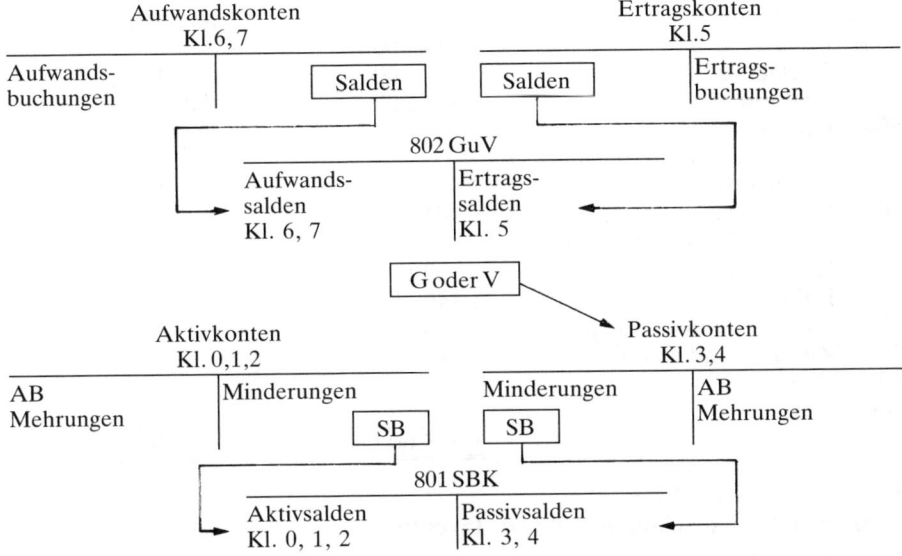

Aufgabe A4/1:

Vor dem Jahresabschluß weisen die Konten Soll- und Haben-Buchungen auf, die folgende Summen ergeben (Summenbilanz):

		Soll	Haben
07	Maschinen	80.000,–	6.000,–
200	Rohstoffe	136.000,–	101.000,–
202	Hilfsstoffe	24.900,–	–
210	UE (AB)	36.400,–	–
220	FE (AB)	42.900,–	–
240	Forderungen	246.300,–	209.700,–
280	Bank	298.600,–	283.700,–
288	Kasse	18.300,–	14.900,–
3000	Eigenkapital	–	160.000,–
3001	Privat	14.900,–	–
425	Darlehensschulden	8.800,–	165.000,–
44	Verbindlichkeiten	141.200,–	160.700,–
500	Umsatzerlöse	–	221.500,–
52	Bestandsveränderungen	–	–
542	Eigenverbrauch	–	6.100,–
600	Rohstoffaufwendungen	101.000,–	–
602	Hilfsstoffaufwendungen	–	–
616	Instandhaltung	12.800,–	–
62	Löhne	140.700,–	–
67	Sonstige Aufwendungen	8.700,–	–
751	Zinsaufwendungen	17.100,–	–
802	GuV	–	–
801	SBK	–	–
		1.328.600,–	1.328.600,–

1. Eröffnen Sie die Konten!
2. Buchen Sie die Schlußbestände lt. Inventur:

Hilfsstoffe	19.800,–
UE	34.700,–
FE	44.100,–

3. Schließen Sie die Konten in folgender Reihenfolge ab; dabei ist bei jeder Buchung das Gegenkonto anzugeben!

Konto ... abzuschließen über Konto ...

202	602 Hilfsstoffaufwendungen
210, 220	52 BV
Klassen 5, 6, 7	802 GuV
3001, 802	3000 EK
Klassen 0, 1, 2, 3, 4	801 SBK

Lösung im Lösungsteil

Aufgabe A4/2:

Anfangsbestände:

07	Maschinen	106.000,–	240	Forderungen		27.600,–
200	Rohstoffe	58.400,–	280	Bankguthaben		11.200,–
202	Hilfsstoffe	11.300,–	288	Kasse		4.900,–
210	UE	12.700,–	3000	Eigenkapital		220.000,–
220	FE	25.400,–	44	Verbindlichkeiten		37.500,–

Kontenplan:

07, 200, 202, 210, 220, 240, 280, 288, 3000, 3001, 44, 500, 52, 600, 602, 615, 616, 63, 685, 751, 801, 802

Geschäftsvorfälle:

1) Zielverkauf von Erzeugnissen	16.800,–
2) Banküberweisung für Vertreterprovision	4.800,–
3) Bareinkauf von Hilfsstoffen	820,–
4) Banküberweisung für Gehälter	8.610,–
5) Kunden begleichen Rechnungen durch Banküberweisung	22.180,–
6) Rechnungseingang für Maschinenreparatur	1.290,–
7) Verbrauch von Rohstoffen lt. Materialentnahmeschein	7.220,–
8) Barabhebung vom Bankkonto	4.000,–
9) Barzahlung für Reisekosten	470,–
10) Rohstoffeinkauf auf Ziel	6.550,–
11) Privatentnahme bar	1.500,–
12) Verkauf von Fertigerzeugnissen gegen Bankscheck	11.760,–
13) Verkauf einer gebrauchten Maschine gegen Bankscheck	7.100,–
14) Lastschrift der Bank für fällige Zinsen	680,–

Abschlußangaben:

Inventurbestände: Hilfsstoffe   10.900,–
(Der Verbrauch ist indirekt zu ermitteln und als Aufwand umzubuchen)
                   UE   15.840,–
                   FE   26.910,–
Im übrigen stimmen die Buchwerte mit den Inventurwerten überein.

Lösung im Lösungsteil

5. Kapitel:
Ausgewählte Buchungsfälle der Industrie-buchführung nach IKR

Nachdem das System der Buchhaltung anhand einfacher bestandsverändernder und erfolgswirksamer Geschäftsvorfälle einschließlich der Kontensystematik in seinen Grundzügen dargelegt worden ist, ist nunmehr die buchhalterische Behandlung konkreter Geschäftsvorfälle der Industriebuchführung in Einzeldarstellungen aufzuzeigen. Dabei wird – insbesondere aus Gründen der Übersichtlichkeit – auf die ausführliche Erörterung weniger häufig vorkommender Vorfälle verzichtet. Die buchhalterische Behandlung solcher Spezialfälle kann auf deduktivem Wege aus dem Dargestellten abgeleitet oder der Spezialliteratur entnommen werden.

5.1 Die Umsatzsteuer in der Buchführung

Lernziele:

- *Verstehen des Umsatzsteuersystems*
- *Kenntnis der buchhalterischen Umsetzung des Abrechnungssystems der Mehrwertsteuer*
- *Fähigkeit zur Erläuterung der Begriffe Mehrwert, Vorsteuer, Vorsteuerüberhang und Zahllast*
- *Fähigkeit zur Buchung von Umsatzsteuerausweisen bei Ein- und Verkäufen*
- *Fähigkeit zur buchhalterischen Ermittlung der Zahllast bzw. des Vorsteuerüberhangs*
- *Fähigkeit zur buchhalterischen Behandlung der Zahllast bzw. des Vorsteuerüberhangs beim Zahlungsausgleich und am Jahresende*
- *Fähigkeit zur Anwendung der erworbenen Umsatzsteuer-Kenntnisse auf Aufwandsbuchungen und auf privaten Eigenverbrauch*
- *Fähigkeit zur buchhalterischen Bewältigung des Umsatzsteuer-Abschlusses*

Die bis 1967 gültige Erhebungsform der kumulativen Umsatzsteuer, die sogenannte Allphasen-Brutto-Umsatzsteuer, belastete auf jeder Umsatzstufe vom Urerzeuger bis zum Einzelhändler den jeweiligen Verkaufspreis mit einem bestimmten Umsatzsteuersatz. Deshalb erhöhte sich der insgesamt erhobene Steuerbetrag und damit der Gesamtpreis mit zunehmender Anzahl der Umsatzstufen. Dadurch waren diejenigen Unternehmen wettbewerbsmäßig begünstigt, die von der Gewinnung der Rohstoffe bis zum Verkauf an den Endverbraucher unter Ausschaltung weiterer Fertigungs- oder Handelsbetriebe alles in eigener Hand erledigten.

Darüber hinaus war es für die Bundesrepublik Deutschland ein Gebot der Steuerharmonisierung im Rahmen der Europäischen Gemeinschaft, das gleiche Umsatzsteuersystem einzuführen, das bereits in den meisten EG-Ländern angewendet wurde. So kam es mit Wirkung vom 01.01.1968 zur Einführung des heutigen Umsatzsteuersystems, der **Mehrwertsteuer mit Vorsteuerabzug**.

Die Mehrwertsteuer besteuert mit einem bestimmten Prozentsatz den Wert, der insgesamt von den Unternehmen, die an der Erstellung und Distribution eines Gutes oder einer Leistung beteiligt sind, geschaffen wird. Da unterstellt wird, daß der geschaffene Wert mit dem am Markt erzielten Preis identisch ist, gilt als Basis für die insgesamt zu erhebende Umsatzsteuer der Preis, der in der letzten Umsatzstufe vom Endverbraucher gezahlt wird. Die Umsatzsteuer belastet also letztlich allein den Konsumenten. Da dieser jedoch mangels Aufzeichnungspflicht als Steuerschuldner erhebungstechnisch ungeeignet ist, könnte man die Steuerpflicht auf den Unternehmer vorverlegen, der durch Verkauf an den Endverbraucher den letzten aufzeichnungspflichtigen Umsatzerlös erzielt. Dies stößt wiederum auf Schwierigkeiten, weil dem Verkäufer nicht bekannt ist, ob sein Käufer bereits Endverbraucher ist. Eine erhebungstechnisch einwandfreie Lösung ist die jetzt praktizierte Form der Mehrwertsteuer mit Vorsteuerabzug.

Man kann unterstellen, daß auf jeder Umsatzstufe, die ein Produkt von der Rohstoffgewinnung bis zum Einzelhändler durchläuft, ein Beitrag zur Werterhöhung erbracht wird; anderenfalls würde der Markt nicht bereit sein, von Stufe zu Stufe einen höheren Preis zu zahlen. Somit setzt sich der Gesamtwert eines Gutes oder einer Leistung aus der Summe der Wertschöpfung verschiedener Unternehmer zusammen. Jeder einzelne Unternehmer fügt durch seinen Leistungsbeitrag einen sogenannten **Mehrwert** hinzu. Dieser Mehrwert, definiert als Differenz zwischen Barverkaufspreis und Bareinkaufspreis, wird auf jeder Umsatzstufe mit einem bestimmten Prozentsatz besteuert.

Einige Umsätze sind gem. § 4 UStG von der Umsatzsteuer befreit; darunter fallen z.B. Ausfuhrlieferungen, Gewährung von Krediten, Umsätze aus Grundstücksgeschäften, Umsätze aus ärztlicher Tätigkeit, Umsätze staatlicher Kultureinrichtungen u.a.m.

Weitere Güter und Leistungen werden gem. § 12 Abs. 2 UStG (einschl. Anlage) mit einem ermäßigten Steuersatz (zur Zeit 7%) belastet, z.B. lebende Tiere, Fleisch, Fisch, Milcherzeugnisse, Gemüse, Früchte, Backerzeugnisse, Blumen, Bücher, Zeitungen, Kunstgegenstände, Leistungen von privaten Kultureinrichtungen, Personenbeförderung durch Taxis und im genehmigten Linienverkehr mit Bussssen und Schiffen u.a.m.

Auf alle übrigen steuerbaren Umsätze wurde nach Einführung der Mehrwertsteuer ab 01.01.1968 zunächst ein Steuersatz in Höhe von 10% erhoben. Dieser Satz wurde wiederholt um jeweils einen Prozentpunkt angehoben, und zwar

ab 01.07.1968 auf 11%,
ab 01.01.1978 auf 12%,
ab 01.07.1979 auf 13%,
ab 01.07.1983 auf 14%,
ab 01.01.1993 auf 15%.

In diesem Buch wird der ab 1993 gültige Steuersatz in Höhe von 15% zugrundegelegt.

Verfolgt man einen Rohstoff, der unter Zusatz weiterer Leistungen, die hier zwecks besserer Übersicht vernachlässigt werden sollen, zu einem Fertigerzeugnis fortentwickelt wird und über Groß- und Einzelhandel an den Konsumenten gelangt, über alle Umsatzstufen, so könnte sich beispielhaft folgendes Bild seiner umsatzsteuerpflichtigen Wertentwicklung ergeben:

Umsatzstufe	Bareinkaufspreis (BEP) netto in DM Barverkaufspreis (BVP)		Mehrwert	kumulierter Mehrwert
Urerzeuger	BEP BVP	0 500,–	500,–	500,–
Produktionsbetrieb	BEP BVP	500,– 2.000,–	1.500,–	2.000,–
Großhändler	BEP BVP	2.000,– 2.400,–	400,–	2.400,–
Einzelhändler	BEP BVP	2.400,– 3.000,–	600,–	3.000,–
Endverbraucher	BEP	3.000,–		

Bei einem einzelnen Unternehmer wird der von ihm geschaffene umsatzsteuerpflichtige Mehrwert dadurch kontrollierbar, daß der Umsatzsteueranteil in den Rechnungen offen ausgewiesen werden muß.

Nur bei kleinen Rechnungsbeträgen bis zu DM 200,– kann der Betrag brutto, d.h. inklusive Umsatzsteuer, ausgewiesen werden, jedoch unter Angabe des darin enthaltenen Umsatzsteuersatzes (§33 UstDV). In diesem Falle muß der Umsatzsteueranteil aus dem Brutto-Umsatzerlös herausgerechnet werden:

Bruttoumsatzerlöse inklusive 15% Umsatzsteuer   115%
Umsatzsteueranteil   15%,

also $\frac{15}{115} \approx 13{,}04\%$ des Bruttoumsatzes.

Zur Darstellung der buchhalterischen Behandlung der Umsatzsteuer greifen wir aus obigem Beispiel den Produktionsbetrieb heraus: Er hat vom Rohstofflieferanten folgende Eingangsrechnung bekommen und an den Großhändler folgende Ausgangsrechnung verschickt:

	Eingangsrechnung BEP in DM	Ausgangsrechnung BVP in DM	Daraus ergibt sich der Mehrwert (BVP – BEP)
Wert der Ware netto	500,–	2.000,–	1.500,–
+ 15% USt	75,–	300,–	225,–
Rechnungsbetrag brutto	575,–	2.300,–	1.725,–

Der Produzent zahlt also beim Einkauf an den Rohstofflieferer über den Netto-Warenwert hinaus DM 75,– für Umsatzsteuer, kassiert jedoch andererseits beim Verkauf vom Großhändler über den Netto-Warenwert hinaus DM 300,– für Umsatzsteuer, d.h. er läßt sich vom Großhändler zum einen die von ihm an den Lieferanten gezahlte Umsatzsteuer (DM 75,–) erstatten und stellt ihm darüber hinaus die auf den von ihm geschaffenen Mehrwert fällige Umsatzsteuer DM 225,– in Rechnung. Diese auf den Mehrwert zu zahlende Steuer muß der Produktionsbetrieb als Steuerschuldner an das Finanzamt abführen.

Hieraus wird deutlich, welchen Charakter in buchhalterischer Hinsicht die Umsatzsteuer hat: Der einzelne Unternehmer muß seinem Kunden auf seinen

Umsatzerlös einen bestimmten Prozentsatz für Umsatzsteuer in Rechnung stellen, von dem er einen Teil, die sogenannte **Vorsteuer**, bereits im Vorwege beim Einkauf an seinen Lieferanten gezahlt hat und deren Rest er an das Finanzamt abführen muß. Die Umsatzsteuer ist also lediglich durchlaufender Posten ohne Erfolgscharakter und langfristig ohne bestandsverändernde Wirkung.

Jeder Unternehmer hat die auf seinen gesamten Umsatzerlös in Rechnung zu stellende Umsatzsteuer insoweit an das Finanzamt abzuführen, als er keinen Vorsteuer-Abzug geltend machen kann, d.h. durch Rechnung belegen kann, daß er beim Einkauf an seinen Lieferanten Umsatzsteuer im Sinne von Vorsteuer gezahlt hat. Rechtlich und bilanziell gesehen, entsteht somit aus jedem Umsatzerlös eine Umsatzsteuerschuld, gegen die jedoch die gezahlte Vorsteuer als Forderung aufgerechnet wird.

Daraus ergibt sich abrechnungs- und buchhaltungstechnisch eine relativ problemlose Ermittlung der an das Finanzamt abzuführenden Umsatzsteuer, der sogenannten **Zahllast**:

Die beim Einkauf entrichtete Vorsteuer wird als Mehrung der Forderungen gegenüber dem Finanzamt auf dem Aktivkonto „Vorsteuer" gebucht, und die beim Verkauf erhaltene Umsatzsteuer wird als Mehrung der Verbindlichkeiten gegenüber dem Finanzamt auf dem Passivkonto „Umsatzsteuer" (Mehrwertsteuer) erfaßt.

In unserem Beispiel hat der Produktionsbetrieb zu buchen:

1)	Einkauf von Rohstoffen auf Ziel		DM	500,−
	zuzüglich 15% USt		DM	75,−
	Rechnungsbetrag brutto		DM	575,−

Buchungssatz:

| 200 | Rohstoffe | 500,− | | 44 Verbindlichkeiten | 575,− |
| 260 | Vorsteuer | 75,− | | | |

2)	Verkauf von Fertigerzeugnissen auf Ziel		DM	2.000,−
	zuzüglich 15% USt		DM	300,−
	Rechnungsbetrag brutto		DM	2.300,−

Buchungssatz:

| 240 | Forderungen | 2.300,− | | 500 Umsatzerlöse | 2.000,− |
| | | | | 480 Umsatzsteuer | 300,− |

Die beiden Umsatzsteuerkonten weisen nach diesen Buchungen folgendes Bild auf:

S	260 Vorsteuer	H	S	480 Umsatzsteuer	H
1)	75,−			2)	300,−

Zur Ermittlung der Zahllast werden die Forderungen (Konto Vorsteuer) und die Verbindlichkeiten (Konto Umsatzsteuer) miteinander verrechnet. Dies erfolgt zum Ende eines jeden Voranmeldungszeitraums.

Der Voranmeldungszeitraum erstreckt sich im Regelfall auf einen Kalendermonat. Bei einer Jahressteuerschuld von bis zu 6.000,− DM verlängert sich der

Voranmeldungszeitraum auf ein Kalendervierteljahr; bei einer Steuerschuld von bis zu 600,– DM kann das Finanzamt von einer unterjährigen Voranmeldung befreien (§ 18 Abs. 2 UStG).

Der Unternehmer hat bis zum 10. Tag nach Ablauf jedes Voranmeldungszeitraums eine Voranmeldung abzugeben, in der er die Steuer für den Zeitraum selbst zu berechnen und eine entsprechende Vorauszahlung zu leisten hat (§ 18 Abs. 1 UStG). Zur Vermeidung von Härten können diese Fristen um jeweils einen Monat verlängert werden.

Buchungstechnisch kann die Aufrechnung der Vorsteuer-Forderung gegen die Umsatzsteuer-Verbindlichkeit so erfolgen, daß das Vorsteuerkonto saldiert wird und der Saldo im Umsatzsteuerkonto gegengebucht wird. Der danach im Umsatzsteuerkonto zu ermittelnde Saldo gibt die Zahllast wieder, die (meist) über das Bankkonto an das Finanzamt abgeführt wird.

Die buchungstechnische Fortsetzung des o.a. Beispiels weist dann folgendes Bild auf:

S	260 Vorsteuer	H		S	480 Umsatzsteuer	H
1)	75,– | 480	75,–	→	260	75,– | 2)	300,–
				280	225,–	
S	280 Bank	H		(Zahllast)		
	| 480	225,–				

Da die Voranmeldung und Abführung der Zahllast jedoch erst zeitversetzt bis zum 10. Tag nach Ablauf des Voranmeldungszeitraums erfolgt, am ersten Tag des Folgemonats jedoch bereits ein neuer Voranmeldungszeitraum beginnt, wird in der Praxis im allgemeinen ein Verrechnungskonto als vorübergehender „Parkplatz" eingerichtet, um hierauf die Zahllast ermitteln und bis zur Fälligkeit aufbewahren zu können.

Bei dieser buchhalterischen Vorgehensweise werden beide von der Umsatzsteuer berührten Konten brutto, also ohne vorherige Verrechnung, über dieses „Parkkonto" 487 geleistete/empfangene Umsatzsteuer abgeschlossen:

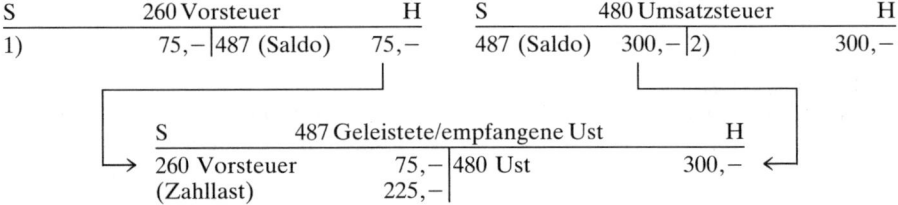

S	260 Vorsteuer	H		S	480 Umsatzsteuer	H
1)	75,– | 487 (Saldo)	75,–		487 (Saldo)	300,– | 2)	300,–

S	487 Geleistete/empfangene Ust	H
260 Vorsteuer	75,– | 480 Ust	300,–
(Zahllast)	225,– |	

Bei dieser Buchungsweise sind beide Umsatzsteuerkonten zu Beginn des folgenden Voranmeldungszeitraums ausgeglichen und zur Aufnahme neuer Buchungen bereit. Die Zahllast des abgelaufenen Voranmeldungszeitraums wird dann bei Fälligkeit von Konto 487 an das Finanzamt abgeführt, verbunden mit der Buchung

487 Geleistete/empfangene Ust | 280 Bank

In diesem Buch wird in den folgenden Beispielen und Aufgaben vom Nettoabschluß der Umsatzsteuerkonten ausgegangen, also von der direkten Verrechnung des Kontos 260 Vorsteuer über Konto 480 Umsatzsteuer.

Wenn am 31.12. die Umsatzsteuer-Zahllast für das abgelaufene Jahr noch nicht überwiesen worden ist, sondern erst in den ersten Tagen des neuen Jahres gezahlt werden soll, muß sie als sonstige Verbindlichkeit (Kontengruppe 48) passiviert werden, d.h. auf die Passivseite der Schlußbilanz eingestellt werden.

Buchung:

480 Umsatzsteuer (Saldo) | 801 SBK (Pos. sonst. Verb.)

S	801 SBK	H	S	480 Umsatzsteuer	H
	sonst. Verb. 225,–		Vorsteuer 75,–	USt 300,–	
			Saldo 225,–		

Auf Dauer hat ein existenzfähiges Unternehmen mehr umsatzsteuerpflichtige Umsatzerlöse als vorsteuerfähige Einkäufe zu verzeichnen; denn es wird im Normalfall nicht mehr Güter und Leistungen einkaufen, als es mengenmäßig verarbeiten und absetzen, also wertmäßig in Erlöse umsetzen kann. Dieser Normalfall führt regelmäßig dazu, daß die im Haben des Kontos 480 Umsatzsteuer gebuchten Beträge größer sind als die im Soll des Kontos 260 Vorsteuer erfaßten; daher ergibt sich im Normalfall per Saldo eine Zahllast, also eine Verbindlichkeit gegenüber dem Finanzamt (vgl. oben dargestelltes Beispiel).

Für kürzere Betrachtungszeiträume kann jedoch auch bei wirtschaftlich gesunden Unternehmen die Vorsteuerforderung größer sein als die Umsatzsteuerschuld; dann liegt ein sogenannter **Vorsteuerüberhang** vor. Das kann z.B. der Fall sein, wenn bei ernteabhängigen Rohstoffen der gesamte Jahresbedarf innerhalb eines kürzeren Zeitraumes eingekauft werden muß (z.B. Konservenfabriken) oder wenn bei starken Saisonschwankungen (z.B. im Spielwarenhandel) die Ware für das Weihnachtsgeschäft weitgehend im Oktober eingekauft wird. Eine solche Situation führt dann buchhalterisch dazu, daß die Aufrechnung der (geringeren) Umsatzsteuerschuld gegen die (höhere) Vorsteuerforderung zu einem Habensaldo führt, der einen aktiven Forderungsbestand bedeutet und systemgerecht im Gegenkonto im Soll gebucht werden muß. Ist dies zum Jahresabschluß der Fall, ist der Saldo als Forderung gegenüber dem Finanzamt zu aktivieren (Aktivseite der Bilanz bzw. Sollseite des SBK). Innerhalb eines Geschäftsjahres wird dieser Vorsteuerüberhang auf den nächsten Voranmeldezeitraum vorgetragen, also mit einer späteren Umsatzsteuerschuld verrechnet oder vom Finanzamt erstattet.

S	260 Vorsteuer	H	S	480 USt	H
Vorsteuer 6.000,–	USt-Saldo 4.000,–	← Saldo	4.000,–	USt aus	4.000,–
aus Einkäufen	Saldo 2.000,–			Verkäufen	
	(Vorsteuerüberhang)				

↓

Rückerstattung durch das Finanzamt oder Aktivierung in der Bilanz als „sonst. Vermögensgegenstände".

Steuerbar sind grundsätzlich sämtliche umgesetzte Güter und Leistungen unabhängig davon, ob sie vom Erwerber als Bestandsmehrung aktiviert werden (z.B. Rohstoffe, Maschinen) oder als erfolgsmindernder Aufwand gebucht werden (z.B. Reparaturaufwendungen). Für die richtige Buchung der Steuer bei Umsatz in Form von Dienstleistungen ist stets sorgfältig zu prüfen, ob es sich um einen „Einkauf" (zu buchen als Vorsteuer im Soll) oder um einen „Verkauf" (zu buchen als Umsatzsteuer im Haben) handelt.

Beispiele:

1) Reparaturleistung eines Handwerksbetriebes, Barzahlung.

    a) Die Werkstatt bucht als „Verkäufer" der Reparaturleistung:

288 Kasse	500 Umsatzerlöse
	480 Umsatzsteuer

    b) Der Auftraggeber bucht als „Erwerber" der Reparaturleistung:

616 Fremdinstandhaltung	288 Kasse
260 Vorsteuer	

2) Ein Industriebetrieb hat dem Kunden Lieferung frei Haus zugesagt und beauftragt einen Spediteur mit der Lieferung:

    a) Der Spediteur bucht als „Verkäufer" der Transportleistung:

288 Kasse	500 Umsatzerlöse
	480 Umsatzsteuer

    b) Der Auftraggeber bucht als „Käufer" der Transportleistung:

614 Frachten	288 Kasse
260 Vorsteuer	

3) Ein Industriebetrieb nimmt für den Verkauf seiner Produkte die Dienste eines Vertreters in Anspruch:

    a) Der Vertreter stellt seine Provision in Rechnung:

240 Forderungen	500 Umsatzerlöse
	480 Umsatzsteuer

    b) Der Industriebetrieb bucht als „Käufer" der Vermittlungsleistung:

615 Vertriebsprovisionen	44 Verbindlichkeiten
260 Vorsteuer	

Aus Gründen der Steuergerechtigkeit unterliegt gemäß Umsatzsteuergesetz auch der Eigenverbrauch der Umsatzsteuerpflicht. Der Eigenverbrauch von Fertigerzeugnissen ist als Verkauf an sich selbst zu deuten, und die Eigennutzung von Betriebsvermögen ist gedanklich wie eine Vermietung an sich selbst oder wie eine Verminderung der anerkennungsfähigen Aufwendungen zu sehen.

Alle diese Vorgänge werden jedoch – wie bereits im Abschnitt Privatkonto gezeigt – aufgrund des Bruttoprinzips als Eigenverbrauch in der Klasse 5, also als Ertrag, gebucht. Die buchhalterische Behandlung einschließlich ihrer Umsatzsteuerbuchung soll an folgenden Beispielen verdeutlicht werden:

1) Privatentnahme von Fertigerzeugnissen im Wert von DM 300,– + USt.

3001 Privatkonto	345,–	542 Eigenverbrauch	300,–
		480 Umsatzsteuer	45,–

2) Während des Jahres sind sämtliche PKW-Aufwendungen in Höhe von 8.000,– DM auf den entsprechenden Aufwandskonten gebucht worden. Der Anteil der privaten Nutzung des betriebseigenen PKW wird auf 25% geschätzt und ist am Jahresende als Eigenverbrauch zuzüglich Umsatzsteuer zu buchen.

3001 Privatkonto	2.300,–	542 Eigenverbrauch	2.000,–
		480 Umsatzsteuer	300,–

Aufgabe A5/1:

Abschluß Vorsteuer/Umsatzsteuer

Zum Ende eines Umsatzsteuer-Voranmeldungszeitraumes zeigen die Konten nachfolgendes Bild; die Zahllast ist zu ermitteln und durch Banküberweisung zu begleichen.

S	260 Vorsteuer	H	S	480 Umsatzsteuer	H
	29.100,–				37.500,–

S	280 Bank	H
	21.600,–	

Lösung im Lösungsteil

Aufgabe A5/2:

Am Abschlußstichtag ergibt sich in den Konten Vorsteuer/Umsatzsteuer folgendes Bild; die Zahllast ist zu passivieren bzw. der Vorsteuerüberhang zu aktivieren:

S	260 Vorsteuer	H	S	480 Umsatzsteuer	H
	31.800,–				34.200,–

S	801 SBK	H

Lösung im Lösungsteil

5.2 Buchungen im Ein- und Verkaufsbereich

Da die Buchungen, die der Käufer beim Einkauf von Material vorzunehmen hat, mit den Buchungen, die der Lieferer beim Verkauf durchzuführen hat, korrespondieren, können sie im Zusammenhang dargestellt werden.

Eingangsrechnung   =   Ausgangsrechnung
  des Kunden   des Lieferers

Beispiel:

	Listenpreis für Rohstoffe	DM 12.500,–
	− 20% Rabatt	DM 2.500,–
=	Zielpreis netto	DM 10.000,–
	+Umsatzsteuer	DM 1.500,–
=	Rechnungsbetrag brutto	DM 11.500,–

Später sollen erfolgen:

- eine Rücksendung wegen falsch gelieferter Ware im Wert von netto DM 2.000,-,
- eine Gutschrift über den vereinbarten Preisnachlaß in Höhe von netto DM 1.000,- wegen mangelhafter Ware,
- die Zahlung des Restbetrages durch Banküberweisung unter Abzug von 2% Skonto.

5.2.1 Sofortrabatte

Lernziel:
• *Kenntnis des buchhalterischen Ignorierens von Sofortrabatten*

Da ein auf der Rechnung ausgewiesener Rabatt („Sofortrabatt") als absatzpolitisches Instrument gedeutet werden muß und keinen buchhalterischen Bezug zu den Anschaffungskosten (beim Einkauf) bzw. zu den Umsatzerlösen (beim Verkauf) hat, werden Sofortrabatte buchhalterisch nicht erfaßt; gebucht wird der Zieleinkaufs- bzw. Zielverkaufspreis:

Buchung beim Kunden:

| 2000 Rohstoffe | 10.000,- | 44 Verbindlichkeiten | 11.500,- |
| 260 Vorsteuer | 1.500,- | | |

Buchung beim Lieferer:

| 240 Forderungen | 11.500,- | 5000 Umsatzerlöse | 10.000,- |
| | | 480 Umsatzsteuer | 1.500,- |

5.2.2 Bezugskosten und Ausgangsfrachten

Lernziele:
• *Fähigkeit zur beispielhaften Nennung von Bezugskosten und Ausgangsfrachten*
• *Kenntnis der Aktivierungspflicht der Bezugskosten*
• *Einsicht in die Zweckmäßigkeit der Bildung von Unterkonten zu den Konten Rohstoffe und Umsatzerlöse*
• *Fähigkeit zum Verstehen und Nachvollziehen des kontensystematischen Zusammenhangs zwischen den Unterkonten und dem übergeordneten Konto*
• *Beherrschen der Buchung von Bezugskosten und Ausgangsfrachten*

Der schuldrechtliche Erfüllungsort der Ware ist der Geschäftssitz des Warenschuldners. Daher sind, wenn nicht anderslautende vertragliche Vereinbarungen getroffen worden sind, sämtliche Kosten vom Sitz des Verkäufers ab vom Käufer zu übernehmen; diese sogenannten **Bezugskosten** sind insbesondere Transportkosten, Rollgelder, Zölle. Liegt die Ware bereits für den Käufer frei verfügbar in seinem Lager, so stellt sie für ihn einen höheren Wert dar als im Lager des Lieferers. Deshalb sind auch beim Erwerb von Wirtschaftsgütern des Umlaufvermögens die gesamten Anschaffungskosten einschließlich der Anschaffungsnebenkosten (Bezugskosten) zu aktivieren (§ 255 Abs. 1 HGB):

Anschaffungspreis der Rohstoffe	DM 10.000,–	+ USt
+ Anschaffungsnebenkosten (Bezugskosten)	DM 600,–	+ USt
= zu aktivierende Anschaffungskosten	DM 10.600,–	+ USt

Buchung der Bezugskosten beim Kunden (Barzahlung):

2000 Rohstoffe	600,–		288 Kasse	690,–
260 Vorsteuer	90,–			

Um die Buchhaltung aussagefähiger zu gestalten, werden die Bezugskosten im allgemeinen auf einem eigenen Unterkonto „2001 Bezugskosten für Rohstoffe" gesondert erfaßt und summarisch über das Rohstoffkonto abgeschlossen.

2001 Bezugskosten	600,–		288 Kasse	690,–
260 Vorsteuer	90,–			

Beim Abschluß:

2000 Rohstoffe	600,–		2001 Bezugskosten	600,–

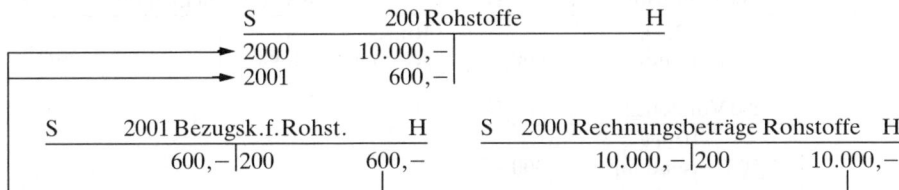

Somit erscheinen letztlich im Rohstoffkonto die gesamten Anschaffungskosten.

Korrekter im Sinne des Kontensystems wäre eigentlich die Führung eines Oberkontos 200 Rohstoffe sowie gleichrangiger Unterkonten 2000 Rechnungspreise für Rohstoffe, 2001 Bezugskosten usw.; dann wären sämtliche vierstellige Unterkonten der Kontenart 200 über dieses Konto abzuschließen.

S	200 Rohstoffe		H
	2000	10.000,–	
	2001	600,–	

S	2001 Bezugsk.f.Rohst.		H	S	2000 Rechnungsbeträge Rohstoffe		H
	600,–	200	600,–		10.000,–	200	10.000,–

Aus Vereinfachungsgründen wird jedoch im allgemeinen von der Führung eines übergeordneten dreistelligen Kontos abgesehen, so daß das vierstellige Konto 2000 Rohstoffe eine Doppelfunktion hat, indem es die Rechnungsbeträge für Rohstoffe und zusätzlich als Oberkonto die Salden der nachfolgenden Konten 2001 ff. aufnimmt. Bezugskosten für Hilfs- und Betriebsstoffe werden analog auf entsprechenden Unterkonten der zugehörigen Stoffkonten gebucht.

Sind vertraglich andere Beförderungskostenklauseln vereinbart als nach Gesetz, z.B. Lieferung frei Haus, frei Bestimmungsbahnhof oder frei Versandbahnhof, hat der Lieferer die Transportkosten in voller Höhe oder teilweise zu übernehmen. Für den Lieferer sind dies Aufwendungen, sogenannte Ausgangsfrachten, die den Ertrag aus der Umsatztätigkeit verringern und im Konto 614 Frachten gebucht werden können. Läßt der Lieferer diese Transportleistung im Wert von DM 600,– zuzüglich Umsatzsteuer von einer Spedition ausführen, bucht er (bei Barzahlung):

614 Frachten	600,–		288 Kasse	690,–
260 Vorsteuer	90,–			

Zu beachten ist, daß im **Vorsteuer**konto zu buchen ist, weil eine Leistung **ein**gekauft wird, auch wenn diese im Zusammenhang mit dem Verkauf von Gütern steht.

5.2.3 Rücksendungen

Lernziele:
• *Kenntnis des Begriffs Storno*
• *Beherrschen der Buchung von Rücksendungen*

Rücksendungen aufgrund von Mängelrügen oder falsch gelieferter Güter erfordern eine Korrektur der beim Einkauf durch den Kunden bzw. beim Verkauf durch den Lieferer zuviel gebuchten Beträge. Die Korrektur wird im Wege einer einfachen Rückbuchung (**Stornierung, Stornobuchung**) vorgenommen. Wichtig ist, daß mit der nachträglichen Verminderung des Nettopreises auch die Bemessungsgrundlage für die Umsatzsteuer vermindert wird, so daß beim Kunden die Vorsteuerbuchung und beim Lieferer die Umsatzsteuerbuchung anteilig berichtigt werden muß.

In Fortsetzung des Beispiels von S. 74 soll eine Rücksendung im Wert von netto DM 2.000,– vorgenommen werden:

Buchung beim Kunden: (Rücksendung an Lieferer)

44 Verbindlichkeiten	2.300,–		2000 Rohstoffe	2.000,–
			260 Vorsteuer	300,–

S	2000 Rohstoffe		H	S	44 Verbindlichkeiten		H
	10.000,–	Rück- sendung 2.000,–		Rück- sendung 2.300,–		11.500,–	

S	260 Vorsteuer		H
	1.500,–	Rück- sendung 300,–	

Buchung beim Lieferer: (Rücksendung vom Kunden)

5000 Umsatzerlöse	2.000,–		240 Forderungen	2.300,–
480 USt	300,–			

S	240 Forderungen		H	S	5000 Umsatzerlöse		H
	11.500	Rück- sendung 2.300,–		Rück- sendung 2.000,–		10.000,–	

S	480 USt		H
	Rück- sendung 300,–	1.500,–	

5.2.4 Preisnachlässe

Lernziel:
• Beherrschen der Buchung von Preisnachlässen

Wird aufgrund einer Mängelrüge keine Rücksendung vorgenommen, sondern ein Preisnachlaß (Minderung) vereinbart, dann erfolgt keine nachträgliche Änderung der gelieferten Menge, sondern lediglich eine nachträgliche Korrektur des Wertes der gelieferten Güter. Diesem Umstand wird buchhalterisch dadurch Rechnung getragen, daß keine einfache Stornobuchung durchgeführt wird, sondern die Preisnachlässe zunächst auf einem Unterkonto gesondert erfaßt und später über das übergeordnete Konto abgeschlossen werden.

In Fortsetzung unseres Ausgangsbeispiels sei zwischen den Vertragspartnern ein Preisnachlaß in Höhe von netto DM 1.000,– vereinbart. Für den Kunden bedeutet die Gutschrift des Lieferers eine Einstandspreiskorrektur (EPK).

Buchung beim Kunden aufgrund der Gutschrift durch den Lieferer:

44 Verbindlichkeiten	1.150,–	2002 Einstandspreiskorrektur (EPK) für Rohstoffe	1.000,–
		260 Vorsteuer	150,–

Umbuchung zum Abschluß der Rechnungsperiode:

2002 EPK	1.000,–	2000 Rohstoffe	1.000,–

S	44 Verbindlichkeiten	H	S	260 Vorsteuer	H
Rücksendung	2.300,–	11.500,–		1.500,–	Rücksendung 300,–
EPK	1.150,–				EPK 150,–

S	2000 Rohstoffe	H	S	2002 EPK	H
Rechnungspreis	10.000,–	Rücksendung 2.000,–	Saldo	1.000,–	EPK 1.000,–
Bezugskosten	600,–	EPK 1.000,–			

Für den Lieferer bedeutet dessen Gutschrift an den Kunden eine nachträgliche Erlösschmälerung, die zunächst auf dem Unterkonto 5001 Erlöskorrektur (Erlöskorr.) gesammelt wird.

Buchung beim Lieferer aufgrund seiner Gutschrift:

5001 Erlöskorr.	1.000,–	240 Forderungen	1.150,–
480 USt	150,–		

Umbuchung zum Abschluß der Rechnungsperiode:

5000 Umsatzerlöse   1.000,– | 5001 Erlöskorr.   1.000,–

S	240 Ford.		H
11.500,–	Rücks.	2.300,–	
	Erlösk.	1.150,–	

S	480 USt		H
Rücks.	300,–	1.500,–	
Erlöskorr. ·	150,–		

S	5001 Erlöskorr.		H
Erlöskorr.	1.000,–	Saldo	1.000,–

S	5000 Umsatzerlöse		H
Rücks.	2.000,–	10.000,–	
Erlöskorr.	1.000,–		

5.2.5 Zahlungen unter Abzug von Skonto

Lernziele:

- *Verstehen des Skontoabzugs als eigenständige Art des Preisnachlasses*
- *Fähigkeit zum Nachvollziehen von Skontobuchungen nach der Netto- und Bruttomethode*
- *Beherrschen der Buchung von Zahlungen unter Skontoabzug nach der Netto-Methode*

Eine besondere Art des Preisnachlasses stellt der Skontoabzug dar. In den meisten Branchen ist es üblich, daß der Lieferer dem Kunden ein Zahlungsziel von mehreren Wochen einräumt, also einen Lieferantenkredit gewährt. Da der Lieferer jedoch aus Kosten-, Liquiditäts- und Sicherheitsgründen wünscht, alsbald seine Forderung beglichen zu bekommen, bietet er dem Kunden oft alternativ bei vorzeitiger Zahlung eine Skontogewährung an. Dieser Skontoabzug für die Nichtinanspruchnahme eines Lieferantenkredits hat also finanzwirtschaftliche Gründe. Er wird üblicherweise zusammen mit anders begründeten Preisnachlässen im Konto 2002 bzw. 5001 gebucht. (Es könnten jedoch auch weitere Unterkonten eingerichtet werden, z.B.

beim Kunden „2003 Preisnachlässe (EPK) durch Skonti" bzw.
beim Lieferer „5002 Erlöskorrekturen durch Skonti").

   Wie bei allen ex post-Preiskorrekturen muß auch im Falle des Skontoabzugs die Umsatzsteuer anteilig berichtigt werden. Wir greifen unser Beispiel wieder auf, bei dem bisher folgende Vorgänge beim Kunden/Lieferer gebucht worden sind:

Lieferer	Kunde	Ursprünglicher Rechnungsbetrag	∕ Rücksendung	∕ Preisnachlaß
Umsatzerlös	Rohstoffe	10.000,– ∕ 2.000,–	= 8.000,– ∕ 1.000,–	= 7.000,–
USt	Vorsteuer	1.500,– ∕ 300,–	= 1.200,– ∕ 150,–	= 1.050,–
Forderung	Verbind-lichkeiten	11.500,– ∕ 2.300,–	= 9.200,– ∕ 1.150,–	= 8.050,–

Der Kunde begleicht durch Banküberweisung seine restliche Verbindlichkeit in Höhe von DM 8.050,– abzüglich 2% Skonto:

$$
\begin{array}{ll}
 & \div\, 2\%\ \text{Skonto} \\
7.000,- & \div\ \ 140,- = 6.860,- \ \hat{=}\ 100\% \\
\underline{1.050,-} & \underline{\div\ \ \ 21,- = 1.029,- \ \hat{=}\ \ \ 15\%} \\
8.050,- & \div\ \ 161,- = 7.889,- \ \hat{=}\ 115\%
\end{array}
$$

Da der Skontoabzug vertragsgemäß ist, hat nach diesem Vorgang der Kunde keine Verbindlichkeiten, der Lieferer keine Forderungen mehr; deshalb darf trotz des geringeren Zahlungsbetrages im Verbindlichkeiten-/Forderungskonto kein Saldo übrigbleiben.

Der Skontoabzug selbst stellt für den Kunden eine Einstandspreiskorrektur seiner eingekauften Rohstoffe in Höhe von DM 140,– dar, die er im Konto 2002 sammelt und dementsprechend auch die Vorsteuer anteilig um DM 21,– berichtigt. Für den Lieferer ist im Skontobetrag von DM 161,– 15/115 $\hat{=}$ 21,– DM Umsatzsteuerberichtigung und 100/115 $\hat{=}$ 140,– DM nachträgliche Erlöskorrektur, die er im Konto 5001 bucht.

Buchung beim Kunden:

44 Verbindlichkeiten	8.050,–	280	Bank	7.889,–
		2002	EPK	140,–
		260	Vorsteuer	21,–

Buchung beim Lieferer:

280	Bank	7.889,–	240 Forderungen	8.050,–
5001	Erlöskorr.	140,–		
480	USt	21,–		

In der Praxis setzt sich der Skontoabzug bei einem derzeitigen Umsatzsteuersatz von 15% zu 100/115 aus Einstandspreis-/Erlöskorrektur und zu 15/115 aus Vorsteuer-/Umsatzsteuer-Berichtigung zusammen. Um sich das genaue Errechnen der Steuerberichtigungsbeträge in jedem Einzelfall zu ersparen, werden Preisnachlässe (wegen Mängelrüge und wegen Skontoabzugs) häufig „**brutto**" gebucht; d.h. es wird zunächst der gesamte Abzugsbetrag einschließlich des darin enthaltenen Steueranteils als Einstandspreis-/Erlöskorrektur gebucht; und die Steuerberichtigung wird erst am Ende des Umsatzsteuer-Abrechnungszeitraums, also monatlich oder vierteljährlich, aus der Gesamtsumme anteilig herausgerechnet und in den Steuerkonten gegengebucht:

Buchung beim Kunden:

S	260 Vorsteuer	H	S	2002 EPK	H
	2002	171,–	Vorsteuer-		1.150,–
			berichtigung		161,–
			$\dfrac{15}{115}\hat{=}$	171,–	

Buchung beim Lieferer:

S	5001 Erlöskorr.	H	S	480 USt	H
1.150,-	USt-Ber.		5001	171,-	
161,-	$\frac{15}{115} \triangleq$ 171,-				

In dieser Schrift wird jedoch die Steuerberichtigung weiterhin nach der Netto-Methode vorgenommen.

5.2.6 Handelswaren

> *Lernziele:*
>
> - *Beherrschen der Buchung von Ein- und Verkäufen von Handelswaren*
> - *Fähigkeit zum Kontenabschluß unter Berücksichtigung von Unterkonten im Ein- und Verkaufsbereich sowie von Handelswaren*
> - *Fähigkeit zur Bildung von Buchungssätzen zu Geschäftsvorfällen aus dem Ein- und Verkaufsbereich*

Außer dem Verkauf der selbstproduzierten Güter führen Industriebetriebe häufig nebenbei (z.B. zur Vervollständigung des Sortiments oder als Zubehör) auch Erzeugnisse, die ohne substantielle Veränderung im eingekauften Zustand weiterveräußert werden. Diese sogenannten Handelswaren werden bestandsmäßig im Konto „228 Handelswaren" (HW) ausgewiesen; der aus ihnen resultierende Verkaufserlöse wird im Konto „51 Umsatzerlöse für Handelswaren" erfaßt, der hierfür erforderliche Wareneinsatz im Konto 608 Aufwendungen für Waren (Wareneinsatz).

Beispiel:

1) Zieleinkauf von Handelswaren im Wert von	DM	3.000,-
+ Umsatzsteuer	DM	450,-
2) Zielverkauf von Handelswaren im Wert von	DM	4.000,-
+ Umsatzsteuer	DM	600,-

Ähnlich der buchhalterischen Erfassung des Materialverbrauchs (vgl. S. 31ff.) stehen auch bei der Verbuchung der Warengeschäfte verschiedene Möglichkeiten zur Verfügung.

(1) Ermittlung des Wareneinsatzes durch Inventur:

Buchung:

1) 228	HW	3.000,-	44	Verbindlichkeiten	3.450,-
260	Vorsteuer	450,-			
2) 240	Forderungen	4.600,-	51	Umsatzerlöse aus HW	4.000,-
			480	Umsatzsteuer	600,-

Um einen Ertrag aus Warenumsatz erzielen zu können, bedarf es eines Aufwands in Form von Wareneinsatz. Die Buchung des Ertrags erfolgt direkt im

Konto Umsatzerlöse und wird von dort per Saldo in das GuV-Konto weitergeleitet. Die Erfassung und Buchung des Aufwands erfolgt wie die oben behandelte retrograde Ermittlung des Rohstoffaufwands über den Inventurbestand:

AB Handelswaren	DM 2.000,–
+ Zukäufe	DM 3.000,–
– SB lt. Inventur	DM 1.800,–
= Wareneinsatz	DM 3.200,–

Buchung:

801 SBK	1.800,–		228 HW	1.800,–
608 Wareneinsatz	3.200,–		228 HW (Saldo)	3.200,–

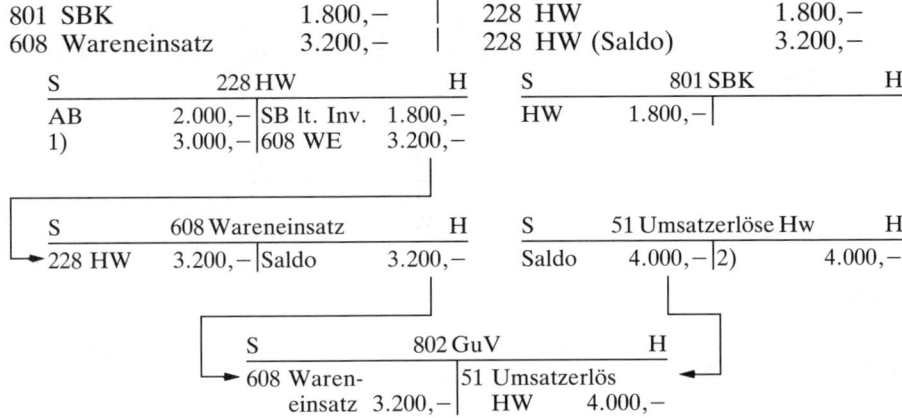

(2) Ermittlung des Wareneinsatzes beim „Just-in-time-Verfahren":

Gemäß der Vorstellung, daß die eingekauften Waren umgehend weiterverkauft werden, werden die Warenzugänge nicht als Bestandsmehrung im Soll des Bestandskontos 228 Handelswaren, sondern sogleich als Wareneinsatz im Aufwandskonto 608 gebucht.

Buchung:

1) 608 Wareneinsatz	3.000,–		44 Verbindlichkeiten	3.450,–
260 Vorsteuer	450,–			
2) 240 Forderungen	4.600,–		51 Umsatzerl. aus HW	4.000,–
			480 Umsatzsteuer	600,–

Die auch bei dieser Handhabung der eingekauften Waren mögliche Diskrepanz zwischen Einkaufsmenge und Verkaufsmenge wird als Korrektur des Wareneinsatzes berücksichtigt. Dazu wird – wie bei der Inventurvergleichsmethode – der Saldo im Warenbestandskonto als Differenz zwischen Anfangsbestand und Schlußbestand (lt. Inventur) ermittelt und im Aufwandskonto Wareneinsatz gegengebucht.

Buchung:

801 SBK	1.800,-	|228 HW	1.800,-
608 Wareneinsatz	200,-	|228 HW (Saldo)	200,-

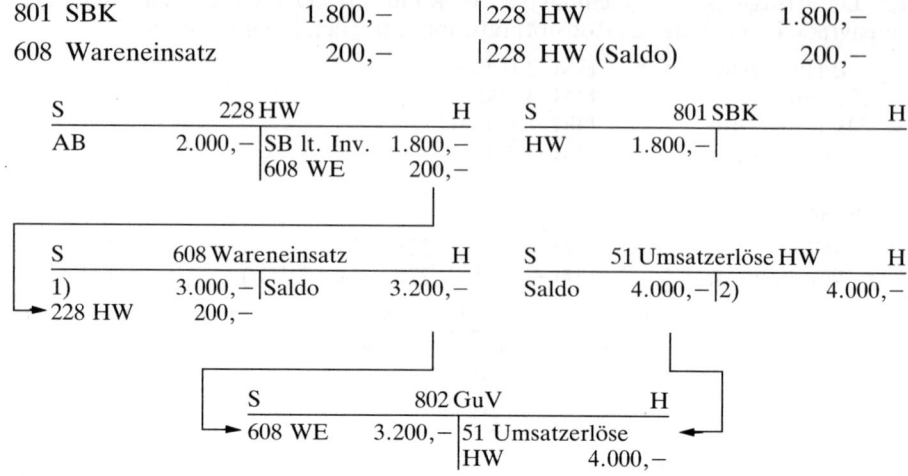

Aufgabe A5/3:

Bringen Sie die Konten 2000 bis 607 zum Abschluß unter Berücksichtigung folgender Inventurwerte:

Rohstoffe   ⋅ 11.430,-
Handelswaren   1.770,-

Geben Sie vor dem gebuchten Betrag jeweils das Gegenkonto an!

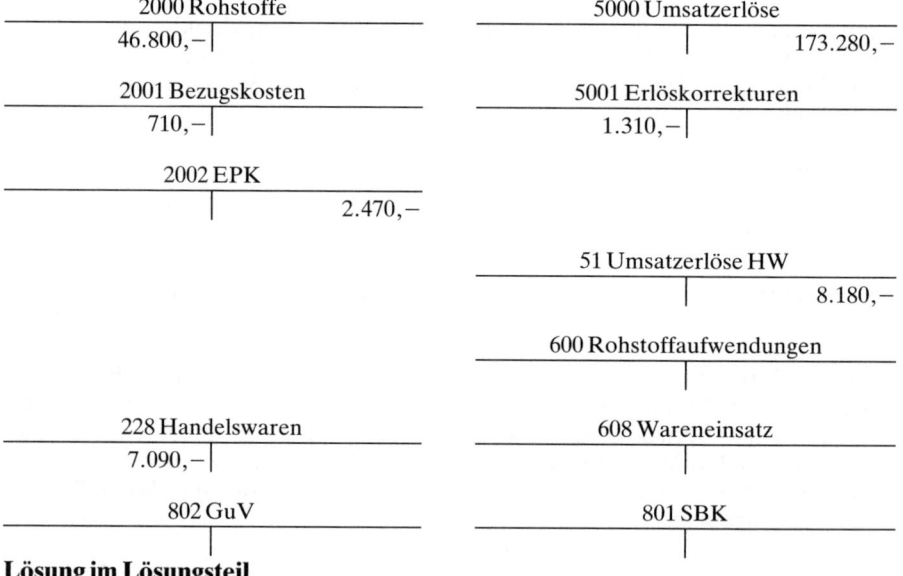

Lösung im Lösungsteil

Aufgabe A5/4:

Bilden Sie die Buchungssätze zu folgenden Geschäftsvorfällen:

Kontenplan:

2000, 2001, 2002, 240, 260, 280, 288, 3001, 44, 480, 5000, 5001, 51, 600, 614, 751

Geschäftsvorfälle:

1)	Kauf von Rohstoffen auf Ziel, netto	30.000,–
	+ Umsatzssteuer	4.500,–
	Eingangsfracht, bar, netto	1.200,–
	+ Umsatzsteuer	180,–
2)	Wir senden falsch gelieferte Rohstoffe (Fall 1) zurück, brutto	6.900,–
3)	Nach Vereinbarung mit dem Lieferanten (Fall 1) erhalten wir einen Preisnachlaß wegen Sachmängel in Höhe von netto	1.000,–
4)	Wir begleichen die Rechnung (Fall 1-3) abzüglich 3% Skonto durch Banküberweisung	
5)	Rohstoffverbrauch lt. Materialentnahmeschein	25.000,–
6)	Barverkauf von Handelswaren, netto	700,–
	+ Umsatzsteuer	105,–
7)	Privatentnahme, bar	2.500,–
8)	Die Bank belastet unser Girokonto mit Zinsen für das Darlehen	2.100,–
9)	Verkauf von Fertigerzeugnissen auf Ziel, netto	16.000,–
	+ Umsatzsteuer	2.400,–
	Ausgangsfracht hierauf, bar	1.000,–
	+ Umsatzsteuer	150,–
10)	Der Kunde aus Fall 9 erhält einen Bonus, brutto	3.450,–
	Er überweist den Restbetrag abzüglich 2% Skonto auf unser Bankkonto	

Lösung im Lösungsteil

5.3 Buchungen im Zahlungs- und Finanzbereich

5.3.1 Erfolgswirksame Vorgänge im Zahlungs- und Kreditverkehr

---
Lernziel:

• *Fähigkeit zur Buchung einfacher Vorgänge im Zahlungs- und Kreditverkehr*

Buchhalterisch ist zu unterscheiden zwischen Erfolgsvorgängen mit Zinscharakter und Gebührencharakter.

Kontengruppe 75 Zinsen und ähnliche Aufwendungen,
u.a. 751 Zinsen für in Anspruch genommene Bankkredite,
    752 Kredit- und Überziehungsprovisionen,
    753 Diskontaufwendungen,
    756 Zinsen für Lieferantenverbindlichkeiten,

Konto 675 Kosten des Geldverkehrs,
z.B. Kontoführungsgebühren,
      Umsatzprovisionen,
      Inkassoprovisionen

Kontengruppe 57 Zinsen und ähnliche Erträge,
u.a. 571 Zinsgutschriften der Bank,
      573 Diskonterträge,
      576 den Kunden von uns in Rechnung gestellte Verzugszinsen,
      578 Dividendenerträge aus Wertpapieren des Umlaufvermögens.

Beispiel:

Kontoabrechnung einer Bank per 20.06:

Lastschrift DM 195,–, davon für:		
Sollzinsen	DM	140,–
Habenzinsen	DM	5,–
Spesen und Auslagen	DM	50,–
Überziehungsprovision	DM	10,–

Buchung:

751 Zinsaufwendungen	150,–	571 Zinserträge	5,–
675 Aufwendungen des		280 Bank	195,–
Zahlungsverkehrs	50,–		

Beispiel:

Ein Lieferant belastet seinen Kunden mit Verzugszinsen in Höhe von DM 30,–.

Buchung beim Lieferer:

240 Forderungen	30,–	576 Zinserträge	30,–

Buchung beim Kunden:

756 Zinsaufwendg.	30,–	44 Verbindl.	30,–

5.3.2 Buchungen im Scheckverkehr

> *Lernziel:*
>
> • *Fähigkeit zur buchhalterischen Berücksichtigung von Zahlungen mit Scheck*

Wenn der Zahlungspflichtige zur Begleichung einer Verbindlichkeit einen Scheck ausstellt, bucht er entweder nach Aushändigung oder – üblicherweise – erst nach Einlösung des Schecks und Belastung seines Kontos durch die Bank:

44 Verbindlichkeiten	280 Bank

Ein besonderes Scheckkonto wird also nicht geführt.

Erhält ein Lieferant zum Ausgleich seiner Forderungen von einem Kunden einen Scheck, den er zwecks Einzugs an die Bank weitergibt, kann er analog entweder bei Einreichung oder bei erfolgter Bankgutschrift buchen:

280 Bank	240 Forderungen

Da die von Kunden zur Begleichung von Verbindlichkeiten erhaltenen Schecks jedoch nicht immer sofort zum Einzug an die Bank weitergegeben werden, wird häufig, bei größeren Betrieben sogar regelmäßig, ein aktives Bestandskonto „286 Schecks von Kunden" geführt, in dem diese liquiditätsnahen Forderungswerte gesammelt ausgewiesen werden. Nach Empfang des Schecks wird gebucht:

286 Schecks | 240 Forderungen

Nach Einlieferung bei der Bank oder nach Kontogutschrift:

280 Bank | 286 Schecks

Sind am Bilanzstichtag noch Kundenschecks im Bestand, sind diese als Vermögenswert (flüssige Mittel) zu aktivieren.

5.3.3 Buchungen im Wechselverkehr

> *Lernziele:*
>
> - *Verstehen des Zusammenhangs zwischen Besitzwechsel und Schuldwechsel*
> - *Fähigkeit zur Buchung elementarer Vorgänge im Wechselverkehr*

Während der Scheck als Zahlungsanweisung ohne Kreditcharakter genutzt werden soll und daher längere Umlaufzeiten schon durch die Bestimmungen des Scheckgesetzes verhindert werden, erhält der Wechsel als Zahlungsanweisung einen gewollten Kreditcharakter dadurch, daß die genannte Geldsumme erst an einem bestimmten späteren Termin gezahlt werden muß. Hieraus ergeben sich vielseitigere Verwendungsmöglichkeiten, die sich auch buchhalterisch niederschlagen. Es ist zu unterscheiden zwischen

- Besitzwechsel:
  Vom Lieferer (Gläubiger) auf einen Kunden gezogen oder von einem Kunden erhalten; er verbrieft eine Geldforderung gegenüber dem Wechselschuldner, ist also bilanziell eine besondere Art von Forderung;
  Konto 245 Besitzwechsel (Wechselforderung)

- Schuldwechsel:
  Aus der Sicht des Kunden (Schuldners) entsteht infolge seines Akzeptes eine wechselrechtlich verbriefte Geldverbindlichkeit gegenüber dem Gläubiger;
  Konto 45 Schuldwechsel (Wechselverbindlichkeit)

Aufgrund der Verknüpfung
„Besitzwechsel des Lieferers = Schuldwechsel des Kunden"
sind Buchungsvorgänge mit Besitzwechseln und Schuldwechseln vom Lieferer und Kunden mutatis mutandis jeweils „spiegelbildlich" zu buchen.

In nachfolgenden Beispielen werden aus der Fülle möglicher Wechselvorgänge nur einige besonders praxisrelevante Wechselbuchungen dargestellt.

Beispiel:

Lieferer	Kunde
1) Umwandlung einer „normalen"in eine wechselrechtlich abgesicherte	
Forderung	Verbindlichkeit

Buchung:

245 Besitzwechsel |240 Forderungen |44 Verbindl. |45 Schuldwechsel

2) Lieferer belastet den Kunden aufgrund des gewährten Zahlungsaufschubs mit Diskont

Buchung:

240 Forderungen |573 Diskonterträge |753 Diskontaufw. |44 Verbindl.

Um über den erst später fälligen Wechselbetrag bereits früher verfügen zu können, kann ein Besitzwechsel bei einer Bank zum Diskont gegeben werden. Dann finanziert die Bank unter bestimmten Voraussetzungen den Wechselbetrag, läßt ihn sich ihrerseits zum sogenannten Diskontsatz bei der Bundesbank refinanzieren oder zieht ihn am Verfalltag beim Schuldner ein. Für diesen Wechseldiskontkredit belastet die Bank den Einreicher mit Diskont (sowie Spesen für den späteren Einzug) und schreibt lediglich den Barwert des Wechsels (Wechselbetrag abzüglich Diskont) gut.

280 Bank   245 Besitzwechsel
753 Diskontaufw.

Der Diskontabzug der Bank stellt für den Lieferanten eine nachträgliche Minderung des Umsatzerlöses dar; er könnte daher seine Umsatzsteuer nachträglich um den in dem Diskontaufwand enthaltenen Umsatzsteueranteil mindern. Dann wäre er jedoch verpflichtet, seinen Kunden darüber zu informieren, weil dieser dann auch seine Vorsteuer nachträglich korrigieren müßte. Da einerseits eine solche Mitteilung dem Kunden einen gewissen Aufschluß über die Finanzierung seines Lieferanten gibt und andererseits der wertmäßige Vorteil gering ist, wird im allgemeinen auf eine Umsatzsteuerberichtigung verzichtet.

5.3.4 An- und Verkauf von Wertpapieren

Lernziele:

• *Fähigkeit zur Buchung von Wertpapiergeschäften am Beispiel des An- und Verkaufs von Aktien des Umlaufvermögens*

Auch für ein industrielles Unternehmen, dessen Betriebszweck eigentlich in der Produktion und im Absatz von Gütern besteht, kann der Erwerb von Wertpapieren ein sinnvoller Beitrag zur Zielrealisierung sein, wenn damit z.B.

• längerfristig
  • eine Beteiligung an einem anderen Unternehmen aufgebaut werden soll (insbesondere Aktienerwerb),
  • liquide Mittel angelegt werden sollen, um eine höhere Rendite zu erwirtschaften als es derzeit mit betriebstypischen Investitionen möglich wäre (insbesondere festverzinsliche Wertpapiere);

- kurzfristig
  - überschüssige Liquidität (meist in spekulativer Absicht) in Form von Aktien gehalten werden soll.

Ist die Wertpapieranlage in der Absicht des Unternehmers langfristig, sind die Wertpapiere dem Anlagevermögen (Konto 15 Wertpapiere des Anlagevermögens), bei kurzfristiger Anlage dem Umlaufvermögen (Konto 27 Wertpapiere des Umlaufvermögens) zuzuordnen.

Die buchhalterische Behandlung der Wertpapiergeschäfte soll hier lediglich am Beispiel des An- und Verkaufs von Aktien in kurzfristiger Bindungsabsicht dargestellt werden.

Beispiel:

Kauf von 30 Stück VW-Aktien zum Kurs von DM 200,– je DM 50,– nominal.
Die Wertpapiere müssen mit ihren Anschaffungskosten aktiviert werden:

Kurswert 30×DM 200,–	DM 6.000,–
+ Ankaufspesen (Maklergebühr, Bankprovision zusammen ca. 1,25% des Kurswertes	DM 75,–
= Anschaffungskosten (Kontobelastung durch die Bank)	DM 6.075,–

Buchung:

27 WP/UV   6.075,– | 280 Bank   6.075,–

Verkauf im gleichen Geschäftsjahr von 20 Stück VW-Aktien zum Kurs von DM 220,– je DM 50,– nominal.

Im Wertpapierkonto wird nur der Verkaufserlös (= Kurswert abzüglich Verkaufspesen) als Bestandsminderung gebucht. Der Kursgewinn wird erst beim Jahresabschluß erfolgsrechnerisch berücksichtigt:

Kurswert 20×220,–	DM 4.400,–
∕. Spesen 1,25%	DM 55,–
= Bankgutschrift	DM 4.345,–

Buchung:

280 Bank   4.345,– | 27 WP/UV   4.345,–

Bewertung des Wertpapierbestandes und Ermittlung des Wertpapiererfolges zum Jahresabschluß:

Kurs am Bilanzstichtag DM 210,– je DM 50,– nominal.

Die Wertpapiere des Umlaufvermögens sind nach dem strengen Niederstwertprinzip zu bewerten (vgl. Teil B), d.h. im Vergleich zwischen den Anschaffungskosten und dem Tageskurs am Bilanzstichtag mit dem jeweils niedrigeren Wert anzusetzen. Dabei sind die Anschaffungsnebenkosten (Spesen) anteilig zu berücksichtigen. Als zu bilanzierender niedrigerer Wert sind hier die Anschaffungskosten DM 200,– anzusetzen.

Niedrigerer Kurswert 10×DM 200,–	DM 2.000,–
+ anteilige Spesen 1,25%	DM 25,–
= Wert am Bilanzstichtag	DM 2.025,–

Dieser Wert ist zu bilanzieren, also **Buchung:**

801 SBK   2.025,− | 27 WP/UV   2.025,−

Jetzt zeigt sich in dem gemischten Bestands-/Erfolgskonto der Kursgewinn, der über das Konto 578 Erträge aus WP des UV gebucht wird.

S	27 WP des UV		H
Kauf	6.075,—	Verkauf	4.345,−
Kursgewinn	295,−	SBK (zu bilanzierender Wert)	2.025,−
	6.370,−		6.370,−

Buchung:

27 WP des UV   295,− | 578 Erträge aus WP
                                           des UV   295,−

Eine andere Möglichkeit der buchhalterischen Behandlung besteht darin, bei jedem einzelnen Verkauf die Kursdifferenzen erfolgsmäßig zu erfassen, indem man die verkauften Aktien jeweils mit ihrem Buchwert dem Wertpapierbestand entnimmt.

5.3.5 Eigene und erhaltene Anzahlungen

> *Lernziel:*
>
> • *Fähigkeit zur Buchung geleisteter und erhaltener Anzahlungen*

Zu unterscheiden ist zwischen
eigenen geleisteten Anzahlungen an Lieferer (Konto 23)
und von Kunden erhaltenen Anzahlungen (Konto 43).

Beispiel:

Für eine umfangreiche Rohstofflieferung im Wert von DM 50.000,− + USt ist eine Anzahlung in Höhe von DM 20.000,− + DM 3.000,− USt. geleistet worden; eine Anzahlungsrechnung mit gesondertem Umsatzsteuerausweis liegt vor.

In Höhe der vom **Kunden** geleisteten Anzahlung entsteht eine Leistungsforderung gegenüber dem Lieferer; diese ist zu aktivieren und bei Rechnungsausgleich aufzulösen. Anzahlungen ab DM 10.000,− sind umsatzsteuerpflichtig, Anzahlungen unter DM 10.000,− nur dann, wenn eine Anzahlungsrechnung mit offenem Umsatzsteuerausweis vorliegt.

Buchungen beim Kunden:

1. Bei Leistung der Anzahlung:
   23   geleistete Anzahlg. 20.000,− | 280 Bank   23.000,−
   260 Vorsteuer   3.000,−

2. Bei Rechnungseingang nach Lieferung der Rohstoffe:
   2000 Rohstoffe   50.000,− | 23 geleistete Anzahlg. 20.000,−
   260 Vorsteuer   4.500,− | 44 Verbindlichk.   34.500,−

3. Bei Begleichung der Rechnung:
   44 Verbindlichk.   34.500,− | 280 Bank   34.500,−

Für den **Lieferer** bedeutet der gleiche Vorgang eine erhaltene Anzahlung und damit eine Leistungsverbindlichkeit gegenüber dem Kunden.

Buchungen beim Lieferer:

1. Bei Erhalt der Anzahlung:

280 Bank	23.000,–		43 erhaltene Anzahlg.	20.000,–
			480 Umsatzsteuer	3.000,–

2. Bei Rechnungserteilung:

43 Erhaltene Anzahl.	20.000,–		5000 Umsatzerlöse	50.000,–
240 Forderungen	34.500,–		480 Umsatzsteuer	4.500,–

3. Bei Eingang der Restzahlung:

280 Bank	34.500,–		240 Forderungen	34.500,–

5.4 Buchungen im Personalbereich

Lernziele:

- *Kenntnis der möglichen Abzüge vom Brutto-Arbeitsentgelt*
- *Beherrschen der Buchung von Lohn- und Gehaltsabrechnungen mit gesetzlichen Abzügen*
- *Fähigkeit zur Buchung von Vorschüssen, Sachleistungen sowie vermögenswirksamen Leistungen*
- *Fähigkeit zur Bildung von Buchungssätzen im Personalbereich*
- *Fähigkeit zur buchhalterischen Bewältigung von Geschäftsgängen mit sämtlichen wesentlichen Geschäftsvorfällen*

Der Arbeitgeber gewährt seinen Mitarbeitern als Entgelt für die geleistete Arbeit Lohn (für Arbeiter) oder Gehalt (für Angestellte). Vom Bruttoentgelt muß er jedoch die Beträge einbehalten und weiterleiten, die der Fiskus als Lohnsteuer und die Sozialversicherungträger als Renten-, Kranken- und Arbeitslosenversichungsbeitrag beanspruchen. (Die Kirchensteuer soll hier vernachlässigt werden, da sie nicht bundeseinheitlich geregelt ist und zudem nur für die beiden großen Kirchen vom Finanzamt eingezogen wird.) Zur Auszahlung gelangt also nur das nach Abzug dieser Beträge verbleibende Nettogehalt.

Die Höhe der Sozialversicherungspflichtbeiträge bemißt sich nach Prozentsätzen vom Brutto-Arbeitsentgelt, jedoch höchstens von der Beitragsbemessungsgrenze. Da die Beitragssätze und die Beitragsbemessungsgrenzen relativ häufig geändert werden, rechnen wir aus Vereinfachungsgründen mit einem Arbeitsentgelt unterhalb der Bemessungsgrenze und mit einem vereinfachten Satz von insgesamt 40% für Renten-, Kranken-, Pflege- und Arbeitslosenversicherung. Die eine Hälfte hiervon geht zu Lasten des Arbeitnehmers und wird vom Bruttogehalt abgezogen (Arbeitnehmeranteil), die andere Hälfte wird vom Arbeitgeber getragen und stellt zusätzlichen Aufwand dar (Arbeitgeberanteil). Zusätzlich muß der Arbeitgeber die vollen Beiträge zur Berufsgenossenschaft (gesetzliche Unfallversicherung) zahlen.

Im Zusammenhang mit Personalbuchungen können außerdem Lohn- und Gehaltsvorschüsse, vermögenswirksame Leistungen, freiwillige soziale Leistungen sowie Sachleistungen (privat zu nutzender Firmenwagen) vorkommen, deren buchhalterische Behandlung nur auszugsweise dargestellt werden soll.

Beispiel für eine vereinfachte Gehaltsabrechnung:

Gehalt brutto		DM 4.000,–
Lohnsteuer Kl. III/2 Kinder	DM 415,–	
Arbeitnehmeranteil zur Sozial-		
versicherung ca. 20%	DM 800,–	
Abzüge insgesamt		DM 1.215,–
Gehalt netto		DM 2.785,–
Arbeitgeberanteil zur Sozialversicherung 20%		DM 800,–

Das Bruttogehalt und der Arbeitgeberanteil zur Sozialversicherung stellen Personalaufwendungen dar; das Nettogehalt wird meist durch Banküberweisung ausgezahlt. Die einbehaltenen Beträge für Lohnsteuer und Sozialversicherung (Arbeitnehmeranteil + Arbeitgeberanteil) stellen vom Zeitpunkt der Gehaltsfälligkeit ab Verbindlichkeiten gegenüber dem Finanzamt bzw. den Krankenkassen als Inkassostellen für die Sozialversicherungen dar. Da sie im allgemeinen erst am 10. des folgenden Monats beglichen werden, sind sie bis zur Zahlung „sonstige Verbindlichkeiten", die als durchlaufende Posten kurzfristig in der Kontengruppe 48 Sonstige Verbindlichkeiten gespeichert werden. In Betracht kommen die Konten:

483 Sonstige Steuerverbindlichkeiten (Lohnsteuer)
484 Verbindlichkeiten gegenüber Sozialversicherungträgern.

Buchung bei Zahlung des Gehalts:

63	Gehälter	4.000,–	280	Bank	2.785,–
			483	Lohnsteuerverbind-	
				lichkeiten	415,–
			484	Verbindlichkeiten gegenüber	
				Sozialvers. (AN-Anteil)	800,–
64	Soziale Abgaben		484	Verbindlichkeiten gegen-	
	(Arbeitgeberanteil			über Sozialvers.	
	zur Sozialvers.)	800,–		(AG-Anteil)	800,–

Bei Zahlung der noch abzuführenden Abgaben:

483	Lohnsteuerverbindl.	415,–	280	Bank	2.015,–
484	Verbindl. gegenüber				
	Sozialvers.	1.600,–			

Befindet sich am Bilanzstichtag in den Konten 483, 484 noch ein Bestand, ist dieser als „sonstige Verbindlichkeiten" zu passivieren:

483	Lohnsteuerverbindl.	801	SBK
484	Sozialvers.verbindl.		

Gehaltsvorschüsse:

Erhält ein Mitarbeiter einen Vorschuß auf spätere Gehaltszahlungen, wird hierdurch ein Darlehensverhältnis begründet, das bilanziell aus Sicht des Arbeitgebers einen „sonstigen Vermögensgegenstand" darstellt, der in Konto 265 „Forderungen an Mitarbeiter" erfaßt wird.

Beispiel: (Variation 1 zum Ausgangsbeispiel):

Der Angestellte bekommt einen Vorschuß in Höhe von DM 500,– (Barzahlung).

Buchung:

265 Forderungen an			288 Kasse	500,–
Mitarbeiter	500,–			

Bei der Verrechnung dieses Vorschusses mit der nächsten Gehaltszahlung wird die Forderung wieder ausgeglichen.

Buchung:

63 Gehälter	4.000,–		265 Forderungen an	
			Mitarbeiter	500,–
64 Soziale Abgaben	800,–		280 Bank	2.285,–
			483 Lohnsteuerverb.	415,–
			484 Sozialvers.verbindl.	1.600,–

Sachleistungen

Auch Sachleistungen, z.B. die Zurverfügungstellung einer Werkswohnung oder eines Firmenwagens, sind als Arbeitsentgelt zu betrachten, so daß das auszuzahlende Nettogehalt um den Wert dieser Leistung gemindert wird.

Beispiel: (Variation 2 zum Ausgangsbeispiel):

Mietwert der Werkswohnung des Angestellten   DM 800,–

Buchung:

63 Gehälter	4.000,–		540 Mieterträge	800,–
64 Soziale Abgaben	800,–		280 Bank	1.985,–
			483 Lohnsteuerverb.	415,–
			484 Sozialvers.verbindl.	1.600,–

Vermögenswirksame Leistung und Arbeitnehmer-Sparzulage

Um die Vermögensbildung der Arbeitnehmer insbesondere in Realvermögen zu fördern, gewährt der Staat unter bestimmten Voraussetzungen eine sog. Arbeitnehmer-Sparzulage.

In der ab 1990 geltenden Fassung des 5. Vermögensbildungsgesetzes ist die Gewährung einer Sparzulage u.a. an folgende Voraussetzungen geknüpft:

– Das zu versteuernde Einkommen ist nicht höher als 27.000 DM (Ledige) bzw. 54.000 DM (Ehegatten).
– Die vermögenswirksame Leistung (VL) wird angelegt in einer Vermögensbeteiligung (z.B. Aktien) oder in einer Anlage zum Wohnungsbau (z.B. Bausparvertrag). Geldsparverträge und Kapitallebensversicherungsverträge werden nur noch befristet im Rahmen einer Übergangsregelung gefördert.

Fördersatz und Höchstbetrag der Arbeitnehmer-Sparzulage sind je nach Anlageform differenziert, z.B. auf

- Wertpapierspar- und -kaufverträge 20% von höchstens 936 DM jährlich (78 DM/Mt) vermögenswirksamer Leistung,
- Bausparverträge 10% von höchstens 936 DM jährlich (78 DM/Mt),
- fortbestehende Geldspar- und Kapitalversicherungsverträge 10% von 624 DM jährlich (52 DM/Mt).

Die vermögenswirksamen Leistungen werden häufig aufgrund tarifrechtlicher oder freiwilliger Vereinbarungen ganz oder teilweise vom Arbeitgeber gezahlt; in diesem Falle bewirken sie eine Erhöhung des steuer- und sozialversicherungspflichtigen Einkommens. Anderenfalls werden sie vom Arbeitnehmer selbst getragen, indem der Arbeitgeber diesen Betrag bei der Lohnzahlung einbehält und zwecks Anlage weiterleitet.

Die Sparzulage wird jährlich nachträglich vom Finanzamt an den Arbeitgeber ausgezahlt, indem sie beim Lohnsteuer-Jahresausgleich bzw. bei der Einkommensteuer-Veranlagung verrechnet wird.

Beispiel: (Variation 3 zum Ausgangsbeispiel):

Der Angestellte nutzt die Möglichkeit vermögenswirksamer Leistungen. 78,– DM monatlich werden je zur Hälfte vom Arbeitnehmer und vom Arbeitgeber (freiwillig) geleistet.

Gehaltsabrechnung (gerundet auf volle DM):

Gehalt brutto	4.000,– DM
+ VL des Arbeitgebers	39,– DM
steuer- und sozialversicherungspflichtiges Gehalt	4.039,– DM
– Lohnsteuer III/2	425,– DM
– Arbeitnehmeranteil zur Sozialversicherung 20%	808,– DM
Gehalt nach Pflichtabzügen	2.806,– DM
– VL insgesamt	78,– DM
Gehalt netto (= Auszahlungsbetrag)	2.728,– DM
Arbeitgeberanteil zur Sozialversicherung 20%	808,– DM

Buchung bei Zahlung des Gehalts:

63 Gehälter	4.039,–		280 Bank	2.728,–
			483 Lohnsteuerverbind-lichkeiten	425,–
64 Soziale Abgaben	808,–		484 Verbindl. gegenüber Sozialversicherung	1.616,–
			486 Verbindl. aus VL	78,–

Da die Lohn- und Gehaltsabrechnungen für alle Arbeitnehmer auf Listen zusammengetragen werden, kann die Buchung monatlich in einer Summe erfolgen.

Beispiel:

Zu buchen ist folgende Gehaltsliste (bargeldlose Zahlung):

Gehaltsliste Oktober 1992 (Beträge in DM)					
Brutto	Abzüge für		Arbeitgeber-anteil zur Sozialver-sicherung	zu verrech-nende Vor-schüsse	Auszah-lungs-betrag
	Lohn-/ Kirchen-steuer	Sozial-versiche-rung			
26.870,–	2.910,–	5.370,–	5.370,–	400,–	18.190,–

Buchung:

63	Gehälter	26.870,–	280	Bank	18.190,–
64	Soziale Abgaben	5.370,–	265	Forderungen an Mitarbeiter	400,–
			483	Lohnsteuerverb.	2.910,–
			484	Sozialvers.verbindl.	10.740,–

Aufgabe A5/5:

Buchungssätze zu Personalbuchungen

Bilden Sie die Buchungssätze zu folgenden Geschäftsvorfällen und Abschlußangaben per 31.12. (Beträge in DM)

1) Gehaltsvorschuß bar   2.000,–
2) Banküberweisung von Löhnen lt. Lohnliste:
   Löhne, brutto   33.020,–
   Lohn-/Kirchensteuer   4.320,–
   Sozialvers. Arbeitnehmeranteil   6.682,–
   Sozialvers. Arbeitgeberanteil   6.682,–
   VL des Arbeitgebers   390,–
   VL der Arbeitnehmer   390,–
3) Bargeschenk anläßlich Dienstjubiläum   1.000,–
4) Banküberweisung von Gehältern lt. Gehaltsliste:
   Gehälter, brutto   8.790,–
   Lohn-/Kirchensteuer   1.410,–
   Sozialvers. Arbeitnehmeranteil   1.758,–
   Sozialvers. Arbeitgeberanteil   1.758,–
   verrechnete Gehaltsvorschüsse   400,–
   einbehaltene Mieten   1.300,–
5) Banküberweisung der Lohn-/Kirchensteuer aus Fall 2 und 4
6) Postgiroüberweisung der VL an eine Bausparkasse
7) Passivierung der einbehaltenen Sozialversicherungsbeiträge

Lösung im Lösungsteil

Aufgabe A5/6:

Kontenplan und vorläufige Summenbilanz:

(Die vorläufige Summenbilanz gibt die Summen der bis zu diesem Zeitpunkt im Soll bzw. Haben gebuchten Beträge (Anfangsbestände und Veränderungen durch Geschäftsvorfälle) wieder.)

		Soll	Haben
07	Maschinen	80.000,–	–
08	Geschäftsausstattung	25.000,–	–
2000	Rohstoffe	32.600,–	8.400,–
2001	Bezugskosten	1.500,–	–
210	Unfertige Erzeugnisse	4.100,–	–
220	Fertige Erzeugnisse	6.500,–	–
240	Forderungen	95.300,–	61.200,–
245	Besitzwechsel	–	–
260	Vorsteuer	3.300,–	3.000,–
280	Bank	135.500,–	82.100,–
288	Kasse	12.300,–	8.100,–
3000	Eigenkapital	–	80.000,–
3001	Privatkonto	–	–
425	Bankdarlehen	–	40.000,–
44	Verbindlichkeiten	52.400,–	159.900,–
480	Umsatzsteuer	8.000,–	8.200,–
483	Lohnsteuerverbindlichkeiten	6.600,–	13.900,–
484	Sozialversicherungsverbindlichkeiten	14.700,–	14.700,–
5000	Umsatzerlöse	–	72.000,–
5001	Erlöskorrekturen	2.500,–	–
52	Bestandsveränderungen	–	–
576	Zinserträge	–	–
600	Rohstoffaufwendungen	8.400,–	–
63	Gehälter	52.000,–	–
64	Soziale Abgaben	10.200,–	–
680	Büromaterial	600,–	–
753	Diskontaufwendungen	–	–
802	GuV	–	–
801	SBK	–	–
		551.500,–	551.500,–

Geschäftsvorfälle:

1)	Kauf von Büromaterial gegen bar, netto	200,–
	+ USt	30,–
2)	Banküberweisung für Gehälter, brutto	16.000,–
	Abzüge (Lohnsteuer 3.550,–, Sozialvers. 3.200,–)	6.750,–
	netto	9.250,–
	Arbeitgeberanteil zur Sozialversicherg.	3.200,–
3)	Kunden erhalten Bonus, netto	4.000,–
	+ USt	600,–
4)	Banküberweisung der Lohnsteuer	7.300,–
5)	Kauf von Rohstoffen auf Ziel, netto	14.000,–
	+ USt	2.100,–
6)	Kunde akzeptiert einen Wechsel über	3.200,–
7)	Wir belasten Kunden mit Verzugszinsen	100,–
8)	Privatentnahme bar	800,–
9)	Diskontabrechnung der Bank: Wechselbetrag	3.200,–
	abzüglich Diskont	60,–
10)	Zielverkauf von Fertigerzeugnissen, netto	40.000,–
	+ USt	6.000,–
11)	Banklastschrift für Darlehenstilgung	4.600,–
12)	Rohstoffverbrauch lt. Materialentnahmeschein	5.100,–

Abschlußangaben:

Schlußbestände lt. Inventur: Unfertige Erzeugnisse   2.200,–
Fertigerzeugnisse   6.400,–
Die Zahllast ist zu passivieren.

Lösung im Lösungsteil

Aufgabe A5/7:

Kontenplan und vorläufige Summenbilanz:

		Soll	Haben
05	Grundstücke	120.000,–	–
07	Maschinen	132.000,–	–
08	Geschäftsausstattung	46.000,–	–
2000	Rohstoffe	86.000,–	67.000,–
2001	Bezugskosten	5.400,–	–
202	Hilfsstoffe	12.000,–	9.500,–
210	Unfertige Erzeugnisse	5.500,–	–
220	Fertige Erzeugnisse	17.000,–	–
240	Forderungen	113.600,–	98.900,–
260	Vorsteuer	10.500,–	8.000,–
265	Forderungen an Mitarbeiter	3.000,–	2.000,–
280	Bank	102.500,–	89.300,–
288	Kasse	18.600,–	16.200,–
3000	Eigenkapital	–	270.000,–
3001	Privat	4.600,–	–
43	Erhaltene Anzahlungen	–	–
44	Verbindlichkeiten	79.190,–	109.040,–
480	Umsatzsteuer	12.000,–	28.000,–
483	Lohnsteuerverbindl.	1.200,–	1.200,–
484	Sozialvers.verbindl.	2.300,–	2.300,–
5000	Umsatzerlöse	2.600,–	280.000,–
5001	Erlöskorrektur	3.000,–	–
52	Bestandsveränderungen	–	–
540	Mieterträge	–	14.800,–
600	Rohstoffaufwendungen	57.000,–	–
602	Hilfsstoffaufwendungen	9.500,–	–
62	Löhne	42.000,–	–
63	Gehälter	55.000,–	–
64	Soziale Abgaben	22.500,–	–
670	Mietaufwendungen	15.280,–	–
680	Büromaterial	2.500,–	–
751	Zinsaufwendungen	8.670,–	–
770	Gewerbesteuer	6.800,–	–
802	GuV	–	–
801	SBK	–	–
		996.240,–	996.240,–

Geschäftsvorfälle:

1) Kauf von Rohstoffen auf Ziel, netto   18.200,−
   + Umsatzsteuer   2.730,−
2) Eingangsfracht hierauf bar, netto   300,−
   + USt.   45,−
3) Ein Angestellter erhält einen Gehaltsvorschuß bar   1.000,−
4) Barkauf von Büromaterial, netto   60,−
   + USt.   9,−
5) Nach Vereinbarung mit dem Lieferanten (Fall 1) senden
   wir falsch gelieferte Rohstoffe im Wert von netto   2.100,−
   zurück.
6) Rohstoffverbrauch lt. Materialentnahmeschein   1.670,−
7) Banklastschrift wegen fälliger Darlehenszinsen   890,−
8) Zielverkauf von Fertigerzeugnissen, netto   14.000,−
   + USt.   2.100,−
9) Bankgutschrift für erhaltene Anzahlung (zu Fall 8)
   ohne gesonderten USt-Ausweis   5.000,−
10) Banküberweisung für Fertigungslöhne, brutto   12.090,−
    Abzüge für Lohnsteuer   2.080,−
    Abzüge für Sozialversicherung   2.030,−
    Verrechnung der Miete für Werkswohnung   600,−
    Arbeitgeberanteil zur Sozialversicherung   2.030,−
11) Banküberweisungen für Gewerbesteuer   1.300,−
    für Einkommensteuer-Vorauszahlung   4.600,−
    für Miete für Geschäftsräume   1.760,−
    für Prämie für private Lebensversicherung   390,−
12) Kunde zahlt durch Banküberweisung die Rechnung zu Fall 8
    unter Verrechnung der geleisteten Anzahlung (Fall 9) ab-
    züglich 3% Skonto auf den Gesamtbetrag
13) Bargeldlose Gehaltszahlung, brutto   9.650,−
    Abzüge für Steuer u. Sozialversicherung   4.080,−
    Vorschuß-Verrechnung   500,−
    Arbeitgeberanteil zur Sozialversicherung   1.720,−
14) Ausgleich der Rechnung (Fall 1 u. Fall 5) durch Bank-
    überweisung
15) Banküberweisung der noch abzuführenden Lohnsteuer-
    und Sozialversicherungsabgaben

Abschlußangaben:

Schlußbestand lt. Inventur: UE   11.300,−
                               FE   15.700,−
Die Zahllast ist zu passivieren.

Lösung im Lösungsteil

6.Kapitel:
Der Jahresabschluß in der Buchhaltung

6.1 Das Problem einer periodengerechten Erfolgsrechnung

Lernziele:
• *Einsicht in die Notwendigkeit einer periodengerechten Erfolgsabgrenzung*

Der wirtschaftliche Erfolg in der Totalperiode einer Unternehmung (d.h. von deren Gründung bis zur Liquidation) wäre relativ einfach und exakt zu ermitteln. Er ergäbe sich aus der bestandsmäßigen Veränderung des Eigenkapitals innerhalb des Zeitraums der Unternehmensexistenz. Da jedoch unser Wirtschafts- und Steuersystem auf Jahresperioden abstellt, muß auch der Unternehmenserfolg im jährlichen Rhythmus ermittelt werden. (Betriebsinterne Bedürfnisse erfordern im allgemeinen sogar eine kürzerfristige, z.B. monatliche Erfolgsrechnung.)

Um die Messung des Erfolgs einer weitgehenden Manipulationsmöglichkeit zu entziehen, müssen die Bestimmungsfaktoren des Erfolgs, die Aufwendungen und Erträge, den sie verursachenden Rechnungsperioden zugerechnet werden. Da jedoch eine exakte Zuordnung in vielen Fällen überhaupt nicht oder zum Abrechnungszeitpunkt noch nicht möglich ist, muß die zeitliche Zuordnung des verursachenden Werteverzehrs und -zuflusses unter bestimmten Prämissen erfolgen oder geschätzt werden. Um den wirtschaftlichen Erfolg dennoch mit einer zufriedenstellenden Genauigkeit zeitlich abgrenzen zu können, müssen in der Buchhaltung Maßnahmen zum Jahresabschluß ergriffen werden, die in den folgenden Abschnitten behandelt werden.

6.2 Abschreibungen und Wertberichtigungen auf Anlagen

6.2.1 Abschreibungen als aufwandsmäßige Verrechnung der Anschaffungs- oder Herstellungskosten von Anlagevermögenswerten

Lernziele:
• *Einsicht in die Notwendigkeit der unterschiedlichen aufwandsmäßigen Verrechnung von Anlagegütern mit differierender Nutzungsdauer*
• *Fähigkeit zur Erläuterung des Abschreibungsbegriffs*
• *Fähigkeit zur Buchung von direkten Abschreibungen auf Anlagen*
• *Kenntnis der Bedeutung des Beschaffungszeitpunktes innerhalb eines Jahres für die Bemessung der Abschreibungshöhe*

Ausgangspunkt der Betrachtung sei folgendes **Beispiel:**

Für die Erledigung der Schreibarbeiten im Betrieb werden zu Beginn eines Jahres gegen Barzahlung gekauft

1) ein Computer zum Nettopreis von DM 2.000,– + USt.,
2) Bürobedarfsartikel (Bleistifte, Schreibpapier u.ä.m.) zum Nettopreis von DM 100,– + USt.

Die **Buchungen** lauten bekanntermaßen:

1)	08	Geschäftsausstattung	2.000,–	288 Kasse		2.300,–
	260	Vorsteuer	300,–			
2)	680	Büroaufwendungen	100,–	288 Kasse		115,–
	260	Vorsteuer	15,–			

Diese Buchungen haben beim Jahresabschluß unterschiedliche Wirkungen:

1)

S	08 GA	H		S	801 SBK	H
288	2.000,–	Saldo	→	GA	2.000,–	

Wirkung: Vermögensmehrung

2)

S	680 Büroaufwendungen	H		S	802 GuV	H
288	100,–	Saldo	→	Büroaufw.	100,–	

Wirkung: Erfolgs-(Eigenkapital-)minderung

Wie erklärt sich die unterschiedliche buchhalterische Behandlung, obwohl beide Käufe dem gleichen Zweck, nämlich der Erledigung von Schreibarbeiten, dienen? Warum wird der Computer als Gegenstand des Anlagevermögens aktiviert, die Schreibartikel dagegen sogleich als Aufwand eigenkapitalmindernd gebucht?

Dem Bilanz- und Erfolgsausweis einer Unternehmung liegt ein jährlicher Rhythmus zugrunde; er erfolgt jeweils zum Ende eines Geschäftsjahres. Die Schreibartikel sind – so kann unterstellt werden – am Ende des Beschaffungsjahres in vollem Umfang verbraucht; ihre Nutzungsdauer reicht nicht über mehrere Geschäftsjahre hinweg. Die verbrauchten Schreibartikel stellen somit in der Abrechnungsperiode einen Werteverzehr dar, der – wie bereits bekannt – als Aufwand eigenkapitalmindernd zu buchen ist.

Der Computer bietet demgegenüber eine mehrjährige Gebrauchsmöglichkeit. Wenn man eine Gesamtlebensdauer von 5 Jahren unterstellt, wird er am Ende des Beschaffungsjahres noch für weitere 4 Jahre nutzungsfähig sein. Er beinhaltet beim Erwerb ein Nutzungspotential für einen Zeitraum von insgesamt 5 Jahren, von dem Jahr für Jahr nur jeweils 1/5 verzehrt wird. Somit beträgt der Werteverzehr im Jahr der Beschaffung lediglich 1/5 der Anschaffungskosten = DM 400,–; dieser ist als Aufwand erfolgswirksam zu buchen.

Würde der Computer beim Kauf in voller Höhe als Büroaufwand gebucht werden, würde dies nicht nur den tatsächlichen Nutzungsgegebenheiten widersprechen; vielmehr würde die Erfolgsrechnung im Beschaffungsjahr mit den vollen Anschaffungskosten belastet werden, also der Gewinn stark gemindert werden, während in den nachfolgenden 4 Nutzungsjahren die Erfolgsrechnung trotz eines fortschreitenden Werteverzehrs unbeeinflußt bliebe. Wäre eine solche Buchung zulässig, würde jeder Kaufmann – unter der Voraussetzung entsprechenden Liquiditätsspielraums – die Möglichkeit haben, durch Erwerb von Anlagegütern (z.B. eines Gebäudes) kurz vor Jahresende seinen gesamten Jahresgewinn nach Belieben herunterzumanipulieren, um seine Ertragssteuerschuld zu mindern oder um die Ausschüttungserwartung gewinnanteilsberechtigter Gesellschafter zu dämpfen.

Ein jährlich vorgeschriebener Erfolgsausweis kann seinem Sinn nur dann in etwa gerecht werden, wenn er periodengerecht ist, d.h. wenn er möglichst nur solche Aufwendungen und Erträge berücksichtigt, deren zugrundeliegender Werteverzehr bzw. Wertezufluß tatsächlich im Abrechnungsjahr verursacht worden ist. Deshalb muß der Werteverzehr eines Anlagegutes sowohl aus Gründen eines zeitraumadäquaten Erfolgsausweises als auch unter Beachtung der tatsächlichen Nutzungsgegebenheiten auch buchhalterisch auf seinen gesamten Nutzungszeitraum verteilt werden, gegebenenfalls also über viele Jahre.

Dies erfolgt in der Weise, daß beim Erwerb eine Aktivierung in voller Höhe der Anschaffungskosten (bzw. bei Eigenfertigung der entsprechenden Herstellungskosten) erfolgt und am Ende eines jeden Geschäftsjahres nur jeweils der im abgelaufenen Jahr verzehrte Wertanteil einerseits als Aufwand im Konto „65 Abschreibungen" gebucht und andererseits dem aktiven Bestandskonto wertmäßig entnommen wird.

Buchung am Ende des Jahres:

65 Abschreibungen   400,– | 08 Geschäftsaus-
                                    | austattung (GA)   400,–

Das Abschreibungskonto wird als Aufwandskonto über das GuV-Konto abgeschlossen; die Buchung im aktiven Bestandskonto wirkt sich vermögensmindernd im SBK aus.

S	65 Abschreibungen	H	S	802 GuV	H
08	400,– | GuV	400,–	→ Abschr.	400,– |	

S	08 GA	H	S	801 SBK	H
AB	2.000,– | 65	400,–	GA	1.600,– |	
	| SBK	1.600,–			

Die Beschaffungszeitpunkte der Anlagegüter im Laufe eines Geschäftsjahres werden entweder endogen durch produktions- und absatztechnische Anforderungen oder andere innerbetrieblich begründete Zwänge bestimmt oder aber exogen durch Lieferfristen, bisweilen auch durch Zufälligkeiten beeinflußt. Diese Einflußfaktoren führen dazu, daß sich die Beschaffungszeitpunkte der Anlagegüter im allgemeinen über das gesamte Geschäftsjahr verteilen. Demzufolge kann die Nutzungszeit der Anlagen im Jahr der Beschaffung zwischen 1 und 365 Tage liegen, so daß der abschreibungsfähige Werteverzehr jeweils nur für einen bestimmten Bruchteil des Jahres („pro rata temporis") in Ansatz zu bringen wäre.

Aus Vereinfachungsgründen wird jedoch – in Übereinstimmung mit der steuerlichen Regelung (Abschnitt 44 Abs. 2 Satz 2 EStR) für bewegliche Anlagegüter – bei Anschaffung oder Herstellung in der **ersten** Jahreshälfte die **volle** Jahresabschreibung und bei einem Beschaffungszeitpunkt in der **zweiten** Jahreshälfte die **halbe** Jahresabschreibung abgezogen. (Sonderregelungen für Immobilien bleiben hier unberücksichtigt.)

Bei Beschaffungszeitpunkt

1.1.   bis   30.6.   ►1/1 Jahresabschreibung

1/2 Jahresabschreibung 1.7.   bis   31.12.

6.2.2 Die aufwandsmäßige Verrechnung „Geringwertiger Wirtschaftsgüter" (GWG)

> *Lernziele:*
>
> • *Kenntnis des Begriffs „Geringwertige Wirtschaftsgüter" und seine buchhalterische Bedeutung sowie Fähigkeit zur inhaltlichen Abgrenzung*

Die Begründung für die Notwendigkeit der Abschreibungen als aufwandsmäßige Verrechnung der Anschaffungskosten über die gesamte (mehrjährige) Nutzungsdauer zwecks zeitlich exakter Abgrenzung der Erfolge verliert erheblich an Gewicht, wenn die Anschaffungskosten geringfügig sind. Eine sofortige Aufwandsbuchung geringer Anschaffungskosten (etwa eines mehrjährig zu nutzenden Radiergummis) würde den Erfolgsausweis nur unwesentlich beeinflussen, zugleich jedoch zweckmäßiger sein, um die jährliche Buchung von Kleinstbeträgen für Abschreibungen zu vermeiden.

Aus diesem Grunde werden abnutzbare bewegliche Wirtschaftsgüter des **Anlage**vermögens, deren Anschaffungskosten DM 100,– nicht überschreiten, als sogenannte „**Geringwertige Wirtschaftsgüter**" (**GWG**) nicht aktiviert und nicht über die Nutzungsdauer in Form von Abschreibungen aufwandsmäßig verrechnet, sondern sogleich in voller Höhe als Aufwand gebucht.

Anlagegüter mit Anschaffungskosten von über DM 100,–, jedoch nicht über DM 800,–, müssen zwar als Bestandszugang ausgewiesen werden, aber es besteht die Wahlmöglichkeit zwischen Abschreibungen über die gesamte Nutzungsdauer oder der Abschreibung in voller Höhe der Anschaffungskosten bereits im Beschaffungsjahr. Im letzteren Falle würde das Anlagegut zwar nicht mehr als Schlußbestand in der Bilanz erfaßt werden, aber im sogenannten Anlagenspiegel der Bilanz von Kapitalgesellschaften würde es einerseits in der Zugangsspalte und andererseits in der Abschreibungsspalte in gleicher Höhe ausgewiesen und somit in der Bilanz sichtbaren Ausdruck finden.

Voraussetzung für die volle Abschreibung im Beschaffungsjahr ist, daß das abzuschreibende abnutzbare Wirtschaftsgut einer selbständigen Nutzung fähig ist und nicht etwa nach seiner betrieblichen Zweckbestimmung nur zusammen mit anderen Anlagegütern genutzt werden kann. Durch diese Einschränkung wird ausgeschlossen, daß z.B. auf eine angeschaffte Maschine, die rechnungs- und buchungsmäßig in zahlreiche Einzelteile von jeweils maximal DM 800,– Wert zerlegt wird, die gleichen Abschreibungsvorteile angewendet werden können.

Das Wahlrecht bei der aufwandsmäßigen Verrechnung von GWG geht als Vereinfachungsregel – obwohl handelsrechtlich nicht kodifiziert – auf kaufmännische Gewohnheiten zurück, ist jedoch ausdrücklich auch für die steuerliche Gewinnermittlung anwendbar (§ 6 Abs. 2 EStG, Abschnitte 31 Abs. 3 und 40 EStR).

6.2.3 Abschreibungsplan und Abschreibungsmethoden

Lernziele:

- *Fähigkeit zur Unterscheidung zwischen planmäßigen und außerplanmäßigen Abschreibungen*

- *Einsicht in die Notwendigkeit zur Aufstellung eines Abschreibungsplans*

- *Kenntnis der Bestimmungsfaktoren eines Abschreibungsplans*

- *Fähigkeit zur inhaltlichen Erläuterung der Begriffe „AfA-Tabelle" und „betriebsgewöhnliche Nutzungsdauer"*

- *Fähigkeit zur Erläuterung einiger wertmindernder Einflußfaktoren für Anlagegüter*

- *Fähigkeit zur Ermittlung von jährlichem Abschreibungsbetrag und Abschreibungssatz bei linearer Abschreibungsmethode*

- *Beherrschen der Aufstellung eines Abschreibungsplans nach linearer Methode*

- *Fähigkeit zur Ableitung des jährlichen Abschreibungssatzes bei geometrisch-degressiver Abschreibungsmethode*

- *Beherrschen der Aufstellung eines Abschreibungsplans nach geometrisch-degressiver Methode*

- *Einsicht in die Zweckmäßigkeit der Begrenzung der degressiven Abschreibungssätze*

- *Einsicht in die Vorteilhaftigkeit des Methodenwechsels und Fähigkeit zur Bestimmung des optimalen Zeitpunktes*

- *Beherrschen der Aufstellung eines Abschreibungsplans nach arithmetisch-degressiver Methode*

- *Kenntnis weiterer Abschreibungsmethoden*

- *Fähigkeit zur Anwendung der Abschreibung nach Leistungseinheiten*

- *Kenntnis der buchhalterischen Bedeutung des Erinnerungswertes*

- *Fähigkeit zur Beurteilung der bilanzpolitischen Wirkung unterschiedlicher Abschreibungsmethoden*

- *Fähigkeit zur Aufstellung von Abschreibungsplänen nach verschiedenen Methoden einschließlich Methodenwechsel*

- *Fähigkeit zur graphischen Darstellung der Wertverläufe bei unterschiedlichen Abschreibungsmethoden*

Abschreibungen auf abnutzbare Gegenstände des Anlagevermögens beruhen auf der Vorstellung, daß diese infolge einer betriebszweckorientierten Nutzung im Zeitablauf an Wert verlieren und dieser Werteverzehr aufwandsmäßig, also erfolgsmindernd, verrechnet werden muß.

Unabhängig von einer **tatsächlichen** Wertminderung verlangt jedoch das Gesetz (§ 253 Abs. 2 HGB), daß bei **allen** zeitlich begrenzt nutzbaren Gütern die Anschaffungs- oder Herstellungskosten um **planmäßige** Abschreibungen zu vermindern sind. Hierzu ist ein **Abschreibungsplan** aufzustellen. Insofern ist zwar die Notwendigkeit von Abschreibungen als solche vorhersehbar, in ihrer tatsächlich erforderlichen Höhe jedoch nicht exakt bestimmbar, weil Nutzungsdauer und Wertminderung ex ante nur unter Unsicherheit zu schätzen sind. Unter der Prämisse, daß die diesbezüglichen Erwartungswerte eintreten, läßt sich jedoch ein bestimmter Wertminderungsverlauf prognostizieren, der die Grundlage für die jährliche planmäßige Abschreibung bildet.

Darüber hinaus kann der Wert eines Anlagegutes (egal, ob dessen Nutzung zeitlich begrenzt ist oder nicht, wie z.b. Grundstücke oder Finanzanlagen) durch unerwartete Ereignisse beeinflußt werden, die nicht vorhersehbar sind und deshalb auch nicht ex ante in planmäßige Abschreibungen umgesetzt werden können. Denkbar sind z.B. Veränderungen am Absatz- und/oder Wiederbeschaffungsmarkt, Produktionsumstellungen oder Ereignisse am Objekt selbst, wie Brandschäden an Gebäuden oder Unfallschäden an Kraftfahrzeugen. Derartige Umstände können dazu führen, daß dem Wirtschaftsgut am Abschlußstichtag ein **niedrigerer Wert beizulegen** ist, als es dem Abschreibungsplan entspricht. Dann kann oder (im Falle voraussichtlich dauernder Wertminderung) muß der „planmäßige" Buchwert durch zusätzliche **„außerplanmäßige"** Abschreibungen auf den niedrigeren Wert herabgesetzt werden (§ 253 Abs. 2 Satz 3 HGB).

Da sich planmäßige und außerplanmäßige Abschreibungen jedoch weder in ihrer Buchungstechnik noch in ihrer Bilanz- und Erfolgswirkung grundsätzlich unterscheiden, kann in den weiteren Ausführungen zunächst auf eine Differenzierung verzichtet werden. Erst im Zusammenhang mit dem Bewertungsproblem ist eine differenzierte Behandlung sinnvoll und notwendig.

Beim Zugang eines abschreibungsfähigen Anlagegutes ist ein **Abschreibungsplan** für das Objekt zu erstellen. Dabei sind die voraussichtliche **Nutzungsdauer** und die **Wertentwicklung innerhalb der Nutzungszeit** zu berücksichtigen.

Die zukünftige **Nutzungsdauer** kann auf der Grundlage betrieblicher Erfahrungen geschätzt werden, oder es kann zurückgegriffen werden auf die finanzamtlichen Abschreibungstabellen. In den sogenannten AfA-Tabellen (AfA = „Absetzung für Abnutzung" als steuerlicher Ausdruck für Abschreibungen) ist für die verschiedenen Anlagegüter die sogenannte **„betriebsgewöhnliche"** Nutzungsdauer (ND) festgelegt, die im Zweifel für die Bemessung der steuerlichen Abschreibung herangezogen wird. Die dort ausgewiesene Nutzungsdauer schließt die wirtschaftliche und die technische Abnutzung ein.

Auszug aus der AfA-Tabelle für die allgemein verwendbaren Anlagegüter (Stand: Januar 1983):

Anlagegut	Nutzungsdauer (ND) in Jahren
A. Einrichtungen an Grundstücken	
6. Umzäunungen	
a) aus Mauerwerk und Beton	20
b) aus Eisen mit Sockel	15
c) aus Draht	10
d) aus Holz	5
B. Betriebsanlagen allgemeiner Art	
IV. Transportanlagen	
1. Transportbänder	7
V. Fahrzeuge aller Art	
1. Schienenfahrzeuge	
a) Lokomotiven	20
c) Loren	5

2. Straßenfahrzeuge		
a) Personenkraftwagen und Kombiwagen		4
b) Lastkraftwagen, Sattelschlepper		4
C. Maschinen der Stoffver- und -bearbeitung		
Drehbänke, Hobelmaschinen, Stanzen, Schweißgeräte		10
D. Betriebs- und Geschäftsausstattung		
I. 2. Ladeneinrichtungen		8
3. Kühlmöbel		5
V. Büromaschinen		
Diktiergeräte, Elektronenrechner, Fotokopiergeräte,		
Schreibmaschinen		5
VI. Büroeinrichtungen		
Büromöbel		10
Panzerschränke		20

Die angegebene Nutzungsdauer legt eine einschichtige ganzjährige Nutzung zugrunde. Bei zweischichtiger Nutzung verkürzt sich die Nutzungsdauer gemäß AfA-Tabelle um 20 %, bei dreischichtiger Nutzung um 30 %.

Beispiel:

Anlagegut	ND in Jahren lt. AfA-Tabelle		
	bei ein-	zwei-	drei-
	schichtiger Nutzung		
Fertigungsmaschinen	10	8	7
Pumpen für Wasser	15	12	10
Eisenbahnwaggons	20	16	14

Da die Nutzungsdauer eines Wirtschaftsgutes im Einzelfall von der Nutzungsintensität und anderen Einflußfaktoren abhängig ist, kann die **betriebsindividuelle** Nutzungsdauer durchaus von der betriebsgewöhnlichen abweichen. Demzufolge kann auch handelsrechtlich – zumal wegen der Verpflichtung, vorsichtig zu bilanzieren – eine kürzere Nutzungsdauer geschätzt werden als steuerlich zugrundegelegt wird.

Die **wertmäßige Entwicklung** eines Anlageobjektes **im Verlaufe** seiner Nutzungszeit ist von verschiedenen Faktoren abhängig, die – je nach Wirtschaftsgut – einzeln oder gemeinsam wirksam werden können. Wertmindernde Faktoren, die sich in planmäßigen oder außerplanmäßigen Abschreibungen niederschlagen müssen, sind insbesondere

- die Nutzungsintensität und der darauf beruhende technische Verschleiß
  (Beispiel: Die restliche Lebensdauer eines Kraftfahrzeugs vermindert sich kontinuierlich als Folge der zeitlich begrenzten Funktionsfähigkeit von Verschleißteilen oder als Folge zunehmender Korrosion.);
- der technische Fortschritt
  (Beispiel: Auf dem Markt wird eine weiterentwickelte Maschine mit höherer Leistungsfähigkeit oder besserer Kosten-Nutzen-Relation angeboten.);
- Substanzverlust durch Abbau
  (Beispiel: Die verwendungsfähigen Vorräte in einer Kiesgrube erschöpfen sich allmählich durch Abbau.);

- Zeitablauf
  (Beispiel: Zeitlich begrenzt wirksame gewerbliche Schutzrechte (Patente, Lizenzen oder ähnliches) verlieren durch das Herannahen des Fristablaufs an Wert.);
- Mode- oder Geschmackswechsel
  (Beispiel: Ein Kraftfahrzeug verliert an Wert, weil das Nachfolgemodell dieses Autotyps in Anpassung an den allgemeinen Modetrend im Design erheblich verändert wird.);
- Verminderung der wirtschaftlichen Gebrauchsfähigkeit
  (Beispiel: Infolge Umstellung der Produktion kann eine Fertigungsmaschine nur noch in verringertem Umfang eingesetzt werden).

Ist ein Wirtschaftsgut frei von derartigen wertmindernden Einflüssen, können keine Abschreibungen vorgenommen werden. So sind z.B. unbebaute Grundstücke grundsätzlich (Ausnahme z.B. bei Substanzverlust oder Versumpfung) nicht abschreibungsfähig und bebaute Grundstücke nur insoweit, wie es die Wertminderung der Bebauung betrifft.

Da die genannten wertmindernden Faktoren während der Nutzungsdauer mit unterschiedlichem Gewicht wirksam werden können, erfolgt der Werteverzehr nicht immer gleichmäßig. Dieser Umstand hat Anlaß dazu gegeben, nach **planmäßigen Abschreibungsmethoden** zu suchen, die der Wertentwicklung möglichst adäquat sind.

Die einfachste Methode, die sog. **lineare Abschreibung**, geht von einer gleichbleibenden Nutzungsintensität und dementsprechend von einer kontinuierlichen Wertminderung aus. Bei der linearen Abschreibung wird der gesamte Abschreibungsbedarf als Aufwand gleichmäßig auf die Jahre der Nutzung verteilt, indem der jährlich abzuschreibende Betrag als gleichbleibender Prozentsatz der ursprünglichen Anschaffungskosten (Ako)/Herstellungskosten (Hko) ermittelt wird.

Für die lineare Abschreibung ergibt sich somit:

$$\text{jährlicher Abschreibungsbetrag in DM} = \frac{\text{Ako/Hko}}{\text{ND i.J.}}$$

$$\text{jährlicher Abschreibungssatz in \%} = \frac{100}{\text{ND i.J.}}$$

Der Abschreibungsbetrag wird am Jahresende vom jeweiligen Restwert (Buchwert) RW_t abgezogen, woraus sich der neue Restwert RW_{t+1} ergibt. Als Restwert oder Buchwert wird der aktuelle Wert bezeichnet, mit dem die Anlage zu einem bestimmten Zeitpunkt in den Büchern steht.

Der maximale Abschreibungsbedarf ist durch die Höhe der aktivierten Anschaffungskosten/Herstellungskosten determiniert. Wenn das Wirtschaftsgut nach Ablauf der planmäßigen Nutzungsdauer noch über einen nicht unerheblichen Wiederveräußerungswert verfügt (z.B. Schrottwert eines Schiffes, Wiederverkaufserlös eines gebrauchten Kraftfahrzeuges), vermindert sich der aufwandsmäßig insgesamt zu verteilende Abschreibungsbedarf um diesen – vorsichtig zu schätzenden – Restwert. Bei geringfügigem Schrottwert oder bei großer Unsicherheit hinsichtlich der Restwertgröße wird man jedoch im Abschreibungsplan von einer Vollabschreibung ausgehen und einen eventuellen Wiederveräußerungswert erst bei Realisierung buchhalterisch berücksichtigen, indem die zuvor vorgenommene Abschreibung gegebenenfalls durch Buchung außerordentlicher Erträge korrigiert wird.

Unter Berücksichtigung eines Schrottwertes ergibt sich:

$$\text{jährlicher Abschreibungsbetrag in DM} = \frac{\text{Ako} - \text{Schrottwert}}{\text{ND i.J.}}$$

$$\text{jährlicher Abschreibungssatz in \%} = \frac{100}{\text{ND i.J.}}$$

Beispiele für lineare Abschreibung eines Wirtschaftsgutes:

	Beispiel 1: ohne Schrottwert	**Beispiel 2:** mit Schrottwert
Ako	40.000,– DM	40.000,– DM
Schrottwert	–	4.000,– DM
Nutzungsdauer	8 Jahre	8 Jahre
AfA-Satz	12,5%	12,5%
AfA-Betrag p.a.	$\dfrac{40.000}{8} = 5.000,- \text{ DM}$	$\dfrac{40.000 - 4.000}{8} = 4.500,- \text{ DM}$

	lineare Abschreibung	Restwert	lineare Abschreibung	Restwert
Ako	–	40.000,–	–	40.000,–
Ende 1.J.	5.000,–	35.000,–	4.500,–	35.500,–
2.J.	5.000,–	30.000,–	4.500,–	31.000,–
3.J.	5.000,–	25.000,–	4.500,–	26.500,–
4.J.	5.000,–	20.000,–	4.500,–	22.000,–
5.J.	5.000,–	15.000,–	4.500,–	17.500,–
6.J.	5.000,–	10.000,–	4.500,–	13.000,–
7.J.	5.000,–	5.000,–	4.500,–	8.500,–
8.J.	5.000,–	0	4.500,–	4.000,– (= Schrott- wert)

Viele Güter des Anlagevermögens verlieren in der Anfangsphase stärker an Wert als gegen Ende der Nutzung, z.B. wegen größerer Bedeutung des technischen Fortschritts oder weil die Reparaturaufwendungen mit fortschreitender Nutzungsdauer erheblich zunehmen. Einem solchen Wertminderungsverlauf sind **degressive** Abschreibungsmethoden angemessen. Zu unterscheiden sind geometrisch-degressive und arithmetisch-degressive Abschreibungen.

Die **geometrisch-degressive Abschreibung (Buchwertabschreibung)** trägt der im Zeitablauf abnehmenden Wertminderung dadurch Rechnung, daß ein über die gesamte Laufzeit gleichbleibender Prozentsatz nicht von den ursprünglichen Anschaffungskosten, sondern von dem jeweiligen Buchwert abgeschrieben wird. Dadurch bekommt die Reihe der Buchwerte den Verlauf einer geometrisch-degressiven Zahlenreihe. Sie kann nie zu dem Wert Null führen, weil auch in der letzten Abschreibungsperiode weniger als 100% des letzten Restbuchwertes abgeschrieben wird. Deshalb ist diese Methode **durchgängig** nur anwendbar, wenn man am Ende der Nutzungsdauer einen nennenswerten Schrottwert als Abschreibungsziel zugrundelegen kann.

Da die degressive Abschreibung jeweils vom Buchwert vorgenommen wird, muß sie nicht – wie die lineare Abschreibung – für jedes Wirtschaftsgut einzeln berechnet werden, sondern Objekte, bei denen Anschaffungskosten, Schrottwert und Nutzungsdauer gleich sind und deshalb der gleiche Abschreibungssatz anzusetzen ist, können zu Gruppen zusammengefaßt und gemeinsam abgeschrieben werden, auch wenn ihre Anschaffungszeitpunkte und damit ihre gegenwärtigen Buchwerte unterschiedlich sind.

Der jährliche Abschreibungssatz p ergibt sich aus folgender Rechnung:

Wenn jährlich $\frac{p}{100}$ des jeweiligen Restwertes (Buchwertes) RW_t abgeschrieben wird, verbleibt als neuer Buchwert $\left(1 - \frac{p}{100}\right) \cdot RW_t$.

Dann entwickelt sich der Buchwert RW_t im Zeitablauf vom Anschaffungszeitpunkt t_0 über das Ende des 1. Jahres t_1 bis zum Ende des letzten Nutzungsjahres t_n wie folgt:

$$RW_{t0} = Ako$$

$$RW_{t1} = Ako \left(1 - \frac{p}{100}\right)$$

$$RW_{t2} = Ako \left(1 - \frac{p}{100}\right)\left(1 - \frac{p}{100}\right) = Ako \left(1 - \frac{p}{100}\right)^2$$

$$RW_{t3} = Ako \left(1 - \frac{p}{100}\right)^3$$

.
.
.

$$RW_{tn} = Ako \left(1 - \frac{p}{100}\right)^n$$

Der Abschreibungssatz p soll so gewählt werden, daß am Ende der Nutzungsdauer der Restwert RW_{tn} = Schrottwert.

$$RW_{tn} = Ako \left(1 - \frac{p}{100}\right)^n = \text{Schrottwert}$$

$$\left(1 - \frac{p}{100}\right)^n = \frac{RW_{tn}}{Ako}$$

$$1 - \frac{p}{100} = \sqrt[n]{\frac{RW_{tn}}{Ako}}$$

$$\frac{p}{100} = 1 - \sqrt[n]{\frac{RW_{tn}}{Ako}}$$

$$p = 100 \left(1 - \sqrt[n]{\frac{RW_{tn}}{Ako}}\right)$$

Beispiel 3:

(Anwendung der geometrisch-degressiven Abschreibung auf Beispiel 2):

Ako: DM 40.000,−; Schrottwert = DM 4.000,−; ND = 8 Jahre

$$p = 100 \left(1 - \sqrt[8]{\frac{4.000}{40.000,-}}\right)$$

$$p = 100 (1 - 0,7498941)$$

$$p = 25,01$$

	geometr.-degr. Abschreibung	Restwert
t_0 (= Ako)	−	40.000,−
t_1	10.004,−	29.996,−
t_2	7.502,−	22.494,−
t_3	5.626,−	16.868,−
t_4	4.219,−	12.649,−
t_5	3.163,−	9.486,−
t_6	2.373,−	7.113,−
t_7	1.779,−	5.334,−
t_8	1.334,−	4.000,−

Das Zahlenbeispiel führt vor Augen, daß die Buchwertabschreibung eine im Zeitablauf starke Degression bei der Wertminderung unterstellt. In der ersten Abschreibungsperiode ist im o.a. Beispiel der Abschreibungsbetrag größer als in den letzten vier Jahren zusammen.

Bei kürzerer Nutzungsdauer und/oder geringerem Restbuchwert (Schrottwert) ist die Degression noch stärker, wie nachfolgende Tabelle zeigt:

Gegenüberstellung der geometrisch-degressiven AfA-Sätze (gerundet) bei unterschiedlicher Nutzungsdauer und unterschiedlichem Restbuchwert:

Ako DM 40.000,−

ND \ Restbuchwert	DM 4.000,−	DM 1.000,−
8 Jahre	25%	37%
4 Jahre	46%	60%

Die extrem hohen Abschreibungssätze bei geringerem Restbuchwert und bei kürzerer Nutzungszeit führen zu einer Entwicklung des Buchwertes, die im allgemeinen stark von dem tatsächlichen Wertverlauf eines Anlagegutes abweichen dürfte. Zudem würden die hohen Abschreibungsbeträge in der Anfangsphase der Nutzungszeit im Vergleich zur linearen Abschreibung zu starken Gewinnminderungen und entsprechender Steuerersparnis führen. Aus diesen Gründen unterliegt die geometrisch-degressive Abschreibung steuerrechtlichen Restriktionen in der Anwendung. Die Beschränkung ist zwar steuerpolitisch begründet und insofern handelsrechtlich irrelevant, dennoch dürfte sie in der Bilanzierungspraxis weitgehend befolgt werden.

Nach § 7 Abs. 2 EStG ist zur Zeit der maximale jährliche Abschreibungssatz für bewegliche Anlagegüter auf 30% des jeweiligen Buchwertes beschränkt und darf nicht höher sein als das Dreifache des linearen Abschreibungssatzes für gleiche Anlagegüter. (Sonderregelungen bleiben hier außer Betracht.) Die hohen Abschreibungssätze werden als wirtschaftspolitisches Steuerungsinstrument eingesetzt; sie sollen die Investitionstätigkeit anregen und sind daher in der Vergangenheit zu Zeiten geringer Investitionsneigung erhöht worden, andererseits aber auch zwecks Konjunkturdämpfung kurzzeitig ausgeschlossen gewesen.

Entwicklung der Höchstgrenzen der degressiven Abschreibung:

Bei Anschaffung oder Herstellung im Zeitraum	Relation zum linearen AfA-Satz	absoluter Höchstsatz	Änderung der Rechtslage durch
09.03.1960 bis 31.08.1977	max. 2fach	20%	
01.09.1977 bis 29.07.1981	max. 2,5fach	25%	Gesetz zur Steuerentlastung und Invest.förderung vom 04.11.1977
nach dem 29.07.1981	max. 3fach	30%	2. Haushaltsstrukturgesetz v. 22.12.1981

Die derzeit geltenden Höchstgrenzen 3fach/30% bedeuten für die Anwendungspraxis im Normalfall folgendes:

Bei einer Nutzungsdauer von 1, 2 oder 3 Jahren (lineare AfA 100%, 50%, 33^{1}/$_3$%) ist die degressive Abschreibung infolge des Höchstsatzes 30% nicht anwendbar.

Bei einer Nutzungsdauer von 4 bis 9 Jahren (lineare AfA 25% − 11,11%) kann das 3fache nicht ausgenutzt werden, weil die absolute Obergrenze 30% wirksam wird.

Bei einer Nutzungsdauer von 10 Jahren (lineare AfA = 10%) können die Obergrenzen voll ausgenutzt werden.

Bei einer Nutzungsdauer von über 10 Jahren (lineare AfA < 10%) kann das 3fache voll ausgenutzt werden, jedoch wird die absolute Obergrenze 30% nicht ausgeschöpft:

Nutzungsdauer in Jahren	4-10	11	12	13	14	15	20	25	30	40
anzurechnende Höchstbeträge i.v.H. des Buchwertes	30,00	27,27	25,00	23,03	21,43	20,00	15,00	12,00	10,00	7,50

Die geometrisch-degressive Abschreibung ist gem. § 7 Abs. 2 Satz 1 EStG nur bei **beweglichen** Wirtschaftsgütern des Anlagevermögens zulässig. Für **unbewegliche** Anlagegüter **mit zeitlich unbegrenzter Nutzungsdauer** (z.B. unbebaute

Grundstücke, Finanzanlagen) sind keine planmäßigen Abschreibungen möglich. Für **unbewegliche** Anlagegüter **mit zeitlich begrenzter Nutzungsdauer** (z.B. Gebäude) gelten gem. § 7 Abs. 4 und 5 EStG besondere Abschreibungsvorschriften, die insbesondere baukonjunkturell und steuerpolitisch intendiert sind.

Bei durchgängig geometrisch-degressiver Abschreibung bleibt stets ein nennenswerter Restbuchwert übrig. Wenn das abzuschreibende Wirtschaftsgut tatsächlich über keinen Restwert verfügt, kann der volle Restwert RW_{tn-1} in der letzten Abschreibungsperiode abgeschrieben werden. Dieses Vorgehen bedeutet jedoch einen relativ hohen Abschreibungsbetrag erst am Ende der Nutzungsdauer.

Da es in normaler Gewinnsituation aus bilanzpolitischen Gründen zweckmäßig ist, so früh wie möglich so viel wie möglich abzuschreiben, wäre es sinnvoller, den Übergang von der degressiven zur linearen Abschreibungsmethode zu einem früheren Zeitpunkt vorzunehmen. Ein solcher Methodenwechsel von der degressiven zur linearen Abschreibung ist gem. § 7 Abs. 3 EStG jederzeit zulässig, nach Steuerrecht nicht jedoch umgekehrt.

Der Übergang hat nicht nur im Zusammenhang mit der Lösung des Restwertproblems Bedeutung; er hat auch steuerrechtliche Relevanz: Werden die planmäßigen Abschreibungen nach degressiver Methode vorgenommen, sind nach Steuerrecht daneben – anders als bei planmäßig linearer Abschreibung – keine außerplanmäßigen Absetzungen für außergewöhnliche technische oder wirtschaftliche Abnutzungen steuerlich zulässig (§ 7 Abs. 2 Satz 4, Abs. 1 Satz 5 EStG). Ein bei degressiver Abschreibung nicht realisierbarer zusätzlicher Abschreibungsbedarf würde also steuerlich nur durch den Übergang zur linearen Abschreibung oder durch Teilwertabschreibung gem. § 6 EStG ermöglicht werden.

Auch handelsrechtlich kann die Abschreibung mit Methodenwechsel als planmäßig gelten, wenn der Zeitpunkt des Wechsels a priori bereits bei Beschaffung festgelegt wird.

Optimal im Sinne einer möglichst frühzeitigen Aufwandsverrechnung ist der Wechsel in **der** Abschreibungsperiode, in der sich durch den Übergang zur linearen Abschreibung in dem Jahr erstmals höhere Abschreibungsbeträge ergeben als bei Fortführung der degressiven Abschreibung.

Von dieser abschreibungspolitischen Möglichkeit machen die Unternehmen regelmäßig Gebrauch. Im Anhang der veröffentlichten Jahresabschlüsse findet sich dann gewöhnlich die Formulierung: Bewegliche Gegenstände des Anlagevermögens werden im Rahmen der steuerlichen Möglichkeiten degressiv abgeschrieben; dabei wird auf die lineare Abschreibungsmethode übergegangen, sobald diese zu höheren Abschreibungen führt.

Methodenwechsel (degressive A. – lineare A.) im optimalen Zeitpunkt, dargestellt am Beispiel 1:

Ako	= DM 40.000,–
ND	= 8 Jahre
Restbuchwert RW_{t8}	= DM 0,–
AfA-Satz degressiv	= 3fach linear = $3 \cdot 12{,}5\% = 37{,}5\%$
	übersteigt die Obergrenze 30%,
	also degressive Abschreibung 30%.

t	degr. AfA 30% ohne Methodenwechsel		AfA in t_n bei linearer Verteilung des $RW_{t_{n-1}}$ ab t_n auf die restl. ND	degr. AfA 30% mit Methodenwechsel im opt. Zeitpunkt	
	AfA	RW		AfA	RW
t_0	–	40.000	–	–	40.000
t_1	12.000	28.000	5.000	12.000	28.000
t_2	8.400	19.600	4.000	8.400	19.600
t_3	5.880	13.720	3.267	5.880	13.720
t_4	4.116	9.604	2.744	4.116	9.604
t_5	2.881	6.723	2.401	2.881	6.723
t_6	2.017	4.706	2.241	2.241	4.482
t_7	1.412	3.294	2.353	2.241	2.241
t_8	3.294	–	3.294	2.241	–

Zwecks optimaler Ausnutzung der Abschreibungsmöglichkeiten müßte in den ersten fünf Perioden degressiv abgeschrieben werden, und ab der sechsten Periode müßte eine lineare Verteilung des RW_{t5} erfolgen. Der optimale Zeitpunkt für einen Methodenwechsel liegt generell (d.h. ohne Berücksichtigung eines RW_{t_n}) dann vor, wenn der degressive Abschreibungssatz p kleiner wird als der Kehrwert der restlichen Nutzungsdauer bzw. die restliche Nutzungsdauer kleiner wird als der Kehrwert des degressiven Abschreibungssatzes p:

$$p < \frac{1}{\text{restl. ND}} \quad \text{bzw. restl. ND} < \frac{1}{p}$$

Bei Ausnutzung des maximalen degressiven Abschreibungssatzes von 30% = 0,3 ist der Methodenwechsel also 3 Jahre vor Ende der Nutzungszeit sinnvoll.

Die unterschiedliche Erfolgswirkung der Anwendung verschiedener Abschreibungsmethoden soll zusätzlich anhand einer graphischen Darstellung veranschaulicht werden.

Vergleichende Darstellung des Abschreibungsverlaufs bei linearer, geometrisch-degressiver und kombinierter degressiv/linearer Abschreibungsmethode (dargestellt am Beispiel 1):

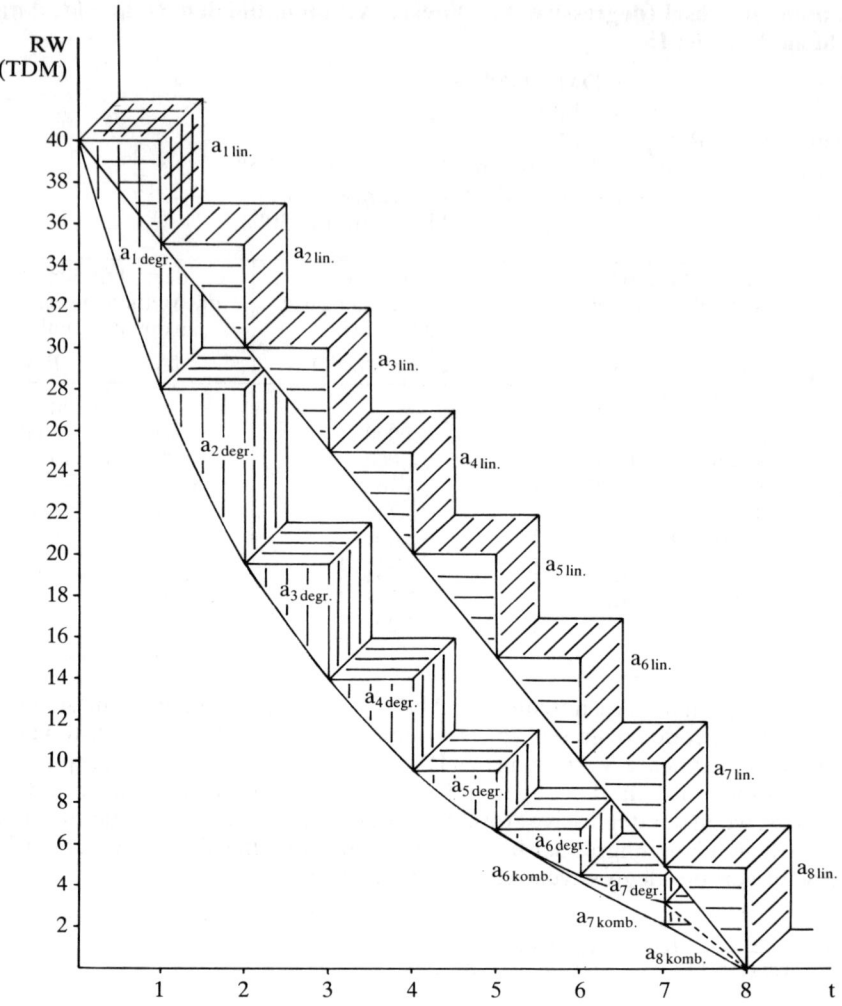

Auch andere Methoden mit fallenden Abschreibungsbeträgen sind betriebswirtschaftlich denkbar.

Als geeignete Methode könnte die **arithmetisch-degressive** Abschreibung in
Betracht kommen; sie weist einen (für viele Wirtschaftsgüter realitätsnäheren)
gemäßigteren Verlauf der Degression auf. Die aufeinanderfolgenden Abschreibungsbeträge stellen eine arithmetische Zahlenreihe dar, d.h. sie nehmen jährlich um den gleichen Betrag gegenüber der vorjährigen Abschreibung ab. Die
einfachste Form der arithmetisch-degressiven Abschreibung ist die **digitale** Abschreibung.

Bei der digitalen Abschreibung (Jahressummenabschreibung) wird der Abschreibungsbetrag errechnet, indem man den gesamten Abschreibungsbedarf in

so viele Bruchteile aufteilt, wie die kumulierte Anzahl der Nutzungsjahre ergibt; bei ND = 4 Jahre also in $1 + 2 + 3 + 4 = 10$ Teile. Dann wird im 1. Jahr $\frac{4}{10}$, im 2. Jahr $\frac{3}{10}$, im 3. Jahr $\frac{2}{10}$ und im 4. Jahr $\frac{1}{10}$ des Abschreibungsbedarfs abgesetzt.

Anwendung der digitalen Abschreibung auf Beispiel 1:

Ako DM 40.000,−, ND 8 Jahre.
ND kumuliert $8 + 7 + 6 + 5 + 4 + 3 + 2 + 1 = 36$

$$\frac{Ako}{ND_{kum.}} = \frac{DM\ 40.000,-}{36} = DM\ 1.111,-$$

t	Bruchteil	Abschreibungsbetrag in DM	RW_t
t_0	−	−	40.000,−
t_1	$\frac{8}{36}$	8.889	31.111,−
t_2	$\frac{7}{36}$	7.778	23.333,−
t_3	$\frac{6}{36}$	6.667	16.666,−
t_4	$\frac{5}{36}$	5.556	11.110,−
t_5	$\frac{4}{36}$	4.444	6.666,−
t_6	$\frac{3}{36}$	3.333	3.333,−
t_7	$\frac{2}{36}$	2.222	1.111,−
t_8	$\frac{1}{36}$	1.111	0

Steuerlich hat die arithmetisch-degressive Methode, nachdem sie seit 01.01.1985 grundsätzlich nicht mehr zulässig ist, nur Bedeutung für die Abschreibung des aktivierten Disagios bei Tilgungsdarlehen (vgl. Teil B: Bilanzen). Eine aufwandsmäßige Verteilung des aktivierten Disagios nach digitaler Methode kommt bei regelmäßig zu tilgenden Darlehen der tatsächlichen zinsähnlichen Belastung näher und ist für den Kaufmann i.d.R. vorteilhafter als eine lineare Verteilung und gilt steuerlich als nicht zu beanstanden.

Eine weitere denkbare Form der degressiven Abschreibung ist eine Abschreibung von den Anschaffungskosten in **gestaffelten Sätzen**. Man unterteilt die gesamte Nutzungsdauer in mehrere Teilabschnitte und läßt die Abschreibungssätze von Abschnitt zu Abschnitt fallen, hält sie jedoch innerhalb der Abschnitte konstant. Diese Methode findet als Regelabschreibung Anwendung bei Gebäuden: Gem. § 7 Abs. 5 Satz 1 Nr. 1 EStG können z.B. auf Betriebsgebäude Abschreibungen – wie folgt – vorgenommen werden:

Im Jahr der Fertigstellung oder Anschaffung
und in den folgenden 3 Jahren   jeweils 10,0%
in den darauffolgenden 3 Jahren   jeweils   5,0%
in den darauffolgenden 18 Jahren   jeweils   2,5%
der Anschaffungs- oder Herstellungskosten.

Beispiel für Abschreibung in gestaffelten Sätzen, dargestellt an Beispiel 1:

Ako = DM 40.000,−, ND = 8 Jahre

t	Abschreibung in v.H.	in DM	RW_t in DM
t_0	−	−	40.000
t_1	20	8.000	32.000
t_2	20	8.000	24.000
t_3	15	6.000	18.000
t_4	15	6.000	12.000
t_5	10	4.000	8.000
t_6	10	4.000	4.000
t_7	5	2.000	2.000
t_8	5	2.000	0

Ohne größere praktische Bedeutung und steuerlich unzulässig ist die **progressive Abschreibung**. Bei ihr wird ein stärkerer Wertverfall erst in den späteren Jahren der langjährigen Nutzung unterstellt und deshalb mit progressiv steigenden Beträgen abgeschrieben. Als in Betracht kommende Beispiele finden sich in der Literatur Obstplantagen, Talsperren und Nutztiere.

Alle bisher genannten Methoden legen für die Ermittlung der jährlichen Abschreibungsbeträge eine bestimmte Nutzungsdauer in Jahren zugrunde; die Nutzungsintensität wird nur indirekt über die Nutzungsdauer berücksichtigt. Demgegenüber stellt eine andere Methode die Nutzungsintensität in den Vordergrund:

Die **Abschreibung nach Leistungseinheiten**. Sie geht davon aus, daß ein abnutzbares Wirtschaftsgut ein begrenztes Nutzungspotential in sich birgt und die Lebensdauer durch den Verbrauch dieser Nutzungseinheiten bestimmt wird. So kann etwa unterstellt werden, daß die maximale Nutzungsdauer eines Kraftfahrzeugs primär durch die Anzahl der gefahrenen Kilometer, die Lebensdauer einer Maschine durch die Anzahl der eingesetzten Stunden, die eines Flugzeugs durch die Anzahl der geleisteten Flugstunden begrenzt wird. Bei derartigen Objekten kommt eine Abschreibung nach den abgegebenen Leistungseinheiten der tatsächlichen Wertentwicklung näher als eine Zeitabschreibung. Voraussetzung ist aus betriebswirtschaftlicher Sicht, daß der Verbrauch der abschreibungsrelevanten Leistungseinheiten einwandfrei und leicht meßbar ist, z.B. mit Hilfe eines Kilometerzählers beim Kraftfahrzeug. Voraussetzung für die steuerliche Zulässigkeit ist, daß der jährliche Leistungsumfang nachgewiesen wird und eine Abschreibung nach Maßgabe der Leistungseinheiten wirtschaftlich begründet ist. (§ 7 Abs. 1 Satz 4 EStG). Vernachlässigt wird bei dieser Methode der Umstand, daß der Wertverlust in gewissem Maße durch andere Faktoren beeinflußt wird, wie z.B. beim Kraftfahrzeug durch die Fahrweise, die Nutzungsart, die Pflege usw.

Beispiel für die Abschreibung eines Kraftfahrzeugs nach Leistungseinheiten:

Geschätzte Gesamtfahrleistung 120.000 km, Anschaffungskosten DM 23.000,−.

Es ist beabsichtigt, das Kraftfahrzeug nach 80.000 km zu verkaufen; geschätzter Verkaufserlös DM 7.000,−; gesamter Abschreibungsbedarf für 80.000 km:

Ako	DM 23.000,−
∕. Restwert	DM 7.000,−
Abschreibungsbedarf	DM 16.000,−

Abschreibung je Leistungseinheit (km) =

$$\frac{DM\ 16.000,-}{80.000\ km} = 0,20\ DM/km$$

Beispiel:

t	km-Stand	jährliche Fahrleistung in km	Abschreibung in DM	RW_t in DM
t_0	0	−	−	23.000,−
t_1	23.400	23.400	4.680,−	18.320,−
t_2	42.500	19.100	3.820,−	14.500,−
t_3	64.300	21.800	4.360,−	10.140,−
t_4	80.000	15.700	3.140,−	7.000,−

Sämtliche Abschreibungsmethoden zielen darauf ab, am Ende der ex ante geschätzten Nutzungsdauer den Buchwert 0 DM (bzw. den Schrottwert) zu erreichen. In vielen Fällen werden jedoch Wirtschaftsgüter über die geschätzte Nutzungsdauer hinaus genutzt. In diesen Fällen müssen die planmäßig voll abgeschriebenen Anlagegüter, die weiterhin im Bestand sind, mit einem symbolischen Wert („**Erinnerungswert**") von DM 1,− fortgeschrieben werden. Im letzten planmäßigen Abschreibungsjahr wird also ein um den Erinnerungswert verminderter Betrag abgeschrieben. Damit wird dem Grundsatz der Bilanzwahrheit entsprochen, wonach jeder vorhandene Vermögenswert auszuweisen ist, solange er sich tatsächlich im Bestand befindet. Erst beim endgültigen Ausscheiden des Wirtschaftsgutes wird dieser Erinnerungswert ausgebucht.

Vergleichende Darstellung des Abschreibungsverlaufs bei linearer, geometrisch-degressiver und digitaler Abschreibung (dargestellt am Beispiel 1)

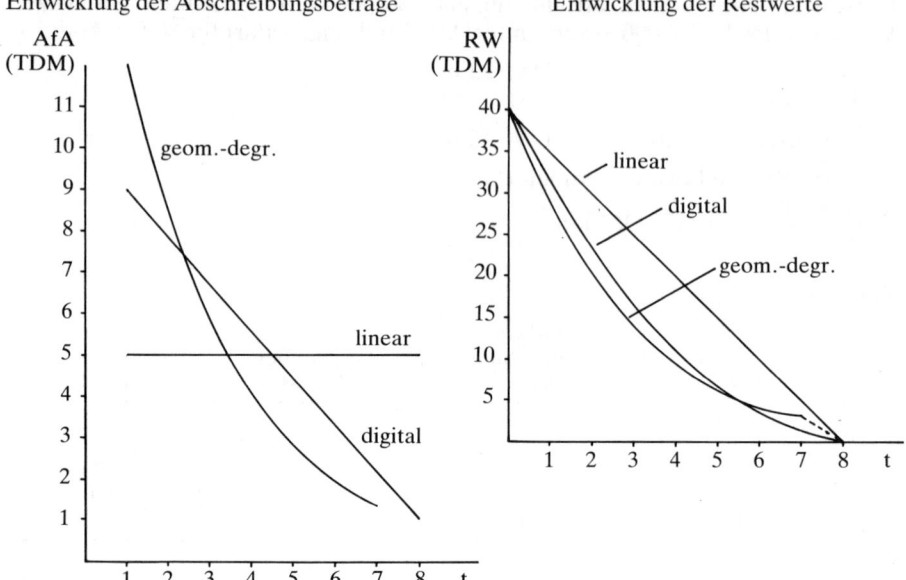

Entwicklung der Abschreibungsbeträge   Entwicklung der Restwerte

Aufgabe A6/1:

Berechnen Sie den Abschreibungssatz und die jährlichen Abschreibungsbeträge für ein Kraftfahrzeug mit folgenden Daten:

AKo DM 24.000,–; Nutzungsdauer 6 Jahre

a) bei linearer Methode ohne Berücksichtigung eines Schrottwertes,
b) bei linearer Methode unter Berücksichtigung eines Schrottwertes in Höhe von DM 600,–
c) bei digitaler Methode ohne Berücksichtigung eines Schrottwertes!

Lösung im Lösungsteil

Aufgabe A6/2:

a) Erstellen Sie die Abschreibunspläne nach linearer, geometrisch-degressiver (30%) und digitaler Methode für ein Anlagegut mit folgenden Daten:

Ako DM 110.000,–; Nutzungsdauer 10 Jahre

	linear		geometr.-degr.		digital	
	Abschr.	RW_t	Abschr.	RW_t	Abschr.	RW_t
t_0 (= Ako)	–	110.000,–	–	110.000,–	–	110.000–
t_1						

b) Stellen Sie in einem Diagramm graphisch dar
   b1) die Entwicklung der Abschreibungsbeträge,
   b2) die Entwicklung der Restwerte
   bei Anwendung der drei Abschreibungsmethoden!

c) Ermitteln Sie durch Ergänzung folgender Tabelle den optimalen Zeitpunkt für einen Methodenwechsel von geometrisch-degressiver zu linearer Abschreibung!

	linear zu verteilender RW_{tn-1} in DM	verteilt auf ... Jahre (restl. ND)	ergibt bei linearer Verteilung bis t_{10} eine jährl. AfA in DM		AfA bei Fortsetzung der degress. Methode
t_4	37.730	7	5.390	<	11.319
t_5	26.411	.	.		7.923
.	.	.	.		.
.	.	.	.		.

Lösung im Lösungsteil

6.2.4 Direkte und indirekte Abschreibung

> *Lernziele:*
>
> • *Buchhalterische Beherrschung der direkten und indirekten Abschreibungsform*
>
> • *Fähigkeit zur Erläuterung der unterschiedlichen Aussagefähigkeit der direkten und indirekten Abschreibungsform*

Um in der Bilanz eine eingetretene Wertminderung bei Anlagegütern auszuweisen, kann der Bilanzierende auf zwei verschiedene Abschreibungsformen zurückgreifen: Abschreibungen („direkte" Abschreibung) und Wertberichtigungen („indirekte Abschreibung).

Die im Abschnitt 6.2.1 dargestellte Grundform der Abschreibungsbuchung zeigt die **direkte** Abschreibung:

Buchungsbeispiel:

Buchung und Abschluß in Kontoform:

S	65 Abschreibungen		H		S	802 GuV	H
07	5.000,–	Saldo	5.000,–	→	65	5.000,–	

S	07 Maschinen		H		S	801 SBK	H
AB	50.000,–	65	5.000,–		07	45.000,–	
		Saldo SBK	45.000,–				

Bei der **indirekten** Abschreibung ist die Erfolgswirkung aufgrund der Sollbuchung „per Abschreibungen" die gleiche. Die Habenbuchung wird jedoch nicht zur unmittelbaren Bestandsminderung im Anlagenkonto vorgenommen, sondern die erforderliche Wertkorrektur im Vermögensbestand erfolgt über ein passivisches Bestandskonto „**Wertberichtigungen" (WB)**.

Buchungsbeispiel:

65 Abschreibungen   5.000,– | 361 WB Sachanlagen   5.000,–

Buchung und Abschluß in Kontoform:

S	65 Abschreibungen	H
361	5.000,–	Saldo 5.000,–

S	802 GuV	H
→ 65	5.000,–	

S	07 Maschinen	H
AB	50.000,–	Saldo 50.000,– SBK

S	361 WB Sachanlagen	H
Saldo 5.000,– SBK	65	5.000,–

S	801 SBK	H
Masch.	50.000,–	WB zu Anl. 5.000,–

Nach dem Abschluß der Bestandskonten stehen sich in der Bilanz gegenüber

- auf der Aktivseite der Maschinenbestand stets in Höhe der ursprünglichen Anschaffungskosten/Herstellungskosten und
- auf der Passivseite der Wertberichtigungsbestand in Höhe der bisher vorgenommenen (kumulierten) Abschreibungen als Korrekturposten zum überhöht ausgewiesenen Aktivbestand.

Der aktuelle Buchwert ist rechnerisch als Differenz zwischen Aktiv- und Passivausweis zu ermitteln.

A	Bilanz	P
ursprüngliche Ako/Hko	kumulierte Abschreibungen	

Differenz: aktueller Buchwert

Im zweiten Jahr werden zu Beginn die Bestandskonten eröffnet und am Ende die gleichen Buchungen wiederholt:

S	65 Abschreibungen	H
361 (2. Jahr)	5.000,–	Saldo 5.000,–

S	802 GuV	H
→ Abschr.	5.000,–	

S	07 Maschinen	H
AB	50.000,–	Saldo 50.000,– SBK

S	361 WB Sachanlagen	H
Saldo 10.000,– SBK	AB 65 (2. Jahr)	5.000,– 5.000,–

S	801 SBK	H
Maschinen	50.000,–	WB zu Anl. 10.000,–

Der Ausweis von passivischen Wertberichtigungen in der Bilanz ist nach Handelsrecht in der Neufassung des Bilanzrichtliniengesetzes von 1985 für Kapitalgesellschaften nicht mehr zulässig; bei diesen müssen dem Ausweis der Buchwerte auf der Aktivseite in besonderen Vorspalten („Anlagenspiegel") (vgl. Teil B) u.a. die ursprünglichen Anschaffungs-/Herstellungskosten und – zwecks Korrektur der Werte – die Summe der bisher vorgenommenen Abschreibungen („kumulierte Abschreibungen") vorangestellt werden.

Mit dieser neuen Ausweisvorschrift für Kapitalgesellschaften hat die indirekte Abschreibung jedoch keinesfalls an praktischer Bedeutung verloren, denn

1. können **Nicht-Kapitalgesellschaften** nach wie vor die angesammelten Abschreibungen in einer Position „Wertberichtigungen" auf der Passivseite der Bilanz ausweisen, und
2. können Kapitalgesellschaften ihrer Verpflichtung zum Ausweis der kumulierten Abschreibungen im Anlagenspiegel am leichtesten nachkommen, wenn sie in ihrer **internen Buchhaltung** diese Informationen in einem eigenen Konto „Wertberichtigungen" sammeln.

6.2.5 Die Buchung von Abgängen aus dem abschreibungsfähigen Anlagevermögen

Lernziele:

- *Beherrschen der Buchungen im Zusammenhang mit dem Abgang von Anlagegütern nach direkter und indirekter Abschreibung*

Beim Abgang von Gegenständen des Anlagevermögens ist einerseits die Bestandsminderung im Aktivkonto zu buchen; die Gegenbuchung andererseits ist abhängig von der Form der bisherigen Abschreibungsbuchungen und von den Umständen des Abgangs.

Beispiel:

Büromaschine Ako = DM 20.000,−; Nutzungsdauer 5 Jahre; lineare Abschreibung DM 4.000,− p.a.

1) nach **direkter** Abschreibung
   a) Maschine wird ohne Gegenwert aus dem Bestand genommen.
   a_1) Entnahmezeitpunkt im Laufe des letzten planmäßigen Nutzungsjahres; Restwert RW_{t4} = DM 4.000,−

   Buchung:

   Es wird die letzte planmäßige Abschreibung vorgenommen:

   | 65 Abschreibungen | 4.000,− | | 08 GA | 4.000,− |

S	08 GA	H	S	65 Abschreibungen	H
BW_{t4} 4.000,−	65	4.000,−	08 4.000,−	Saldo ↓ GuV	

   Konto ausgeglichen

   a_2) Entnahmezeitpunkt nach Ablauf der planmäßigen Nutzungsdauer; Restwert RW_{t5} = DM 1,− (Erinnerungswert)

   Buchung:

   Der Erinnerungswert wird ausgebucht.

   | 65 Abschreibungen | 1,− | | 08 GA | 1,− |

S	08 GA	H	S	65 Abschreibungen	H
BW_{t5} 1,−	65	1,−	08 1,−	Saldo ↓ GuV	

   Konto ausgeglichen

a$_3$) Entnahmezeitpunkt im vorletzten Jahr der planmäßigen Nutzungsdauer; Restwert RW$_{t3}$ = DM 8.000,–

Buchung:

Die Büromaschine wird voll ausgebucht; es wird die planmäßige Jahresabschreibung des vorletzten Jahres vorgenommen; der Rest wird außerplanmäßig abgeschrieben.

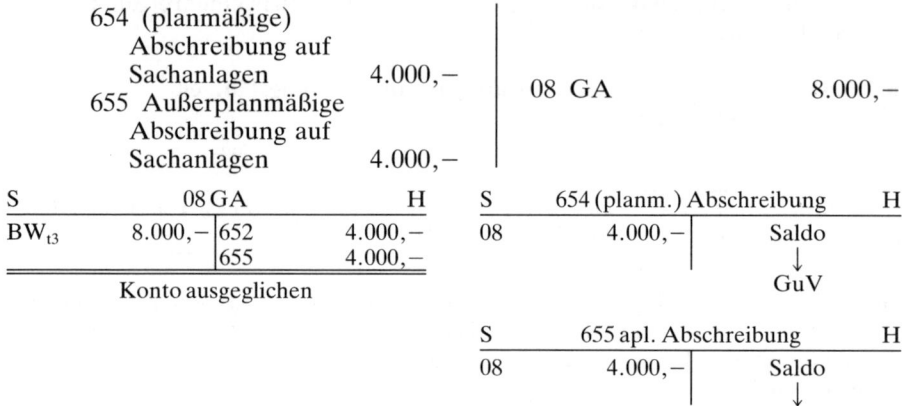

| 654 (planmäßige) Abschreibung auf Sachanlagen | 4.000,– | 08 GA | 8.000,– |
| 655 Außerplanmäßige Abschreibung auf Sachanlagen | 4.000,– | | |

S	08 GA		H	S	654 (planm.) Abschreibung	H
BW$_{t3}$	8.000,–	652	4.000,–	08	4.000,–	Saldo ↓
		655	4.000,–			GuV
	Konto ausgeglichen					

S	655 apl. Abschreibung	H
08	4.000,–	Saldo ↓
		GuV

b) Barverkauf der Büromaschine zu Beginn des letzten planmäßigen Nutzungsjahres; Restwert RW$_{t4}$ = DM 4.000,–

Zunächst soll dieser Verkaufsvorgang buchungstechnisch in einer Form dargestellt werden, die den Verkauf einerseits als Bestandsminderung und andererseits (bei Verkaufserlös $\neq$ Restwert) in seiner Erfolgswirkung systemgerecht verdeutlicht:

b$_1$) Verkaufserlös DM 4.000,– (= Restwert) + Umsatzsteuer

Buchung:

| 288 Kasse | 4.600,– | 08 GA | 4.000,– |
| | | 480 USt | 600,– |

b$_2$) Verkaufserlös DM 3.000,– (< Restwert) + Umsatzsteuer
Der Verkaufserlös ist kleiner als der Restwert, weil in den vergangenen Jahren im Vergleich zur tatsächlichen Wertminderung zu wenig abgeschrieben worden ist. Der dadurch entstandene außerplanmäßige Abschreibungsbedarf ist jetzt als außerordentlicher Aufwand zu buchen (Konto 696 Verluste aus dem Abgang von Vermögensgegenständen).

Buchung:

| 288 Kasse | 3.450,– | 08 GA | 4.000,– |
| 696 Verluste aus AV-Abgängen | 1.000,– | 480 USt | 450,– |

b₃) Verkaufserlös DM 6.000,– (> Restwert) + Umsatzsteuer
Der Verkaufserlös ist größer als der Restwert, weil in den vergangenen Jahren zu viel abgeschrieben worden ist. Die damit verbundene zu starke Reduzierung des Gewinnausweises muß jetzt durch Buchung außerordentlicher Erträge kompensiert werden (Konto 5462 Erträge aus dem Abgang von Vermögensgegenständen).

Buchung:

288 Kasse	6.900,–	08	GA	4.000,–
		480	USt	900,–
		546	Erträge aus	
			AV-Abgängen	2.000,–

Zum gleichen Ergebnis in bilanz- und erfolgsmäßiger Hinsicht führt auch eine andere Buchungsweise, die jedoch eher den Anforderungen der Finanzbehörden im Hinblick auf eine Überprüfbarkeit der Umsatzsteuerermittlung (sog. Umsatzsteuerverprobung) entspricht (§ 22 Abs. 2 UStG). Hierzu müssen in der Buchführung alle umsatzsteuerpflichtigen Beträge gesondert in Ertragskonten erfaßt werden. Der Verkauf von Anlagegütern ist ein solches umsatzsteuerpflichtiges Geschäft. Deshalb wird bei dieser Buchungsweise zunächst der Netto-Verkaufserlös (unabhängig von seiner Relation zum Buchwert) als „sonstiger Erlös" in Konto 541 und die in ihrer Höhe von diesem Erlös abhängige Umsatzsteuer in Konto 480 im Haben gebucht, mit der Gegenbuchung im Soll über das betreffende Zahlungskonto. Im zweiten Schritt wird diese Ertragsbuchung sodann über das Anlagenkonto ausgebucht und in Höhe der Differenz zwischen Verkaufserlös und Restwert wieder korrigiert. Diese Korrektur erfolgt bei einem Buchverlust (Verkaufserlös < Restwert) über das Aufwandskonto 696 „Verluste aus dem Abgang von Vermögensgegenständen", bei einem Buchgewinn (Verkaufserlös > Restwert) über das Ertragskonto 546 „Erträge aus dem Abgang von Vermögensgegenständen". Bei dieser Buchungsweise würden die Buchungen zu b₁) bis b₃) wie folgt lauten:

b₁) Verkaufserlös DM 4.000,– (= Restwert) + USt

Buchung:

288 Kasse	4.600,–	541	Sonstige Erlöse	4.000,–
		480	USt	600,–
541 Sonstige Erlöse	4.000,–	08	GA	4.000,–

b₂) Verkaufserlös DM 3.000,– (< Restwert) + USt

Buchung:

288 Kasse	3.450,–	541	Sonstige Erlöse	3.000,–
		480	USt	450,–
541 Sonstige Erlöse	3.000,–	08	GA	4.000,–
696 Verluste aus				
AV-Abgängen	1.000,–			

b₃) Verkaufserlös DM 6.000,– (> Restwert) + USt

Buchung:

288 Kasse	6.900,–	541 Sonstige Erlöse	6.000,–
		480 USt	900,–
541 Sonstige Erlöse	6.000,–	08 GA	4.000,–
		546 Erträge aus	
		AV-Abgängen	2.000,–

Für die Lösung von Übungsaufgaben können beide Buchungsweisen als gleichberechtigt gelten.

2) Nach **indirekter** Abschreibung:
Der Kontostand zu Beginn des fünften Jahres ist wie folgt:

S	08 GA	H	S	361 WB zu Sachanlagen	H
AB	20.000,–			AB	16.000,–

Bei Abgang der Geschäftsausstattung ist einerseits die aktive Bestandsposition auszugleichen

	08 GA	20.000,–

andererseits ist die dafür gebildete Wertberichtigung aufzulösen

361 WB zu Sachanlagen 16.000,– |

Alle übrigen Buchungen lauten analog, z.B.:

b₁) Verkaufserlös DM 4.000,– (= Restwert) + USt

Buchung:

361 WB Sachanlagen	16.000,–	08 GA	20.000,–
288 Kasse	4.600,–	480 USt	600,–

b₂) Verkaufserlös DM 3.000,– (< Restwert) + USt

Buchung:

361 WB Sachanlagen	16.000,–	08 GA	20.000,–
288 Kasse	3.450,–	480 USt	450,–
696 Verluste aus			
AV-Abgängen	1.000,–		

b₃) Verkaufserlös DM 6.000,– (> Restwert) + USt

Buchung:

361 WB Sachanlagen	16.000,–	08 GA	20.000,–
288 Kasse	6.900,–	480 USt	900,–
		546 Erträge aus	
		AV-Abgängen	2.000,–

In umsatzsteuergesetz-konformer Buchungsweise lauten die Buchungen:

b$_1$) 288 Kasse   4.600,– | 541 Sonstige Erlöse   4.000,–
                                                  | 480 USt   600,–

      541 Sonstige Erlöse   4.000,– | 08   GA   20.000,–
      361 WB Sachanlagen   16.000,– |

b$_2$) 288 Kasse   3.450,– | 541 Sonstige Erlöse   3.000,–
                                                  | 480 USt   450,–

      541 Sonstige Erlöse   3.000,– | 08   GA   20.000,–
      361 WB Sachanlagen   16.000,– |
      696 Verluste aus |
           AV-Abgängen   1.000,– |

b$_3$) 288 Kasse   6.900,– | 541 Sonstige Erlöse   6.000,–
                                                  | 480 USt   900,–

      541 Sonstige Erlöse   6.000,– | 08   GA   20.000,–
      361 WB Sachanlagen   16.000,– | 546 Erträge aus
                                           | AV-Abgängen   2.000,–

Aufgabe A6/3:

Bilden Sie die Buchungssätze und buchen Sie unter Verwendung der angegebenen Konten folgende Vorgänge:

(Auf die Buchungen in den übrigen angesprochenen, jedoch nicht angegebenen Konten soll verzichtet werden.)

05   Gebäude (AB 140.000,–)
07   Maschinen (AB 200.000,–)
084   Fuhrpark (AB 80.000,–)
361   Wertberichtigungen zu Sachanlagen (AB 124.000,–)
5462   Erträge aus dem Abgang von Sachanlagen
652   Abschreibungen auf Sachanlagen
6962   Verluste aus dem Abgang von Sachanlagen
802   GuV
801   SBK

1) Barverkauf einer gebrauchten Fertigungsmaschine
   (AKo DM 36.000,–; Wertberichtigung bisher DM 24.000,–)
   für DM 10.600,– + 15% USt.

2) Verkauf eines gebrauchten Kraftfahrzeuges
   (AKo DM 22.000,–; Wertberichtigung bisher DM 17.600)
   für DM 6.900,– + 15% USt gegen Bankscheck

3) Am 31.12. indirekte Abschreibung:
    2% auf Gebäude
   20% auf Maschinen
   20% auf Fuhrpark
Abzuschließen sind die Konten: 05, 07, 084, 361, 5462, 652, 6962

Lösung im Lösungsteil

6.3 Abschreibungen und Wertberichtigungen auf Forderungen

6.3.1 Uneinbringliche und zweifelhafte Forderungen

Lernziele:

- *Fähigkeit zur Unterscheidung zwischen zweifelsfreien, zweifelhaften und uneinbringlichen Forderungen*
- *Kenntnis von Indizien für uneinbringliche und zweifelhafte Forderungen*

Forderungen werden grundsätzlich mit ihrem Nominalwert gebucht. Es können jedoch gegenüber dem Nennwert Wertverluste eintreten, wenn ein Schuldner seiner Zahlungsverpflichtung nicht oder nicht in vollem Umfang nachkommen kann. In diesem Fall müssen Abschreibungen in Höhe der ausgefallenen Forderungen vorgenommen werden. Nach dem Vorsichtsprinzip der Bilanzierung müssen aber bereits mit Wahrscheinlichkeit zu erwartende Verluste beim Erfolgsausweis antizipiert und beim Bilanzansatz des Vermögenswertes berücksichtigt werden.

Als **uneinbringlich** gelten Forderungen z.B. in Höhe der nicht gedeckten Quote nach Abschluß eines Vergleichs- oder Konkursverfahrens, nach Einstellung eines Konkursverfahrens mangels Masse, nach fruchtlosen Pfändungen und nach freiwilligem Forderungsverzicht.

Als **zweifelhaft** gelten Forderungen, wenn der Schuldner in Zahlungsschwierigkeiten ist, wofür es verschiedene Indizien geben kann, z.B. Beantragung eines Vergleichsverfahrens, Wechselprotest, Stundungsgesuch des Schuldners, erfolglose Mahnungen, nicht eingelöste Schecks.

Die Charakterisierung der Forderungen als uneinbringlich oder zweifelhaft geht zwar auf § 40 Abs. 3 HGB alter Fassung zurück und ist in der neuen Fassung gemäß Bilanzrichtlinien-Gesetz nicht mehr enthalten, kennzeichnet jedoch auch weiterhin gut die unterschiedlichen Kreditrisiken.

6.3.2 Direkte Abschreibungen auf uneinbringliche Forderungen

Lernziele:

- *Buchhalterische Beherrschung von Abschreibungen uneinbringlicher Forderungen*

Ist eine Forderung uneinbringlich geworden, wird sie sogleich direkt abgeschrieben. Durch die Abschreibungsbuchung des eingetretenen Forderungsausfalls wird der bei Entstehung der Forderung gebuchte Umsatzerlös in der Erfolgsrechnung neutralisiert; im Zusammenhang damit muß jetzt auch die auf der Basis des ursprünglichen Umsatzerlöses gebuchte Umsatzsteuer korrigiert werden.

Beispiel 1:

Eine bislang als zweifelsfrei geltende Forderung in Höhe von DM 805,– wird plötzlich uneinbringlich.

Buchung:

695 Abschreibungen				
auf Forderungen	700,–	240 Forderungen	805,–
480 Umsatzsteuer	105,–		

6.3.3 Die Absonderung und Abschreibung zweifelhafter Forderungen

> *Lernziele:*
>
> • *Buchhalterische Beherrschung der Absonderung und Abschreibung zweifelhafter Forderungen*

Werden im Laufe eines Geschäftsjahres Ereignisse bekannt, die an der vollen Einbringlichkeit einer Forderung Zweifel aufkommen lassen, wird die mit einem erkennbaren Risiko behaftete Forderung aus dem sicher erscheinenden Forderungsbestand abgesondert und auf das Konto „Zweifelhafte Forderungen" („Dubiose") umgebucht.

Beispiel 2:

Ein Kunde bittet darum, ihm im Zuge eines außergerichtlichen Vergleichsverfahrens 20% seiner fälligen Verbindlichkeit zu erlassen. Unsere Forderung gegen ihn beträgt (inkl. USt) DM 11.500,–.

Buchung:

247 Zweifelhafte Ford.   11.500,– | 240 Forderungen   11.500,–

Fortsetzung des Beispiels 2:

Nach Abstimmung mit den übrigen Gläubigern verzichten wir noch in demselben Geschäftsjahr auf 20% unserer Forderung; die übrigen 80% der Forderung gehen auf Bankkonto ein. Da der Fall als abgeschlossen gilt, ist der Forderungsausfall direkt abzuschreiben und die anteilige Umsatzsteuer zu berichtigen.

Buchung:

280 Bank	9.200,–		
695 Abschreibungen auf		247 Zweifelhafte Ford. 11.500,–	
Forderungen	2.000,–		
480 Umsatzsteuer	300,–		

6.3.4 Die Bewertung von Forderungen und die Bildung von Einzelwertberichtigungen am Abschlußstichtag

> *Lernziele:*
>
> • *Buchhalterische Beherrschung der Bildung von Einzelwertberichtigungen zu Forderungen*

Am Abschlußstichtag müssen die Forderungen bewertet werden. Während die zweifelsfreien Forderungen mit ihrem Nominalwert aktiviert werden, muß bei den abgesonderten „Zweifelhaften Forderungen" das Verlustrisiko geschätzt werden. In Höhe des nach vorsichtiger Schätzung zu erwartenden Forderungsausfalls müssen Abschreibungen auf die einzelnen Forderungen vorgenommen werden. Auch wenn die Abschreibung auf Forderungen nach Handelsrecht von Kapitalgesellschaften in direkter Form vorzunehmen ist, kann diese Abschreibung in der internen Buchhaltung sowie von Nicht-Kapitalgesellschaften zwecks größerer Aussagefähigkeit in indirekter Form, also durch Bildung einer passivischen Einzelwertberichtigung zum aktivischen Forderungsbestand erfolgen. Dadurch behält man bis zum endgültigen Ausfall oder Eingang der Forderung einen klaren Überblick über den ursprünglichen Forderungswert und den geschätzten Ausfall.

Buchung:

695 Abschreibungen auf Forderungen	367 Einzelwertberichtigungen zu Forderungen (EWB)

Infolge dieser Buchung bleibt die Forderung in voller Höhe ihres Rechtsanspruchs auf der Aktivseite der Bilanz als Forderung ausgewiesen, während der geschätzte Forderungsausfall als Einzelwertberichtigung zu Forderungen passiviert wird; aus der Differenz der Beträge ist der vermutete spätere Forderungseingang ersichtlich. Hierbei ist jedoch zu beachten, daß die zweifelhafte Forderung brutto (d.h. inkl. USt.) ausgewiesen, die Abschreibung jedoch auf den Nettowert der Forderung vorgenommen wird. Die Umsatzsteuer darf erst korrigiert werden, wenn der Fall endgültig abgeschlossen ist.

Beispiel 3:

Nachdem ein Kunde im Laufe des Jahres ein gerichtliches Vergleichsverfahren beantragt hatte, haben wir unsere Forderung gegen ihn in Höhe von brutto DM 23.000,— als zweifelhafte Forderung abgesondert.

Buchung:

247 Zweifelhafte Ford.	23.000,—	240 Forderungen	23.000,—

Am Bilanzstichtag schätzen wir den zu erwartenden Forderungsausfall auf 40% und nehmen eine entsprechende Einzelwertberichtigung auf den Nettobetrag der Forderung vor:

Buchung:

695 Abschreibungen auf Forderungen	8.000,—	367 EWB zu Forderungen 8.000,—

Das führt zu folgendem Bild im SBK:

S	SBK		H
Zweifelhafte Ford.	23.000,—	EWB zu Ford.	8.000,—

6.3.5 Die Auflösung von Einzelwertberichtigungen zu Forderungen nach Abschluß des Falles

> *Lernziele:*
>
> ● *Buchhalterische Beherrschung der Auflösung von Einzelwertberichtigungen zu Forderungen*

Fortsetzung des Beispiels 3:

Im folgenden Geschäftsjahr kommt das Vergleichsverfahren zum Abschluß; die Vergleichsquote geht auf Bankkonto ein. Jetzt sind die Umsatzsteuer zu berichtigen und die Einzelwertberichtigung aufzulösen.

Variante 1: Zahlungseingang DM 13.800,− (12.000,− + 1.800,−) = 60% der Forderung

Tatsächlicher Forderungsausfall 40%	=	geschätzter Forderungsausfall 40%
8.000 + 1.200	=	8.000 + 1.200

Zweifelhafte Forderungen	DM 23.000,−	Bestand ausbuchen
Zahlungseingang	DM 13.800,−	Bankeingang buchen

Forderungsausfall brutto	DM 9.200,−	
∕· $\frac{15}{115}$ USt-Anteil	DM 1.200,−	USt berichtigen

| Forderungsausfall netto | DM 8.000,− | EWB auflösen |

Buchung:

280 Bank	13.800,−			
480 USt	1.200,−		247 Zweifelhafte	
367 EWB zu Ford.	8.000,−		Forderungen	23.000,−

Variante 2: Zahlungseingang DM 16.100,− (14.000,− + 2.100,−) = 70% der Forderung

Tatsächlicher Forderungsausfall 30%	<	geschätzter Forderungsausfall 40%
6.000 + 900	<	8.000 + 1.200

Zweifelhafte Forderungen	DM 23.000,−	Bestand ausbuchen
Zahlungseingang	DM 16.100,−	Bankeingang buchen

Forderungsausfall brutto	DM 6.900,−	
∕· $\frac{15}{115}$ USt-Anteil	DM 900,−	USt berichtigen

Forderungsausfall netto	DM 6.000,−	
Einzelwertberichtigung	DM 8.000,−	EWB auflösen
Abschreibung war zu hoch um	DM 2.000,−	als sonstige Erträge (Konto 545 Erträge aus Werterhöhung von Forderungen) buchen

Buchung:

280 Bank	16.100,−		247 Zweifelhafte	
480 USt	900,−		Forderungen	23.000,−
367 EWB zu Ford.	8.000,−		545 Erträge/Forderungen	2.000,−

Variante 3: Zahlungseingang DM 12.650,− (11.000,− + 1.650,−) = 55% der
Forderung

Tatsächlicher Forderungsausfall 45%	> geschätzter Forderungsausfall 40%
9.000 + 1.350	> 8.000 + 1.200

Zweifelhafte Forderungen	DM 23.000,−	Bestand ausbuchen
Zahlungseingang	DM 12.650,−	Bankeingang buchen
Forderungsausfall brutto	DM 10.350,−	
$\diagup\ \frac{15}{115}$ USt-Anteil	DM 1.350,−	USt berichtigen
Forderungsausfall netto	DM 9.000,−	
Einzelwertberichtigung	DM 8.000,−	EWB auflösen
Abschreibung war zu niedrig um	DM 1.000,−	Abschreibung nachholen (Konto 695 Abschreibungen auf Forderungen)

Buchung:

280 Bank	12.650,−			
480 USt	1.350,−	247	Zweifelhafte	
367 EWB zu Ford.	8.000,−		Forderungen	23.000,−
695 Abschreibungen auf Forderungen	1.000,−			

6.3.6 Die Bildung von Pauschalwertberichtungen zu Forderungen

Lernziele:
• *Einsicht in die Notwendigkeit zur Bildung von Pauschalwertberichtigungen*
• *Fähigkeit zur Ermittlung des Pauschalwertberichtigungsbedarfs*
• *Buchhalterische Beherrschung der Bildung von Pauschalwertberichtigungen zu Forderungen*

Die kaufmännische Erfahrung lehrt, daß es über die Realisierung erkennbarer Ausfallrisiken hinaus auch immer wieder zu unerwarteten Ausfällen von Forderungen kommen kann, die trotz sorgfältiger Einzelbewertung als zweifelsfrei angesehen worden sind. Um diesem allgemeinen Kreditrisiko Rechnung zu tragen, können auf den Bestand der als sicher geltenden Forderungen in pauschaler Höhe Wertberichtigungen gebildet werden: Konto 368 Pauschalwertberichtigungen zu Forderungen (PWB z.F.).

Das Wahlrecht zur Bildung von Pauschalwertberichtigungen stützt sich auf § 253 Abs. 3 Satz 3 HGB, wonach Abschreibungen auf einen niedrigeren beizulegenden Wert vorgenommen werden dürfen, „soweit diese nach vernünftiger kaufmännischer Beurteilung notwendig sind, um zu verhindern, daß in der nächsten Zukunft der Wertansatz dieser Vermögensgegenstände auf Grund von Wertschwankungen geändert werden muß". Nach dieser Vorschrift wird also – losgelöst vom Prinzip des stichtagsbezogenen Wertansatzes – ausdrücklich ein Wahlrecht zur Antizipation von möglichen künftigen Verlusten für das gesamte Umlaufvermögen, somit auch für Forderungen, eingeräumt.

In der Bilanz ist zwar nach der Gliederungsvorschrift des § 266 HGB neuer Fassung für Kapitalgesellschaften ein eigener Passivposten „Pauschalwertberichtigungen" nicht mehr vorgesehen; da jedoch auch in Zukunft nach den Bewertungsvorschriften des § 253 HGB (aktivische) Abschreibungen auf Forderungen wegen des allgemeinen Kreditrisikos zulässig sind, können diese intern auch weiterhin in indirekter Form durch Bildung von Pauschalwertberichtigungen vorgenommen werden.

Die Pauschalwertberichtigung wegen des allgemeinen Kreditrisikos erfolgt **neben** den Einzelwertberichtigungen für die speziellen Kreditrisiken. Aus Vereinfachungsgründen – wegen der Vielzahl der oft kleinen Einzelforderungen – kann man aber auch auf die Einzelwertberichtigung der Forderungen ganz verzichten und einen pauschalen Prozentsatz des Gesamtforderungsbestandes abschreiben. Dies ist zwar strenggenommen keine Pauschalwertberichtigung, weil sie nicht wegen des **allgemeinen** Kreditrisikos gebildet wird, sondern lediglich eine vereinfachte pauschale Ermittlung des **speziellen** Kreditrisikos darstellt; aber üblicherweise wird auch dieser Vorgang als Pauschalwertberichtigung bezeichnet.

Da sich die Pauschalwertberichtigungen nicht wie die Einzelwertberichtigungen auf nachweisbare spezielle Risikosituationen stützen, nach dem Wortlaut des § 253 Abs. 3 Satz 3 HGB aber auf „vernünftiger kaufmännischer Beurteilung" beruhen müssen, muß die Höhe der Abschreibung objektiv nachvollziehbar sein. Sie kann z.B. auf statistischer Grundlage geschätzt werden, indem man für die überschaubare Vergangenheit die tatsächlichen Forderungsausfälle zum Forderungs-Schlußbestand des Vorjahres in Relation setzt und daraus den Forderungsausfall für den Forderungs-Schlußbestand des zu bilanzierenden Jahres hochrechnet.

Beispiel: (Beträge in TDM)

Geschäftsjahr	01	02	03	04	05	06 geschätzt
Schlußbestand Forderungen brutto (inkl. 10% USt)	737	748	704	781	825	
Schlußbestand Forderungen netto	670	680	640	710	750	
Foderungsausfälle netto		12,1	11,6	15,4	14,9	15,0
$\dfrac{\text{Forderungsausfälle } t_n}{\text{Ford.-SB } t_{n-1}}$ (in v.H.)		1,8	1,7	2,4	2,1	2,0

Da der Forderungsausfall im Durchschnitt der letzten Jahre etwa 2% des vorangegangenen Schlußbestandes betragen hat, kann man aufgrund des Schlußbestandes am 31.12.05 in Höhe von netto TDM 750 mit etwa TDM 15 Forderungsausfall für 06 rechnen und zum 31.12.05 einen entsprechenden Pauschalwertberichtigungsbestand einrichten.

Buchung per 31.12.05, wenn erstmals eine Pauschalwertberichtigung gebildet wird:

| 695 Abschreibungen auf Forderungen | 15.000,− | 368 PWB zu Ford. | 15.000,− |

Kontoabschluß:

| 368 PWB zu Ford. | 15.000,− | 801 SBK | 15.000,− |

6.3.7 Die Anpassung der Höhe der Pauschalwertberichtigungen an veränderten Bedarf

> *Lernziele:*
>
> • *Buchhalterische Beherrschung der Anpassung von Pauschalwertberichtigungen an veränderten Bedarf*

Die Pauschalwertberichtigung wird zum Beginn des folgenden Geschäftsjahres (01.01.06) als Passivbestand kontenmäßig eröffnet.

Kontoeröffnung:

| EBK | 15.000,− | 368 PWB zu Ford. | 15.000,− |

Veränderungen im Bestand der Pauschalwertberichtigungen sind zu buchen

(1) im Laufe des Geschäftsjahres, wenn ein Forderungsausfall eintritt,
(2) zum Jahresabschluß, wenn der Bestand in seiner Höhe einem veränderten Kreditrisiko angepaßt werden muß.

Zu Fall (1): Bei einem tatsächlichen Forderungsausfall wird die Pauschalwertberichtigung in Anspruch genommen, also – unter gleichzeitiger Berichtigung der Umsatzsteuer – in Höhe des Ausfalls aufgelöst.

Beispiel:

Im Jahre 06 wird eine Forderung in Höhe von brutto DM 1.955,− uneinbringlich.

Buchung:

| 368 PWB zu Ford. | 1.700,− | 240 Forderungen | 1.955,− |
| 480 USt | 255,− | | |

Zu Fall (2): Beispiel:

Variante (a): Am 31.12.06 wird das allgemeine Kreditrisiko für das Jahr 07 so eingeschätzt, daß mit einem Forderungsausfall in Höhe von brutto DM 18.400,− gerechnet werden muß. Der Pauschalwertberichtigungsbedarf am 31.12.06 ist somit DM 16.000,−. Das Konto weist zur Zeit (Anfangsbestand DM 15.000,− abzüglich Auflösung durch (1) DM 1.700,−) einen Bestand von DM 13.300,− aus. Also muß zur Deckung des geschätzten Bedarfs eine zusätzliche Pauschalwertberichtigung in Höhe von DM 2.700,− gebildet werden.

Buchung am 31.12.06:

| 695 Abschreibungen auf Forderungen | 2.700,– | 368 PWB zu Ford. | 2.700,– |

Diese Einstellung in die Pauschalwertberichtigung wird in der GuV-Rechnung unter „Sonstige betriebliche Aufwendungen" (GuV-Position 8/Gesamtkostenverfahren bzw. Pos. 7/Umsatzkostenverfahren) ausgewiesen.

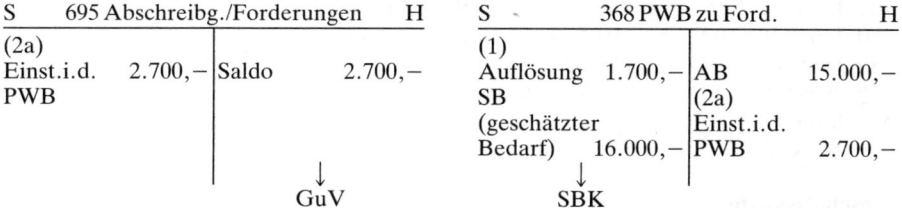

S	695 Abschreibg./Forderungen		H	S	368 PWB zu Ford.		H
(2a) Einst.i.d. PWB	2.700,–	Saldo	2.700,–	(1) Auflösung SB (geschätzter Bedarf)	1.700,– 16.000,–	AB (2a) Einst.i.d. PWB	15.000,– 2.700,–
		↓ GuV				↓ SBK	

Variante (b): Am 31.12.06 wird hinsichtlich des allgemeinen Kreditrisikos für das Jahr 07 eine positive Entwicklung erwartet; es wird bei einem Forderungsbestand von netto DM 620.000,– lediglich mit einem Ausfall von 2%, also DM 12.400,– netto gerechnet. Der derzeitige Bestand an Pauschalwertberichtigungen beträgt ebenso wie im Fall (2a) DM 13.300,–; er übersteigt den Bedarf um DM 900,– und ist entsprechend herabzusetzen.

Buchung am 31.12.05:

| 368 PWB zu Ford. | 900,– | 545 Erträge/Forderungen | 900,– |

S	545 Erträge/Forderungen		H	S	368 PWB zu Ford.		H
Saldo	900,– ↓ GuV	(2b) Erträge/ Forderungen (Herabs. PWB)	900,–	(1) Auflösg. (2b) Herabsetzung PWB PWB-Bedarf (SB)	1.700,– 900,– 12.400,– ↓	AB	15.000,–
				(SBK)			

Nach neuem Handelsrecht erfolgt der Ausweis der Erträge aus der Zuschreibung von Forderungen bzw. Herabsetzung von Pauschalwertberichtigungen in der GuV-Rechnung unter den „sonstigen betrieblichen Erträgen" in Position 4 (Gesamtkostenverfahren) bzw. Position 6 (Umsatzkostenverahren).

Aufgabe A6/4:

Bilden Sie die Buchungssätze und buchen Sie diese auf folgenden Konten:

240 Forderungen (Soll 280.490,–; Haben 211.500,–)
247 Zweifelhafte Forderungen (Soll 11.500,–; Haben –)
280 Bank (Soll 268.320,–; Haben 239.180,–)
367 EWB zu Forderungen (Soll –; Haben 7.000,–)
368 PWB zu Forderungen (Soll –; Haben 3.000,–)
480 Umsatzsteuer (Soll 10.500,–; Haben 13.500,–)
545 Erträge aus Forderungen
695 Abschreibungen auf Forderungen
802 GuV ⎫
801 SBK ⎭ nicht abschließen

Geschäftsvorfälle und Abschlußangaben:

1) Über das Vermögen eines Kunden wird das Konkursverfahren eröffnet. Unsere Forderung beträgt brutto DM 9.890,–.
2) Bankeingang in Höhe von DM 2.990,– für eine Zweifelhafte Forderung in Höhe von brutto DM 6.900,–, für die im Vorjahr eine Einzelwertberichtigung in Höhe von (netto) DM 5.000,– gebildet worden war.
3) Völlig überraschend fällt eine Forderung in Höhe von DM 1.380,– aus. Wegen des allgemeinen Kreditrisikos hatten wir im Vorjahr eine Pauschalwertberichtigung in Höhe von DM 3.000,– gebildet.
4) Bewertung und indirekte Abschreibung auf die Konkursforderung (Fall 1); der Konkursverwalter erwartet eine Konkursquote von 10%.
5) Wegen des allgemeinen Kreditrisikos schätzen wir den Pauschalwertberichtigungsbedarf auf DM 2.500,–; die PWB sind diesem Bedarf anzupassen.

Lösung im Lösungsteil

6.4 Zeitliche Abgrenzungen

6.4.1 Das Problem der zeitlichen Erfolgsabgrenzung

Lernziele:
• *Erkennen der Möglichkeit des zeitlichen Auseinanderklaffens von Zahlungsvorgang und Erfolgswirkung sowie Einsicht in die Notwendigkeit zur buchhalterischen Berücksichtigung eines solchen Sachverhaltes*

Eine periodengerecht abgegrenzte Jahreserfolgsrechnung verlangt die verursachungsgerechte Zurechnung der Aufwendungen und Erträge zu dem Geschäftsjahr, in dem sie verursacht werden. Aufwendungen und Erträge bringen im allgemeinen Zahlungsvorgänge mit sich; sie führen zu Belegen und sind deshalb Anlaß zur Buchung dieses Geschäftsvorfalles. Erfolgswirksame Geschäftsvorfälle werden daher üblicherweise in dem Zeitpunkt gebucht, in dem der mit ihnen zusammenhängende Zahlungsvorgang anfällt. Wenn sich das Geschäftsjahr des gebuchten Zahlungsvorgangs und der Erfolgswirkung des Vorgangs voll decken, ist die Jahreserfolgsrechnung korrekt. Wenn jedoch Zahlungsvorgang und Erfolgswirkung ganz oder teilweise unterschiedlichen Abrechnungszeiträumen zuzurechnen sind, bedarf es einer zeitlichen Erfolgsabgrenzung, um sicherzustellen, daß die Aufwendungen und Erträge in der Erfolgsrechnung des Geschäftsjahres wirksam werden, in dem sie verursacht werden.

Das Auseinanderklaffen von Zahlungsvorgang und Erfolgswirkung kann in vier Varianten auftreten:

(1) Zahlung erfolgt im laufenden Jahr im voraus für eine Erfolgswirkung im folgenden Jahr.

(a) Ausgabe im alten Jahr, Aufwand im neuen Jahr

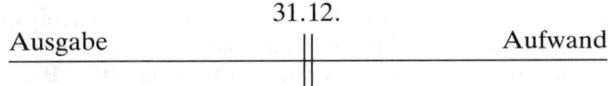

Beispiel: Wir zahlen den Jahresbeitrag 02 an die Indsturie- und Handelskammer bereits am 15.12.01.

(b) Einnahme im alten Jahr, Ertrag im neuen Jahr

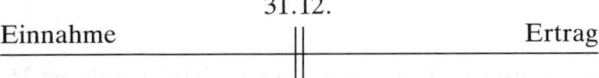

Beispiel: Wir erhalten Erträge aus Vermietung für das Jahr 02 bereits am 20.12.01 im voraus.

(2) Zahlung erfolgt nachträglich im folgenden Jahr für eine Erfolgswirkung im laufenden Jahr.

(a) Ertrag im alten Jahr, Einnahme im neuen Jahr

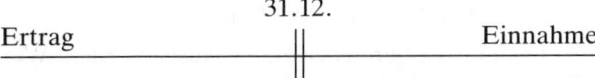

Beispiel: Wir werden Provisionserträge für im Geschäftsjahr 01 von uns vermittelte Geschäftsabschlüsse erst im Januar 02 erhalten.

(b) Aufwand im alten Jahr, Ausgabe im neuen Jahr

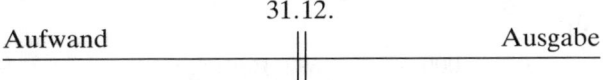

Beispiel: Wir werden die Zinsen für Dezember 01 erst am 02.01.02 zahlen.

In den oben geannten Beispielen ist die **gesamte** Erfolgswirkung einem anderen Geschäftsjahr zuzurechnen als dem Jahr des Zahlungsvorgangs. Es kann jedoch auch eine nur **teilweise** zeitliche Inkongruenz in der Weise vorliegen, daß nur ein Teil der Erfolgswirkung einem anderen Abrechnungszeitraum zugerechnet werden muß. In den nachfolgenden Beispielen wird aus didaktischen Gründen die Umsatzsteuerproblematik ausgeklammert.

6.4.2 Transitorische Posten der Jahresabgrenzung (Aktive und passive Rechnungsabgrenzungsposten)

> *Lernziele:*
>
> • *Beherrschen der Buchung von aktiven und passiven Rechnungsabgrenzungsposten*
>
> • *Kenntnis der Voraussetzungen für die Bildung von transitorischen Rechnungsabgrenzungsposten*

In den unter (1) genannten Beispielen erfolgt die Zahlung im voraus und gibt Anlaß zur Buchung dieses Vorgangs, obwohl der damit verbundene Erfolg in das folgende Geschäftsjahr hinüberreicht. Die buchhalterische Aufgabe der zeitlichen Abgrenzung muß in diesen Fällen darin bestehen, trotz vorzeitiger Buchung des Aufwands oder Ertrags im alten Jahr deren Erfolgswirkung in das sie verursachende folgende Jahr hinübergehen zu lassen. Es müssen daher „**transitorische**" Posten der Jahresabgrenzung, **aktive** bzw. **passive Rechnungsabgrenzungsposten (RAP)**, gebildet werden.

Beispiel (a.1.):

Wir zahlen den Jahresbeitrag 02 DM 2.000,– an die IHK bereits am 15.12.01.

```
                       31.12.01
15.12.01              ‖                    02
Ausgabe 2.000,–       ‖       Aufwand 2.000,–
```

Buchung am 15.12.01 (bei Zahlung):

692 Beiträge   2.000,– | 280 Bank   2.000,–

   Da der gebuchte Aufwand trotz bereits erfolgter Ausgabe einen Wertverzehr des Jahres 02 darstellt, darf er die Erfolgsrechnung 01 nicht belasten. Er muß im Rahmen der Abschlußbuchungen wieder neutralisiert werden und in das folgende Abrechnungsjahr hinübergebracht werden durch die Bildung eines aktiven Rechnungsabgrenzungspostens.

Buchung am 31.12.01:

293 Aktive RAP   2.000,– | 692 Beiträge   2.000,–

   Nach Eröffnung der Konten im Jahr 02 hat der Rechnungsabgrenzungsposten seine Aufgabe erfüllt; er kann wieder aufgelöst werden unter gleichzeitiger Buchung des Aufwands, der diesem Jahr zuzurechnen ist.

Buchung zu Beginn des Jahres 02:

692 Beiträge   2.000,– | 293 Aktive RAP   2.000,–

Beispiel (a.2.):

Wir zahlen die Vierteljahresmiete für die Monate Dezember 01 bis Februar 02 (DM 2.000,– pro Monat, insgesamt DM 6.000,–) vertragsgemäß im voraus am 01.12.01.

```
                          31.12.01
01.12.01  Dez.         ||  Jan.                  Febr.
+------------------------||------------+---------------------
Ausgabe   Aufwand  2.000,-  ||  Aufwand             4.000,-
```

Buchung am 01.12.01 (bei Zahlung):

670 Mietaufwendungen   6.000,– | 280 Bank   6.000,–

Am Jahresende ist lediglich der Aufwand für Januar und Februar (DM 4.000,–) abzugrenzen; die Miete für Dezember (DM 2.000,–) muß der Erfolgsrechnung des abzuschließenden Geschäftsjahres angelastet werden.

Buchung am 31.12.01:

293 Aktive RAP   4.000,– | 670 Mietaufwendungen   4.000,–

```
S      670 Mietaufwendungen    H   S       293 Aktive RAP        .H
01.12.    6.000,- |31.12.  4.000,-  31.12.  4.000,-|Saldo      4.000,-
                  |Saldo   2.000,-                       ↓
                        ↓                             SBK 01
                      GuV 01
```

Buchung im Januar 02:

670 Mietaufwendungen   4.000,– | 293 Aktive RAP   4.000,–

```
S      670 Mietaufwendungen    H   S       293 Aktive RAP         H
Jan. 02   4.000,-|Saldo  4.000,-   AB    4.000,-|Jan.  02   4.000,-
                     ↓
                   GuV 02                   Konto ausgeglichen
```

Beispiel (b.1.):

Wir erhalten Erträge aus Vermietung für das Jahr 02 in Höhe von DM 5.000,– bereits am 20.12.01 im voraus.

```
                31.12.01
20.12.01        ||                          02
+---------------||---------------------------------
Einnahme 5.000,- ||  Ertrag  5.000,-
```

Buchung am 20.12.01 (bei Zahlungseingang):

280 Bank   5.000,– | 540 Mieterträge   5.000,–

Da der gebuchte Ertrag trotz bereits erfolgter Einnahme als Wertzufluß dem Jahr 02 zugerechnet werden muß, weil auch die Gegenleistung durch uns erst in 02 erbracht wird, darf der Ertrag erst die Erfolgsrechnung 02 begünstigen. Die bereits erfolgte Ertragsbuchung muß am Jahresende korrigiert werden unter gleichzeitiger Bildung eines passiven Rechnungsabgrenzungspostens.

Buchung am 31.12.01:

540 Mieterträge   5.000,− | 490 Passive RAP   5.000,−

Zu Beginn 02 wird der passive Rechnungsabgrenzungsposten aufgelöst unter gleichzeitiger Buchung des Ertrags für 02.

Buchung zu Beginn des Jahres 02:

490 Passive RAP   5.000,− | 540 Mieterträge   5.000,−

Beispiel (b.2.):

Wir erhalten die Vierteljahresmiete für die Monate Dezember 01 bis Februar 02 (DM 1.500,− p.M., insgesamt DM 4.500,−) vertragsgemäß im voraus am 01.12.01.

```
                          31.12.01
01.12.01  Dez.        ||  Jan.              Febr.
|                     ||                 +
Einnahme    Ertrag    ||        Ertrag   3.000,−
4.500,−     1.500,−
```

Buchung am 01.12.01 (bei Zahlungseingang):

280 Bank   4.500,− | 540   Mieterträge   4.500,−

Am Jahresende ist der Ertrag für Januar und Februar (DM 3.000,−) abzugrenzen, damit nur der Ertrag für Dezember (DM 1.500,−) in die Erfolgsrechnung des abzuschließenden Jahres eingeht.

Buchung am 31.12.01:

540 Mieterträge   3.000,− | 490 Passive RAP   3.000,−

```
S            540 Mieterträge        H    S            490 Passive RAP        H
31.12.   3.000,− |1.12.    4.500,−       Saldo    3.000,− |31.12.   3.000,−
Saldo    1.500,− |                                        ↓
         ↓                                              SBK
       GuV 01
```

Buchung im Januar 02:

490 Passive RAP   3.000,− | 540 Mieterträge   3.000,−

```
S            490 Passive RAP        H    S            540 Mieterträge        H
Jan. 02  3.000,− |AB      3.000,−        Saldo    3.000,− |Jan.02   3.000,−
                                                  ↓
    Konto ausgeglichen                          GuV 02
```

Da die Bildung von aktiven und passiven Rechnungsabgrenzungsposten aufgrund ihrer erfolgsabgrenzenden und bilanziellen Wirkung den Erfolgs- und Bilanzausweis beeinflußt, dürfen transitorische Posten der Jahresabgrenzung nur unter bestimmten Voraussetzungen ausgewiesen werden. Gemäß § 250 HGB sind aktive bzw. passive Rechnungsabgrenzungsposten auszuweisen, wenn folgende Voraussetzungen gegeben sind:

(1) Ausgaben bzw. Einnahmen „**vor** dem Abschlußstichtag" (gemeint ist offensichtlich „vor Abschluß des Abschlußstichtages", also unter Einbeziehung des Abschlußstichtages selbst), jedoch

(2) Aufwands- bzw. Ertragswirkung **nach** dem Abschlußstichtag,

(3) die Erfolgswirkung betrifft eine **bestimmte** Zeit nach dem Abschlußstichtag.

Durch die letztgenannte Voraussetzung wird im Interesse einer vorsichtigen Bilanzierung verhindert, daß z.B. Werbeausgaben mit einer zeitlich unbestimmten Erfolgswirkung aktiviert werden und die Bilanz dadurch ein zu positives Bild von der Vermögenslage abgibt. Auf der anderen Seite besteht jedoch, wenn die Voraussetzungen erfüllt sind, Bilanzierungspflicht für Rechnungsabgrenzungsposten, wenn dies für einen sicheren Einblick in die Vermögens- und Ertragslage des bilanzierenden Unternehmens erforderlich ist.

Zusätzlich darf gemäß § 250 Abs. 3 HGB das Disagio (die Differenz von Rückzahlungsbetrag zum (niedrigeren) Ausgabebetrag bei Verbindlichkeiten, insbesondere bei Anleihe- und Hypothekenverbindlichkeiten) als Sonderfall der aktiven Rechnungsabgrenzungsposten gesondert in der Bilanz oder im Anhang ausgewiesen werden (§ 268 Abs. 6 HGB).

6.4.3 Antizipative Posten der Jahresabgrenzung (Sonstige Forderungen und sonstige Verbindlichkeiten)

Lernziele: • *Beherrschen der Buchung von sonstigen Forderungen und sonstigen Verbindlichkeiten*

In den im einleitenden Abschnitt 6.4.1 unter (2) genannten Beispielen erfolgen nachträgliche Zahlungen im nachfolgenden Geschäftsjahr für Erfolgsvorgänge des laufenden Geschäftsjahres. Im laufenden Geschäftsjahr gibt somit kein Zahlungsvorgang Anlaß zur Buchung. Zur korrekten Erfolgsabgrenzung müssen die Erfolgsvorgänge den späteren Zahlungsvorgängen antizipiert werden, damit die Erfolgsrechnung des laufenden Jahres mit den Aufwendungen belastet und mit den Erträgen begünstigt wird, die unter Verursachungsgesichtspunkten dem laufenden Geschäftsjahr zugerechnet werden müssen; hierzu bildet man „**antizipative" Posten der Jahresabgrenzung**.

Beispiel (a.1.):

Wir werden Provisionserträge in Höhe von DM 1.000,– für in 01 erbrachte Vermittlungsleistungen erst am 10.01.02 erhalten. Die Umsatzsteuer soll hier aus didaktischen Gründen vernachlässigt werden.

```
                    31.12.01
01                     ‖              10.01.02
───────────────────────┼────────────────────────
Ertrag 1.000,–         ‖       Einnahme 1.000,–
```

Dieser Vorgang muß noch als Ertrag des Jahres 01 in der GuV-Rechnung ausgewiesen werden. Zudem besteht am Bilanzstichtag bereits ein Zahlungsanspruch in Form einer Geldforderung, der als sonstige Forderung in einem besonderen Konto der Gruppe 26 gebucht wird.

| 266 sonst. Forderungen | 1.000,– | | 541 Sonstige | Erlöse | 1.000,– |

S	266 Sonst. Forderungen	H	S	541 Sonst. Erlöse	H
31.12.	1.000,–	Saldo 1.000,–	Saldo 1.000,–	31.12.	1.000,–
	↓			↓	
	SBK 01			GuV 01	

Im folgenden Geschäftsjahr wird das Konto 266 Sonst. Forderungen – nachdem es mit einem Anfangsbestand von DM 1.000,– eröffnet worden ist – bei Zahlungseingang wieder ausgeglichen.

Buchung am 10.01.02 (bei Zahlungseingang):

| 280 Bank | 1.000,– | | 266 Sonst. Ford. | 1.000,– |

Beispiel (a.2.):

Wir werden die Vierteljahresmiete für die Monate Dezember 01 bis Februar 02 (DM 1.200,– p.M., insgesamt DM 3.600,–) vertragsgemäß erst am 15.01.02 erhalten.

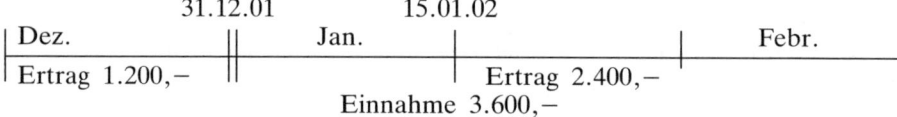

Der Gewinn- und Verlustrechnung des laufenden Jahres ist nur die Dezembermiete (DM 1.200,–) als Ertrag zuzurechnen, während die Mieten für Januar und Februar Erträge des folgendes Jahres darstellen; daher ist nur die Dezembermiete als Erfolg zu antizipieren.

Buchung am 31.12.01:

| 266 Sonst. Forderungen | 1.200,– | | 540 | Mieterträge | 1.200,– |

S	266 Sonst. Forderungen	H	S	540 Mieterträge	H
31.12.	1.200,–	Saldo 1.200,–	Saldo 1.200,–	31.12.	1.200,–
	↓			↓	
	SBK 01			GuV 01	

Buchung am 15.01.02 (bei Zahlungseingang):

| 280 Bank | 3.600,– | | 266 Sonst. Forderungen | 1.200,– |
| | | | 540 Mieterträge | 2.400,– |

S	266 Sonst.Forderungen	H	S	540 Mieterträge	H
AB	1.200,–	15.01. 1.200,–	Saldo 2.400,–	15.01.	2.400,–
	Konto ausgeglichen			↓ GuV 02	

Beispiel (b.1.):

Wir werden die Zinsen für Dezember 01 (DM 500,−) erst am 02.01.02 zahlen.

```
                31.12.01
                                    02.01.02
_____||_____
Aufwand   500,-       ||       Ausgabe   500,-
```

Die Zinsen für Dezember müssen als Aufwand in die Erfolgsrechnung des laufenden Jahres eingehen, also der Ausgabe antizipiert werden.

Buchung am 31.12.01:

751 Zinsaufwendungen   500,− | 489 Sonst. Verbindlichkeiten 500,−

```
S         751 Zinsaufwendungen      H      S      489 Sonst. Verbindlichkeiten    H
31.12.       500,- |Saldo    500,-         Saldo      500,- |31.12.         500,-
                    ↓                                  ↓
                  GuV 01                            SBK 01
```

Im folgenden Geschäftsjahr wird das Konto 489 Sonstige Verbindlichkeiten mit dem Anfangsbestand DM 500,− eröffnet und bei Zahlung ausgeglichen.

Buchung am 02.01.02 (bei Zahlung):

489 Sonst.Verbindlichkeiten 500,− | 280 Bank   500,−

Beispiel (b.2.):

Wir werden die Vierteljahresmiete für die Monate Dezember 01 bis Februar 02 (DM 1.100,− p.M., insgesamt DM 3.300,−) vereinbarungsgemäß erst am 15.01.02 zahlen.

```
          31.12.01          15.01.02
       |  Dez.  ||   Jan.      |              Febr.          |
       |Aufwand 1.100,-||      |      Aufwand 2.200,-        |
                    Ausgabe 3.300,-
```

In diesem Fall ist nur die Miete für Dezember als Aufwand des laufenden Jahres zu antizipieren; die Miete für Januar und Februar muß die GuV des folgenden Jahres belasten.

Buchung am 31.12.01:

670 Mietaufwendungen   1.100,− | 489 Sonst. Verbindlichktn. 1.100,−

```
S         670 Mietaufwendungen      H      S      489 Sonst. Verbindlichkeiten    H
31.12.      1.100,- |Saldo  1.100,-        Saldo    1.100,- |31.12.       1.100,-
                     ↓                                ↓
                  GuV 01                            SBK 01
```

Buchung am 15.01.02 (bei Zahlung):

489 Sonst. Verbindlichktn. 1.100,−
670 Mietaufwendungen   2.200,− | 280 Bank   3.300,−

S	670 Mietaufwendungen	H
15.01. 2.200,−	Saldo	2.200,−

↓
GuV 02

S	489 Sonst. Verbindlichkeiten	H
15.01 1.100,−	AB	1.100,−

Konto ausgeglichen

6.4.4 Übersicht über die Posten der Jahresabgrenzung

Lernziele:

- *Fähigkeit zur Unterscheidung von transitorischen und antizipativen Posten der Jahresabgrenzung*
- *Fähigkeit zur Bildung von Beispielen für Posten der Jahresabgrenzung*

Konten	laufendes Jahr	folgendes Jahr	Beispiele
Transitorische RAP	Zahlungsvorgang	Erfolgsvorgang	
293 Aktive RAP	Ausgabe	Aufwand	Miete, Prov., Zinsen, Vers.prämien, Beiträge Kfz-Steuer, Gehälter
490 Passive RAP	Einnahme	Ertrag	Miete, Prov., Zinsen
Antizipative RAP	Erfolgsvorgang	Zahlungsvorgang	
266 Sonst. Ford.	Ertrag	Einnahme	Miete, Prov., Zinsen
489 Sonst. Verb.	Aufwand	Ausgabe	Miete, Prov., Zinsen Steuern, Gehälter

Aufgabe A6/5:

Am Abschlußstichtag weisen die Konten u.a. folgende Beträge aus:

	Soll	Haben
540 Mieterträge	−	840,−
571 Zinserträge	−	410,−
670 Mietaufwendungen	5.850,−	−
690 Versicherungsprämien	2.360,−	−
700 Gewerbesteuer	1.860,−	−
751 Zinsaufwendungen	8.040,−	−

Außerdem sind folgende Konten zu führen und abzuschließen:

266 Sonstige Forderungen
293 Aktive RAP
489 Sonstige Verbindlichkeiten
490 Passive RAP

Die Konten 802 GuV, 801 SBK sind zu führen, aber nicht abzuschließen.

Folgende Angaben sind noch zu berücksichtigen:

1) Die Miete für eine Lagerhalle in Höhe von DM 1.350,– für die Monate November bis Januar haben wir am 1.12. bezahlt und bereits gebucht.
2) Die Darlehenszinsen für das 4. Quartal in Höhe von DM 2.680,– sind am 31.12. noch nicht belastet worden.
3) Die Kfz-Versicherung in Höhe von DM 504,–, die wir vertragsgemäß am 15.11. überwiesen haben, gilt für ein Jahr im voraus.
4) Fällige Verzugszinsen in Höhe von DM 257,– gegenüber unseren Schuldnern sind von uns noch nicht in Rechnung gestellt worden.
5) Für eine vermietete Garage sind Ende Dezember DM 180,– als Miete für Dezember bis Februar eingegangen und bereits gebucht.
6) Die am 15.11. fällige Gewerbesteuerschuld in Höhe von DM 620,– ist uns gestundet worden und noch nicht gebucht.

Lösung im Lösungsteil

Aufgabe A6/6:

Zu Beginn des Jahres sind u.a. folgende Konten mit den angegebenen Anfangsbeständen eröffnet worden:

266 Sonstige Forderungen	AB	257,–
280 Bank	AB	8.210,–
290 Aktive RAP	AB	891,–
489 Sonstige Verbindlichkeiten	AB	3.300.–
490 Passive RAP	AB	120,–

Die Konten sind – soweit erforderlich – über 801 SBK abzuschließen.

Außerdem sind folgende Konten zu führen und über 802 GuV abzuschließen:

540 Mieterträge
670 Mietaufwendungen
690 Versicherungsprämien.

Folgende Angaben und Vorgänge sind zu buchen:

1) Die aktiven RAP sind aufzulösen;
   sie waren im vergangenen Jahr gebildet worden für
   im voraus gezahlte Versicherungsprämien   DM 441,–
   im voraus gezahlte Miete   DM 450,–.
2) Die passiven RAP sind aufzulösen;
   sie waren gebildet worden für im voraus erhaltene Miete   DM 120,–.
3) Unser Bankkonto wird mit den Darlehenszinsen für das 4. Quartal des vergangenen Jahres in Höhe von DM 2.680,– belastet.
4) Verzugszinsen für das vergangene Jahr in Höhe von DM 257,– gehen auf Bankkonto ein.
5) Wir zahlen durch Banküberweisung die im verganenen Jahr fällige, aber gestundete Gewerbesteuer in Höhe von DM 620,–.

Lösung im Lösungsteil

6.5 Rückstellungen

Lernziele:

- *Fähigkeit zur Unterscheidung zwischen Rückstellungen und Verbindlichkeiten*
- *Fähigkeit zur Buchung der Bildung und Auflösung von Rückstellungen*

Ebenso wie die Antizipation von Aufwendungen mit Hilfe der Bestandsbuchung „sonstige Verbindlichkeit" dient die Bildung von Rückstellungen der zeitlichen Erfolgsabgrenzung. Rückstellungen unterscheiden sich jedoch insofern von den antizipativen Rechnungsabgrenzungsposten, als die Höhe und Fälligkeit der Verbindlichkeit zum Bilanzierungszeitpunkt noch ungewiß sind. Wegen der Ungewißheit wird anstelle einer sonstigen Verbindlichkeit eine Rückstellung in geschätzter Höhe gebucht. Diese zeitliche Vorwegnahme von wahrscheinlich eintretenden Verlusten ist nach dem Vorsichtsprinzip der Bilanzierung erforderlich. Auf der anderen Seite führt die Aufwandsbuchung für ungewisse Verbindlichkeiten künftiger Abrechnungsperioden im laufenden Geschäftsjahr zu einem verminderten Erfolgsausweis (mit der damit verbundenen Wirkung auf die Gewinnausschüttungserwartung und auf die Steuern vom Einkommen und Ertrag). Deshalb ist die Zulässigkeit der Bildung von Rückstellungen begrenzt, und zwar für die Handelsbilanz auf die in § 249 HGB genannten Fälle und für die Steuerbilanz grundsätzlich auf die nach Handelsrecht passivierungs**pflichtigen** Rückstellungen.

Passivierungsgebot besteht gemäß § 249 HGB für Rückstellungen für

- ungewisse Verbindlichkeiten;
  - das sind Verpflichtungen, deren Grund und/oder Höhe unsicher ist, z.B.
    zu erwartende Steuernachzahlungen;
    Rekultivierungsverpflichtungen bei abgebauten Kiesgruben;
    Verpflichtungen aus der Produzentenhaftung;
    (nach dem 31.12.86) zugesagte Pensionsverpflichtungen;
    Verpflichtung zur Altlasten-Sanierung gemäß Abfallbeseitigungsgesetz;
    Schadensersatzverpflichtung infolge der Verletzung gewerblicher Schutzrechte
    u.a.m.

- drohende Verluste aus schwebenden Geschäften;
  - das sind ernsthaft drohende Verluste aus noch nicht erfüllten Leistungsverpflichtungen; sie sind dann zu erwarten, wenn der Wert der eigenen Leistung aus einem schwebenden Geschäft den Wert der Gegenleistung übersteigt,
    z.B.: bei einem Terminkaufgeschäft ist (am Bilanzstichtag) der Wert der noch abzunehmenden Vermögenswerte (infolge gesunkener Marktpreise) niedriger als der vereinbarte Kaufpreis;
    bei einem Absatzgeschäft ist (am Bilanzstichtag) der Wert des zu liefernden Vermögensgegenstandes (bewertet zu Herstellungskosten) höher als der vereinbarte Kaufpreis;
    bei Dauerschuldverhältnissen, wenn z.B. ein Arbeitgeber gesetzliche Ausgleichszahlungen gemäß Mutterschutzgesetz zu leisten hat, ohne daß eine Arbeitsleistung erbracht wird.

- im Geschäftsjahr unterlassene Aufwendungen für Instandhaltung, die im folgenden Geschäftsjahr innerhalb von drei Monaten nachgeholt werden, oder für Abraumbeseitigung, die im folgenden Geschäftsjahr nachgeholt werden;
  - das sind Aufwendungen für Instandhaltung, die unter normalen Umständen bereits vor dem Bilanzstichtag geboten gewesen wäre, aber aus (egal, welchen) Gründen verschoben worden sind.
- Gewährleistungen, die ohne rechtliche Verpflichtung erbracht werden (Kulanzgewährleistungen);
  - Gewährleistungen mit gesetzlicher, vertraglicher oder kaufmännischer Verpflichtung (denen sich ein ordentlicher Kaufmann faktisch nicht entziehen kann) sind ohnehin als ungewisse Verbindlichkeit rückstellungspflichtig. Die hier gesondert genannten Kulanzgewährleistungen meinen solche, die der Kaufmann völlig freiwillig aus rein geschäftlichem Interesse erbringt.

Die Rückstellungen für unterlassene Instandhaltung und für Kulanzgewährleistungen sind erst durch das Bilanzrichtlinien-Gesetz von 1985 passivierungspflichtig geworden (vorher Rückstellungswahlrecht); damit sollte die steuerliche Anerkennung sichergestellt werden, die im Regelfall handelsrechtliche Passivierungspflicht voraussetzt.

Passivierungswahlrecht besteht gemäß § 249 HGB für Rückstellungen für

- unterlassene Aufwendungen für Instandhaltung, die zwar im folgenden Geschäftsjahr, aber nicht innerhalb der ersten drei Monate nachgeholt werden;
- ihrer Eigenart nach genau umschriebene, dem Geschäftsjahr oder einem früheren Geschäftsjahr zuzuordnende Aufwendungen, die am Abschlußstichtag wahrscheinlich oder sicher, aber hinsichtlich ihrer Höhe oder des Zeitpunktes ihres Eintritts unbestimmt sind.
  - Die zuletzt genannten Aufwandsrückstellungen sind betriebswirtschaftlich problematisch, weil sie schwer einzugrenzen und in ihrer Höhe oft sehr unsicher sind.
    Sinn der Zulässigkeit der Bildung solcher Aufwandsrückstellungen ist die Vorsorge für konkrete künftige Aufwendungen, die zwar regelmäßig, aber nur alle paar Jahre zu Ausgaben führen, die dann das Ergebnis erheblich belasten und einem periodengerechten Erfolgsausweis entgegenstehen. Zu denken ist z.B. an Großreparaturen und Generalüberholungen, die alle paar Jahre an bestimmten Anlagen vorgenommen werden müssen und die zu einem bestimmten Anteil diesem Geschäftsjahr zuzordnen sind, weil sie in diesem Jahr genutzt wurde und die Nutzung in diesem Jahr zu Erträgen führte. Unzulässig wären z.B. Rückstellungen für spätere Ausgaben, die erst künftig zu Erträgen führen werden, wie z.B. unterlassene, für die Zukunft geplante Werbekampagnen oder Forschungsvorhaben.

Für finanzwirtschaftliche Betrachtungen haben insbesondere Rückstellungen für betriebliche Pensionsverpflichtungen eine sehr große Bedeutung wegen ihrer langfristigen Wirkung und wegen ihrer z.T. außerordentlichen Höhe von 20-30% der Bilanzsumme.

Zur Vertiefung der Bilanzansatz – und Bewertungsprobleme von Rückstellungen wird auf Teil B verwiesen. Hier ist im folgenden lediglich die buchhalterische Behandlung der Bildung und Auflösung von Rückstellungen darzustellen.

Generell lautet die Buchung für die Bildung einer Rückstellung:
per Aufwandskonto an Rückstellungen

Beispiel 1:

Wir erwarten für das laufende Geschäftsjahr eine Verpflichtung zur Gewerbesteuernachzahlung in Höhe von etwa DM 1.000,—.

Buchung am 31.12.:

700 Gewerbesteuern   1.000,— | 38   Steuerrückstellungen 1.000,—

Fortsetzung Beispiel 1:

Im folgenden Jahr geht der Steuerbescheid ein; die Nachforderung beträgt DM 800,—.

Jetzt wird die Rückstellung teilweise in Anspruch genommen und aufgelöst; der über die tatsächliche Inanspruchnahme hinausgehende Betrag muß als Ertrag gebucht werden.

Buchung bei Inanspruchnahme:

38 Steuerrückstellungen   1.000,— | 280 Bank   800,—
                                     | 548 Erträge aus der
                                     | Auflösung von
                                     | Rückstellungen   200,—

Der nicht benötigte Teil der Rückstellung wird also über die GuV aufgelöst.

Beispiel 2:

Für Gewährleistungsverpflichtungen wird eine Rückstellung von DM 2.000,— gebildet.

Da zu diesem Zeitpunkt noch nicht genau bekannt ist, welche Aufwandsart bei einer Inanspruchnahme der Rückstellung betroffen sein wird (in diesem Falle wären z.B. Personalaufwendungen, verschiedene Materialaufwendungen etc. denkbar), wird die Bildung der Rückstellung über Konto 698 „Zuführungen zu Rückstellungen" gebucht.

Buchung am 31.12.:

698 Zuführungen zu | 39 Sonstige Rückstellungen 2.000,—
    Rückstellungen   2.000,— |

Wird die Garantieleistung im folgenden Jahr in Anspruch genommen oder ist die Garantiefrist ohne Inanspruchnahme verstrichen, wird die nicht verbrauchte Rückstellung aufgelöst durch die Buchung:

per 39 Sonstige Rückstellungen an 548 Erträge/Rückstellungen

Aufgabe A6/7:

Kontenplan und vorläufige Summenbilanz:

		Soll	Haben
05	Gebäude	320.000,–	–
07	Maschinen	180.000,–	–
084	Fuhrpark	72.000,–	–
2000	Rohstoffe	381.400,–	358.100,–
2002	EPK/Rohstoffe	–	2.000,–
202	Hilfsstoffe	46.800,–	–
210	Unfertige Erzeugnisse	163.500,–	–
220	Fertige Erzeugnisse	139.100,–	–
240	Forderungen	1.066.000,–	992.830,–
247	Zweifelhafte Forderungen	4.600,–	–
260	Vorsteuer	54.700,–	49.500,–
265	Forderungen/Mitarbeiter	16.800,–	11.000,–
280	Bank	1.160.800,–	1.139.270,–
288	Kasse	67.900,–	64.100,–
293	Aktive RAP	–	–
3000	Eigenkapital	–	310.000,–
3001	Privat	41.400,–	–
361	WB/Sachanlagen	–	129.900,–
367	EBW/Forderungen	–	3.400,–
368	PWB/Forderungen	–	1.900,–
38	Steuerrückstellungen	–	–
39	Sonstige Rückstellungen	3.100,–	4.800,–
425	Langfrist. Bankschulden	39.500,–	226.700,–
44	Verbindlichkeiten	878.700,–	920.100,–
480	Umsatzsteuer	128.900,–	137.600,–
483	Verbindl./Finanzbehörden	50.800,–	50.800,–
484	Verbindl./Sozialversicherung	117.600,–	117.600,–
5000	Umsatzerlöse	3.600,–	1.291.700,–
5001	Erlöskorrekturen	8.800,–	–
52	Bestandsveränderungen	–	–
545	Erträge/Forderungen	–	–
5462	Erträge/Abgang Sachanlagen	–	11.100,–
548	Erträge/Rückstellungen	–	–
600	Rohstoffaufwendungen	356.700,–	–
602	Hilfsstoffaufwendungen	–	–
63	Gehälter	367.100,–	–
64	Soziale Abgaben	58.300,–	–
652	Abschreibungen/Sachanlagen	–	–
670	Mietaufwendungen	54.400,–	–
695	Abschreibungen/Forderungen	4.100,–	–
6963	Verluste/UV	2.900,–	–
700	Gewerbesteuer	14.100,–	–
751	Zinsaufwendungen	18.800,–	–
802	GuV	–	–
801	SBK	–	–
		5.822.400,–	5.822.400,–

Vor dem Abschluß der Konten sind noch folgende Geschäftsvorfälle und Abschlußangaben zu buchen:

Geschäftsvorfälle:	**DM**
1) Ein Kunde beantragt die Eröffnung eines Vergleichsverfahrens. Unsere Forderung beträgt	1.150,–
2) Verkauf eines gebrauchten PKW gegen Bankscheck	5.900,–
+ USt	885,–
(Ako 24.000,–; Wertberichtigung 19.200,–)	
3) Gutschriftanzeige von Rohstofflieferant wegen unserer Mängelrüge (inkl. USt)	920,–
4) Banküberweisung für Gehälter, brutto	42.860,–
einbehaltene Gehaltsvorschüsse	2.600,–
einbehaltene Lohnsteuer	7.910,–
einbehaltene Sozialversicherung	7.120,–
Arbeitgeberanteil zur Sozialversicherung	7.120,–
5) Nach Abschluß eines Konkursverfahrens gehen auf Bankkonto ein	805,–
Auf die Zweifelhafte Forderung in Höhe von brutto	4.600,–
hatten wir eine Einzelwertberichtigung gebildet in Höhe von 85% der Nettoforderung	
6) Ein Kunde begleicht seine Verbindlichkeit in Höhe von	5.750,–
abzüglich 2% Skonto durch Banküberweisung	
7) Rohstoffverbrauch lt. Materialentnahmeschein	470,–
8) Privatentnahme bar	2.000,–
9) Banküberweisung an Gerichtskasse für Prozeßkosten in Höhe von	530,–
Eine im vergangenen Jahr hierfür gebildete Rückstellung in Höhe von DM 600,– ist aufzulösen.	
10) Wir überweisen Miete vom Bankkonto	1.200,–

Abschlußangaben:

1) Auf den Nettobetrag der Zweifelhaften Forderung (Geschäftsvorfall 1) wird eine Einzelwertberichtigung in Höhe von 60% gebildet.
2) Bezüglich des zweifelsfrei erscheinenden Forderungsbestandes halten wir eine Pauschalwertberichtigung in Höhe von 3% für angemessen; die Höhe der PWB ist diesem geschätzten Bedarf anzupassen.
3) Die Mietzahlung (Geschäftsvorfall 10) betrifft den Monat Januar des folgenden Jahres.
4) Für die zu erwartende Gewerbesteuernachzahlung wird eine Rückstellung in Höhe von DM 800,– gebildet.
5) Abschreibungen
   auf Gebäude (direkt) 2% von den Ako   450.000,–
   auf Maschinen (indirekt) 30% vom Buchwert   120.000,–
   auf Fuhrpark (indirekt) 25% von den Ako   72.000,–
6) Schlußbestände lt. Inventur:
   Hilfsstoffe   3.600,–
   (Der Hilfsstoffverbrauch ist zu ermitteln und als Aufwand umzubuchen)
   Unfertige Erzeugnisse   167.100,–
   Fertigerzeugnisse   124.800,–
   Kasse   1.700,–
   (Die Kassendifferenz ist abzuschreiben)
   Die übrigen Buchbestände stimmen mit den Inventurwerten überein.

Lösung im Lösungsteil

7. Kapitel:
Die Betriebsübersicht

Lernziele:

- *Einsicht in die Vorteilhaftigkeit der Aufstellung einer Betriebsübersicht*
- *Kenntnis des formalen Aufbaus einer Betriebsübersicht*
- *Fähigkeit zur Erstellung einer Betriebsübersicht*

Infolge der Vielzahl der zu buchenden Geschäftsvorfälle ist die Gefahr groß, Buchungs- und Rechenfehler zu begehen, die zu einem unausgeglichenen fehlerhaften Ergebnis im Schlußbilanzkonto führen. Es ist daher sinnvoll, zur Kontrolle und zur Einengung der Fehlerbereiche eine Art Probebilanz durchzuführen. Zu diesem Zweck erstellt man, bevor die Konten formgerecht abgeschlossen werden, eine tabellarische Übersicht, die sogenannte **Betriebsübersicht**. Mit Hilfe einer Betriebsübersicht lassen sich auch relativ einfach zu jedem beliebigen Zeitpunkt Zwischenabschlüsse erstellen sowie aus den darin enthaltenen unsaldierten Daten Aussagen über die betriebliche Entwicklung gewinnen, die aus der Bestandsgegenüberstellung der Jahresabschlußbilanz nicht mehr hervorgehen. In etwas veränderter Form (insbesondere ohne vorbereitende Abschlußbuchungen) erfüllt die Abschlußtabelle als sogenannte **Hauptabschlußübersicht** die Anforderungen der Steuerbehörden zur Ermittlung des Gewinns aus Gewerbebetrieben.

Für betriebsinterne Zwecke besteht die Betriebsübersicht üblicherweise aus sechs Doppelspalten (vgl. Beispiel S. 126).

Die bis zum Abschlußzeitpunkt in den einzelnen Konten gebuchten Beträge werden getrennt nach Soll und Haben addiert und unsaldiert als Summe in die **Summenbilanz** übertragen. Wenn in den Konten stets im Soll und Haben gleiche Beträge gebucht worden sind, müssen in der Summenbilanz die Soll- und Habensumme gleich sein. Ist dies nicht der Fall, muß ein Buchungs- oder Rechenfehler enthalten sein, der gesucht werden muß. Umgekehrt sind gleiche Summen auf beiden Seiten nur notwendige Voraussetzung, nicht jedoch hinreichender Beweis für stets korrekte Buchung; denn gleiche Fehler oder Nichtbuchung auf beiden Kontenseiten können durch diese Summenkontrolle nicht aufgedeckt werden.

Für die **Saldenbilanz I** werden aus der Summenbilanz die Salden der einzelnen Konten ermittelt. Sie werden jedoch nicht – wie im Konto – zum Ausgleich auf die kleinere Kontenseite geschrieben, sondern als Überschuß der umsatzgrößeren über die kleinere Seite interpretiert und daher auf die größere Seite übertragen.

In der Spalte **Umbuchungen** werden nach den gleichen buchhalterischen Regeln wie in den Konten die vorbereitenden Abschlußbuchungen durchgeführt. Hierzu gehören zwei Komplexe:

Betriebsübersicht

Kto. Nr.	Konten	Summenbilanz S	Summenbilanz H	Saldenbilanz I S	Saldenbilanz I H	Umbuchungen S	Umbuchungen H	Saldenbilanz II S	Saldenbilanz II H	Gewinn u. Verlust A	Gewinn u. Verlust E	Schlußbilanz A	Schlußbilanz P
07	Maschinen	250.000	—	250.000	—	—	25.000	225.000	—	—	—	225.000	—
08	BGA	65.000	10.000	55.000	—	—	5.500	49.500	—	—	—	49.500	—
2000	Rohstoffe	470.000	390.000	80.000	—	45.000	—	125.000	—	—	—	125.000	—
2001	Bezugskosten	45.000	—	45.000	—	—	45.000	—	—	—	—	—	—
210	UE	11.000	—	11.000	—	2.000	—	13.000	—	—	—	13.000	—
220	FE	43.000	—	43.000	—	—	5.000	38.000	—	—	—	38.000	—
240	Forderungen	970.000	890.000	80.000	—	—	—	80.000	—	—	—	80.000	—
260	Vorsteuer	45.000	42.000	3.000	—	—	3.000	—	—	—	—	—	—
280	Bank	930.000	912.000	18.000	—	—	—	18.000	—	—	—	18.000	—
288	Kasse	38.000	32.000	6.000	—	—	—	6.000	—	—	—	6.000	—
3000	EK	—	390.000	—	390.000	48.000	48.000	—	342.000	—	—	—	342.000
3001	Privat	48.000	—	48.000	—	—	—	—	—	—	—	—	—
44	Verbindlichkeiten	590.000	710.000	—	120.000	—	—	—	120.000	—	—	—	120.000
480	USt.	85.000	105.000	—	20.000	3.000	—	—	17.000	—	—	—	17.000
489	Sonst. Verbindl.	—	—	—	—	—	2.200	—	2.200	—	—	—	2.200
5000	Umsatzerlöse	—	960.000	—	960.000	—	—	—	960.000	—	960.000	—	—
52	BV	—	—	—	—	5.000	2.000	3.000	—	3.000	—	—	—
543	Sonst. Erträge	—	14.000	—	14.000	—	—	—	14.000	—	14.000	—	—
600	Rohstoffaufwand	390.000	—	390.000	—	—	—	390.000	—	390.000	—	—	—
62	Löhne	360.000	—	360.000	—	—	—	360.000	—	360.000	—	—	—
64	Soziale Abgaben	80.000	—	80.000	—	—	—	80.000	—	80.000	—	—	—
65	Abschreibungen	—	—	—	—	30.500	—	30.500	—	30.500	—	—	—
670	Mietaufwendg.	24.000	—	24.000	—	2.200	—	26.200	—	26.200	—	—	—
680	Büromaterial	7.000	—	7.000	—	—	—	7.000	—	7.000	—	—	—
751	Zinsaufwand	4.000	—	4.000	—	—	—	4.000	—	4.000	—	—	—
		4.455.000	4.455.000	1.504.000	1.504.000	135.700	135.700	1.455.200	1.455.200	900.700	974.000	554.500	481.200
										73.300	← Gewinn →		73.300
										974.000	974.000	554.500	554.500

(1) Abschluß der Unterkonten über die zugehörigen übergeordneten Konten, also gegebenenfalls die Umbuchung der Salden

von Konto ...	→ auf Konto ...
2001 Bezugskosten	
2002 Einstandspreis-	→ 2000 Rohstoffe
korrekturen	

(analog 202 Hilfsstoffe, 203 Betriebsstoffe)

260 Vorsteuer	→ 480 Umsatzsteuer
3001 Privatkonto	→ 3000 Eigenkapital
5001 Erlöskorrekturen	→ 5000 Umsatzerlöse

(2) Buchungen zur Erfolgsabgrenzung im weiteren Sinne:

- Abschreibungen auf Anlagen,
- Abschreibungen auf Forderungen,
- andere Verluste im Umlaufvermögen, z.B. Kassendifferenzen,
- zeitliche Abgrenzung (aktive und passive Rechnungsabgrenzungsposten, sonstige Forderungen und sonstige Verbindlichkeiten),
- Bildung von Rückstellungen,
- Umbuchung des ermittelten Verbrauchs an Roh-, Hilfs- und Betriebsstoffen von den Bestandskonten der Klasse 2 auf die zugehörigen Aufwandskonten in Klasse 6, (bei retrograder Ermittlung des Materialverbrauchs aus den Inventurbeständen)
- Umbuchung der Bestandsveränderungen an unfertigen und fertigen Erzeugnissen aus Konto 210 und 220 auf das Erfolgskonto 52 Bestandsveränderungen.

Diese Abschlußbuchungen in der Umbuchungsspalte werden nach den üblichen Regeln der Buchhaltung ausgeführt.

Unter dieser Voraussetzung ergibt sich die **Saldenbilanz II** als Summe aus Saldenbilanz I und Umbuchungen:

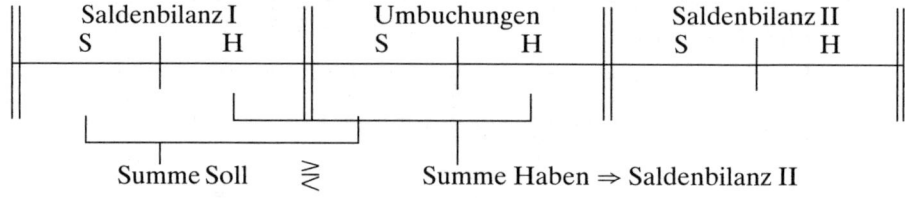

Summe Soll $\lessgtr$ Summe Haben ⇒ Saldenbilanz II

Ausgewählte Beispiele: Zur Entwicklung der Saldenbilanz II (Beträge in Geldeinheiten:

		Saldenbil. I		Umbuchungen		Saldenbil. II	
		S	H	S	H	S	H
07	Maschinen	100	–	–	10	90	–
2000	Rohstoffe	180	–	10	15	175	–
2001	Bezugskosten	10	–	–	10	–	–
260	Vorsteuer	20	–	–	20	–	–
480	USt	–	28	20	–	–	8
210	UE	50	–	4	–	54	–
220	FE	30	–	–	3	27	–
52	BV	–	–	3	4	–	1

UE: Inventurbestand 54 (muß als Ergebnis in SaII/Soll stehen, woraus sich retrograd eine Bestandsmehrung in Umbuchungen/Soll in Höhe von 4 ergibt);

FE: Minderbestand 3 (muß in Umbuchungen/Haben stehen, Ergebnis in SaII/Soll = 27)

Die Beträge der Saldenbilanz II werden unverändert auf die **Schlußbilanz** (Konten der Klasse 0-4) bzw. die **Erfolgsbilanz** (Konten der Klass 5-8) übertragen. Die beiden Seiten der Schlußbilanz und der Erfolgsbilanz stimmen summenmäßig nicht überein. Die Differenzbeträge müssen jedoch identisch sein, denn beim Saldo in der Erfolgsbilanz handelt es sich um den Gewinn bzw. Verlust; und da dieser Erfolgssaldo noch nicht auf das Eigenkapitalkonto übertragen worden ist, fehlt der gleiche Betrag auf der gegenüberliegenden Seite der Schlußbilanz. Das neue Eigenkapital am Ende der Abrechnungsperiode ergibt sich aus dem Eigenkapitalbetrag der Saldenbilanz II plus Gewinnsaldo (minus Verlustsaldo) der Erfolgsbilanz.

Aufgabe A7/1:

Erstellen Sie auf der Grundlage nachfolgender Summenbilanz und unter Berücksichtigung der Abschlußangaben aus Aufgabe A6/7 eine Betriebsübersicht:

Konto		Soll	Haben
05	Gebäude	320.000,–	–
07	Maschinen	180.000,–	–
084	Fuhrpark	72.000,–	24.000,–
2000	Rohstoffe	381.400,–	358.570,–
2002	EPK/Rohstoffe	–	2.800,–
202	Hilfsstoffe	46.800,–	–
210	UE	163.500,–	–
220	FE	139.100,–	–
240	Forderungen	1.066.000,–	999.730,–
247	Zweifelhafte Forderungen	5.750,–	4.600,–
260	Vorsteuer	54.700,–	49.620,–
265	Ford./Mitarbeiter	16.800,–	13.600,–
280	Bank	1.174.025,–	1.166.230,–
288	Kasse	67.900,–	66.100,–
293	Akt. RAP	–	–
3000	EK	–	310.000,–
3001	Privat	43.400,–	–
361	WB/AV	19.200,–	129.900,–
367	EWB/Forderungen	3.400,–	3.400,–
368	PWB/Forderungen	–	1.900,–
38/39	Rückstellungen	3.700,–	4.800,–
425	Darlehen	39.500,–	226.700,–
44	Verbindlichkeiten	879.620,–	920.100,–
480	USt	129.410,–	138.485,–
483/484	Verb./Finanzbehörde u. Soz.V	168.400,–	190.550,–
5000	Umsatzerlöse	3.600,–	1.291.700,–
5001	Erlöskorr.	8.900,–	–
52	BV	–	–
545	Erträge/Forderungen	–	100,–
5462	Erträge/AV	–	12.200,–
548	Erträge/Rückstellungen	–	70,–
600	Rohstoffaufwendungen	357.170,–	–
602	Hilfsstoffaufwendungen	–	–
63	Gehälter	409.960,–	–
64	Sozialabgaben	65.420,–	–
652	Abschreibungen/Sachanlagen	–	–
670	Mietaufwendungen	55.600,–	–
695	Abschreibungen/Ford.	4.100,–	–
6963	Verluste/UV	2.900,–	–
700	Gewerbesteuer	14.100,–	–
751	Zinsaufwendungen	18.800,–	–
		5.915.155,–	5.915.155,–

Lösung im Lösungsteil

8. Kapitel:
Zusammenfassende Aufgaben

Aufgabe A8/11:

GoB

Gemäß § 238 HGB muß die Buchführung eines Kaufmanns den „Grundsätzen ordnungsmäßiger Buchführung" entsprechen.

a) Was wird mit dieser gesetzlichen Forderung bezweckt? (Keine einzelnen Grundsätze nennen, sondern allgemein ausdrücken!)
b) Warum ist es sinnvoll, diese Anforderungen an die Buchführung derart unkonkret mit einem unbestimmten Rechtsbegriff zu umschreiben?

Aufgabe A8/12:

Inventurverfahren

Die jährliche Inventur am 31.12. oder wenige Tage vorher oder danach durchzuführen, ist in vielen Fällen aus organisatorischen Gründen unzweckmäßig. Nennen Sie andere zulässige Verfahren mit Angabe des Inventurzeitpunktes sowie der zusätzlichen Anforderungen!

Aufgabe A8/13:

Bestandsveränderungen

Bestandsmehrungen an unfertigen und fertigen Erzeugnissen werden buchhalterisch als Erfolgsvorgang berücksichtigt. Erklären Sie, welche Erfolgswirkung dies hat und warum diese gewollt und sinnvoll ist!

Aufgabe A8/14:

IKR

Kennzeichnen Sie die jeweils richtige Antwort durch Ankreuzen!

(1) Der IKR ist entwickelt
- ☐ vom Bundestag
- ☐ von der Bundesregierung
- ☐ von einem Unternehmensverband
- ☐ vom Wirtschaftsprüferverband

(2) Der IKR hat bezüglich seiner Rechtsverbindlichkeit
- ☐ Gesetzescharakter
- ☐ Verordnungscharakter
- ☐ Satzungscharakter
- ☐ Empfehlungscharakter

(3) Der Aufbau des IKR folgt
- ☐ dem Abschlußgliederungsprinzip
- ☐ dem Prozeßgliederungsprinzip
- ☐ einem gemischten Prinzip

(4) Die zweistelligen Kontonummern bezeichnen die
Ebenen der   ☐ Kontenunterarten
                              ☐ Kontenarten
                              ☐ Kontengruppen

Aufgabe A8/15:

Aufbewahrungsfristen

Wie lange müssen folgende Posteingangssendungen aufbewahrt werden?

(1) Eine Eingangsrechnung des Lieferanten Müller KG
(2) Die vom Steuerberater übersandte Bilanz
(3) Ein Glückwunschschreiben anläßlich unseres Firmenjubiläums
(4) Eine Mängelrüge unseres Kunden Lehmann OHG
(5) Ein Werbeprospekt der Messe GmbH

Aufgabe A8/21:

Privatkonto

Buchen Sie nachfolgende Vorgänge (nur) in den Konten 3000 Eigenkapital, 3001 Privat, 542 Eigenverbrauch, 802 GuV und schließen Sie die Konten ab!

Eigenkapital AB 243.000,– DM;
Privatentnahmen bar 38.900,– DM;
Privatentnahmen von Fertigerzeugnissen 3.700,– DM (+ 15% USt);
Aufwendungen insgesamt 197.100,– DM
Erträge insgesamt 217.400,– DM

Aufgabe A8/22:

Kontenabschluß

Schließen Sie die nachfolgenden Konten ab!

Inventurbestand Rohstoffe 41.400,– DM. Vor jedem zu buchenden Betrag ist das Gegenkonto anzugeben!

S	2000 Rohstoffe	H	S	2001 Bezugskosten Rohstoffe	H
AB 36.800,–				4.720,–	
Zugänge 119.600,–					

S	2002 Einstandspreiskorrekturen	H
		3.190,–

S	600 Rohstoffaufwendungen	H	S	3000 Eigenkapital	H
				AB 150.000,–	

S	802 GuV	H
übrige Aufwendg. 298.790,–	übrige Erträge	403.940,–

S	801 SBK	H
übriges Vermögen 518.600,–	Schulden	421.380,–

Aufgabe A8/23:

Nehmen Sie nur in den Konten Vorsteuer, Umsatzsteuer und SBK die aufgrund der vier Geschäftsvorfälle erforderlichen Buchungen vor und schließen Sie die Steuerkonten ab:

1) Gutschrift unseres Rohstofflieferanten wegen Mängelrüge netto DM 800,– + 15% USt
2) Verkauf von Fertigerzeugnissen netto DM 21.000,– + 15% USt
3) Rücksendung von Hilfsstoffen durch uns wegen Falschlieferung netto DM 1.700,– + 15% USt
4) Kunde zahlt nach 2% Skontoabzug bar DM 1.127,–

S	260 Vorsteuer	H	S	480 Umsatzsteuer	H
	13.860,–				9.390,–

S		801 SBK			H

Welchen Sonderfall stellt dieses Beispiel dar?

Wie kommt es zu einem solchen Sonderfall?

Aufgabe A8/24:

Schließen Sie nachfolgende Konten der Klassen 2, 5, 6 unter Verwendung der Konten der Klasse 8 ab!

Inventurbestände:	Rohstoffe	DM	9.420,–
	Unfertige Erzeugnisse	DM	74.040,–
	Fertige Erzeugnisse	DM	53.870,–

Geben Sie jeweils vor dem gebuchten Betrag das Gegenkonto an!

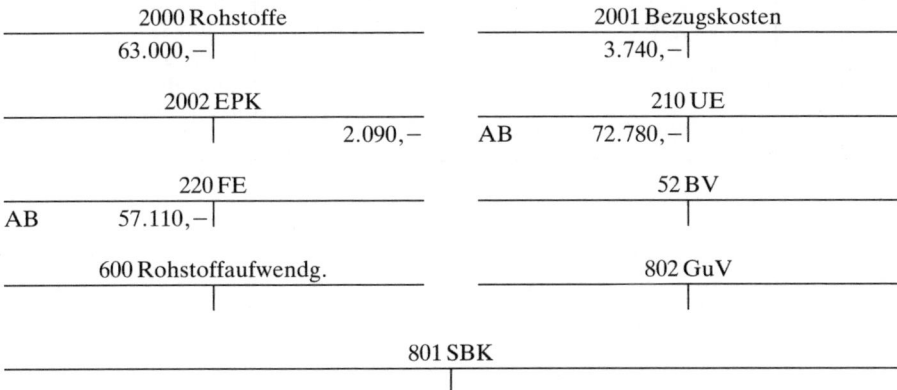

	2000 Rohstoffe			2001 Bezugskosten	
	63.000,–			3.740,–	

	2002 EPK			210 UE	
		2.090,–	AB	72.780,–	

	220 FE			52 BV	
AB	57.110,–				

	600 Rohstoffaufwendg.			802 GuV	

		801 SBK			

Aufgabe A8/31:

Abschreibungsplan

Ein Kraftfahrzeug soll nach Leistungseinheiten (gefahrene km) abgeschrieben werden. Ermitteln Sie die jährlichen Abschreibungsbeträge und die Buchwerte in t_0 bis t_3, wenn folgende Daten zugrundegelegt werden:

Ako bei 0 km 24.900,− DM;
voraussichtlicher Wiederverkaufspreis bei 75.000 km 6.900,− DM;
km-Stand in t_1 bis t_3: siehe Tabelle

	km Stand	Leistung in km	Abschreibung in DM	Buchwert in DM
t_0	0	−	−	
t_1	19.600			
t_2	37.100			
t_3	58.500			

Aufgabe A8/32:

Abschreibungsplan

Erstellen Sie den Abschreibungsplan für eine Maschine! Anschaffungskosten 36.000,− DM; Nutzungsdauer 6 Jahre, Restwert nach 6 Jahren 0 DM.

Die Abschreibung soll zunächst geometrisch-degressiv mit dem höchst zulässigen Abschreibungssatz erfolgen; im späteren Verlauf soll im optimalen Zeitpunkt der Übergang zur linearen Abschreibung gewählt werden.

t	degressive A.	Übergang zur linearen A.	RW_t bei optimaler A.
t_0	−	−	36.000,−
t_1			
t_2			
t_3			
t_4			
t_5			
t_6			−

Aufgabe A8/33:

Abschreibungsplan

Ein Kraftfahrzeug soll nach Leistungseinheiten (gefahrene km) abgeschrieben werden. Ermitteln Sie die jährlichen Abschreibungsbeträge und die Buchwerte in t_0 bis t_3, wenn folgende Daten zugrundegelegt werden:

Anschaffungskosten bei 0 km: 31.800,– DM;
voraussichtlicher Wiederverkaufspreis bei 85.000 km 8.000,– DM;
km-Stand in t_0 bis t_3: siehe Tabelle

	km Stand	Leistung in km	Abschreibung in DM	Buchwert in DM
t_0	0	–	–	
t_1	21.200			
t_2	39.100			
t_3	60.700			

Aufgabe A8/34:

Abschreibungsplan

Erstellen Sie für eine neu angeschaffte Maschine (Anschaffungskosten 32.000,– DM; Schrottwert 2.000,– DM; Nutzungsdauer 6 Jahre)

Abschreibungspläne nach

(1) linearer,
(2) geometrisch-degressiver (steuerlicher Höchstsatz, Übergang zur linearen Abschreibung im optimalen Zeitpunkt)
(3) digitaler Abschreibungsmethode! (Beträge auf volle DM runden!)

t	linear		geometrisch-degressiv.		digital	
	Abschreibg.	Buchwert	Abschreibg.	Buchwert	Abschreibg.	Buchwert
t_0	–	32.000,–	–	32.000,–	–	32.000,–
t_1						
t_2						
t_3						
t_4						
t_5						
t_6						

Aufgabe A8/35:

Abschreibungsplan

Die Anschaffungskosten einer Anlage mit einer betriebsgewöhnlichen Nutzungsdauer von 12 Jahren betragen 60.000,– DM.

Erstellen Sie einen Abschreibungsplan für diese Anlage über die gesamte Nutzungsdauer, indem Sie mit höchst zulässiger degressiver Abschreibung beginnen und in dem Zeitpunkt auf die lineare Abschreibungsmethode übergehen, in dem diese zu höheren Abschreibungsbeträgen führt als die Fortsetzung der degressiven Abschreibung.

Aufgabe A8/36:

Abschreibungsmethoden

Vergleichen Sie die lineare, die degressive und die leistungsabhängige Abschreibungsmethode anhand der charakteristischen Merkmale Abschreibungssatz und Abschreibungsbetrag!

Aufgabe A8/37:

Abschreibungsursachen

Nennen Sie mindestens fünf verschiedene Ursachen für die Notwendigkeit von Abschreibungen. Geben Sie jeweils ein typisches Beispiel für ein abschreibungsbedürftiges Anlagegut an!

Aufgabe A8/51:

Forderungen können mit speziellen oder allgemeinen Kreditrisiken behaftet sein.

Erläutern Sie diese Differenzierung der Kreditrisiken (auch mit Beispielen) und geben Sie an, wie man sie buchhalterisch berücksichtigt!

Aufgabe A8/52:

a) Als Folge welcher Umstände gelten Forderungen als
   (1) uneinbringlich,
   (2) zweifelhaft?
   Nennen Sie je drei verschiedene Beispiele!
b) Erläutern Sie Sinn und Berechnungsmöglichkeit von Pauschalwertberichtigungen zu Forderungen!

Aufgabe A8/61:

Buchungssätze

Bilden Sie zu folgenden Geschäftsvorfällen und Abschlußangaben die Buchungssätze! Nur Angabe der Kontonummern und Beträge! Die Umsatzsteuer wird mit 15% angenommen!

1) Zielverkauf von Fertigerzeugnissen DM 4.000,– zuzügl. USt
2) Kunde begleicht Rechnung zu 1) abzügl. 2% Skonto durch Banküberweisung
3) Verkauf einer gebrauchten Büromaschine für DM 3.000,– zuzügl. USt gegen Bankscheck; Buchwert der direkt abgeschriebenen Anlage DM 1.400,–
4) Wir erhalten vom Rohstoff-Lieferanten eine Gutschrift wegen Mängelrüge in Höhe von DM 2.530,– (incl. USt)
5) Direkte Abschreibungen auf Maschinen DM 20.000,–
6) Bildung einer Rückstellung für Gewerbesteuer-Nachzhalung DM 3.000,–
7) Die bereits gezahlte und gebuchte Versicherungsprämie in Höhe von DM 2.400,– bezieht sich auf den Zeitraum 01.11.01 bis 31.01.02. Buchen Sie die Abgrenzung per 31.12.01
8) Bargeldlose Gehaltszahlung brutto DM 30.000,–, einbehaltene Abzüge für Steuern DM 4.500,– und Sozialversicherung DM 5.100,–; Verrechnung früher gezahlter Vorschüsse DM 700,–; Arbeitgeberanteil zur Sozialversicherung DM 5.100,–
9) Nach Abschluß eines Vergleichsverfahrens gehen 60% unserer Forderung in Höhe von ursprünglich DM 11.500,– ein, für die wir 50% Einzelwertberichtigung gebildet hatten.

Aufgabe A8/62:

Buchungssätze

Bilden Sie zu folgenden Geschäftsvorfällen die Buchungssätze durch Angabe der Kontonummern und Beträge! Die Umsatzsteuer wird mit 15% angenommen.

1) Ein Kunde begleicht seine Verbindlichkeit in Höhe von DM 6.900,– abzüglich 3% Skonto durch Banküberweisung.
2) Banküberweisung für Gehälter, brutto DM 48.280,–; einbehaltene Gehaltsvorschüsse DM 2.800,–; einbehaltene Steuer DM 9.910,–; Sozialabgaben DM 8.120,–; Arbeitgeberanteil zur Sozialversicherung DM 8.120,–
3) Gutschrift des Lieferanten wegen mangelhafter Rohstofflieferung über DM 805,–.
4) Von den zweifelhaften Forderungen in Höhe von DM 3.220,– geht ein Teilbetrag in Höhe von DM 1.932,– auf Bankkonto ein. Der Rest ist uneinbringlich.
5) Den Beitrag an den Unternehmensverband für 01 in Höhe von DM 16.000,– werden wir erst im Januar 02 überweisen.

Aufgabe A8/63:

Buchungssätze

Bilden Sie zu folgenden Geschäftsvorfällen und Abschlußangaben die Buchungssätze. Die Umsatzsteuer wird mit 15% angenommen. Angabe der Kontonummern und Beträge genügt.

1) Über das Vermögen eines Kunden ist das Konkursverfahren eröffnet worden. Unsere Forderung beträgt DM 2.300,–.
2) Bargeldlose Lohnzahlung per Bank: Brutto DM 17.400,–
   Abzüge: Steuern DM 2.900,–
   Sozialversicherung DM 2.550,–
   Verrechnung eines Lohnvorschusses DM 500,–
   Arbeitgeberanteil zur Sozialversicherung DM 2.550,–
   Die einbehaltenen Beträge sind noch nicht abgeführt.
3) Kunde bezahlt eine Rechnung über DM 13.000,– + DM 1.950,– USt unter Abzug von 2% Skonto durch Banküberweisung
4) Das Konkursverfahren (Fall 1) wird mangels Masse eingestellt.
5) Verkauf eines gebrauchten LKW zum Preis von DM 17.250,– (incl. USt) gegen Banküberweisung Anschaffungswert des LKW DM 80.000,–; Wertberichtigung bisher DM 75.000,–
6) Ein am 15.11. gebuchter Mieteingang in Höhe von DM 6.000,– für die Monate November bis Januar ist jetzt (am 31.12.) abzugrenzen.
7) Direkte Abschreibungen auf 086 DM 5.000,–.
8) Die Zinsbelastung der Bank für Dezember steht noch aus, DM 100,–

Aufgabe A8/64:

Buchungssätze

Bilden Sie zu folgenden Geschäftsvorfällen und Abschlußangaben die Buchungssätze. Die Umsatzsteuer wird mit 15% angenommen. Angabe der Kontonummern und Beträge genügt.

1) Banküberweisung der Löhne
   brutto 28.000,– DM;
   Abzüge für Lohnsteuer 5.200,– DM,
   für Sozialversicherung 4.900,– DM,
   für verrechnete Miete 1.500,– DM,
   Arbeitgeberanteil zur Sozialversicherung 4.900,– DM
2) Verkauf einer gebrauchten Fertigungsmaschine für 6.000,– DM + 15% Umsatzsteuer gegen Bankscheck.
   Anschaffungskosten 20.000,– DM,
   direkt abgeschrieben bisher 15.000,– DM
3) Der Bestand der Pauschalwertberichtigungen zu Forderungen beträgt zur Zeit 14.200,– DM.
   Per 31.12. wird ein Bedarf ermittelt in Höhe von 13.900,– DM
   Die PWB sind an den veränderten Bedarf anzupassen.
4) Zielverkauf von Fertigerzeugnissen 12.000,– DM + 15% USt.
5) Banküberweisung des Kunden (Fall 4) abzüglich 2% Skonto.
6) Unter den Versicherungsaufwendungen ist eine Prämie in Höhe von 1.800,– DM für den Zeitraum 15.02.01 bis 15.02.02 gebucht worden; diese ist per 31.12.01 abzugrenzen.

Aufgabe A8/81:

Kontenabschluß

Schließen Sie die Konten unter Berücksichtigung folgender Inventurbestände ab (alle Beträge in TDM):

Rohstoffe	245
Unfertige Erzeugnisse	35
Fertigerzeugnisse	20
Kasse	15

Unbedingt zu beachten: Vor jedem zu buchenden Betrag ist das Gegenkonto anzugeben!

07 Maschinen		288 Kasse	
250	20	75	50

280 Bankguthaben		2000 Rohstoffe	
320	138	535	

2001 Bezugskosten		2002 Einstandspreiskorr.	
48			18

210 Unf. Erzeugnisse		220 Fertigerzeugnisse	
25		44	

240 Forderungen		260 Vorsteuer	
949	580	89	17

293 Akt. RAP		3000 Eigenkapital	
10			520

3001 Privat		44 Verbindl. aus L/L	
13		715	1.120

480 Umsatzsteuer		5000 Umsatzerlöse	
14	97		920

5001 Erlöskorrekturen		52 Bestandsveränderungen	
55			

600 Aufw. f. Rohstoffe		61-69 Abschr. u.ä.	
		280	

70-78 Zinsen, Steuern u.ä.	
58	

802 GuV	

801 SBK	

Aufgabe A8/82:

Kontenabschluß

Schließen Sie die Konten unter Berücksichtigung der Inventurbestände ab; alle Beträge in TDM. Dabei ist vor jedem gebuchten Betrag das Gegenkonto anzugeben.

Inventurbestände: Rohstoffe 280, Fertigerzeugnisse 222. Die Pauschalwertberichtigungen zu Forderungen sollen 10% des Netto-Forderungsbestandes (d.h. ohne 15% USt) betragen.

07 Maschinen			288 Kasse	
1.066	106		312	258

280 Bankguthaben			2000 Rohstoffe	
404	320		374	

2001 Bezugskosten			2002 Einstandspreiskorr.	
8				14

220 Fertigerzeugnisse			240 Forderungen	
248			860	400

260 Vorsteuer			3000 Eigenkapital	
174	68			896

3001 Privat			368 PWB zu Forderg.	
26				70

44 Verbindlichk.			480 Umsatzsteuer	
444	1.664		36	220

5000 Umsatzerlöse			5001 Erlöskorrekt.	
	1.272		6	

52 Bestandsveränd.			545 Erträge a.d. Herabsetzg. d. PWB zu Ford.	

600 Rohst.aufwendg.			61-69 andere Aufwdg.	
			824	

70-78 Zins, Steuern u.ä.	
506	

802 GuV

801 SBK

Aufgabe A8/83:

Kontenabschluß

Schließen Sie die Konten unter Berücksichtigung folgender Inventurbestände ab (alle Beträge in TDM):

Rohstoffe	280
unfertige Erzeugnisse	132
Fertigerzeugnisse	288

Außerdem ist noch die Abschreibung auf Maschinen in Höhe von 90 TDM indirekt zu buchen.

Unbedingt zu beachten: Vor jedem zu buchenden Betrag ist das Gegenkonto anzugeben!

07 Maschinen		288 Kasse	
760		340	260

280 Bankguthaben		2000 Rohstoffe	
674	388	712	

2001 Bezugskosten		2002 Einstandspreiskorr.	
72			96

210 Unf. Erzeugnisse		220 Fertigerzeugnisse	
196		240	

240 Forderungen		260 Vorsteuer	
574	286	26	4

3000 Eigenkapital		3001 Privat	
	718	230	

361 Wertb. zu Sachanlagen		44 Verbindl. aus L/L	
	180	710	1.778

480 Umsatzsteuer		5000 Umsatzerlöse	
86	174		1.140

5001 Erlöskorrekturen		52 Bestandsveränderungen	
114			

600 Aufw. f. Rohstoffe		61-69 Abschr. u.ä.	
		206	

70-78 Zinsen, Steuern u.ä.	
84	

802 GuV

801 SBK

Aufgabe A8/84:

Kontenabschluß

Schließen Sie die Konten unter Berücksichtigung folgender Inventurbestände ab (alle Beträge in TDM):

Unfertige Erzeugnisse 28, Fertigerzeugnisse 25

Außerdem ist noch zu berücksichtigen, daß wir die am 02.01.02 fällige Miete für Dezember 01 bis Februar 02 in Höhe von 15 TDM bereits bezahlt und in voller Höhe gebucht haben.

Unbedingt zu beachten: Vor jedem zu buchenden Betrag ist das Gegenkonto anzugeben!

07 Maschinen		28 Geldkonten	
420	130	831	787

2000 Rohstoffe		2001 Bezugskosten	
216	168	12	

2002 EPK		210 UE	
	17	41	

220 FE		240 Forderungen	
12		629	503

260 Vorsteuer		293 Akt. RAP	
57		14	11

3000 Eigenkapital		3001 Privat	
	409	108	

44 Verbindlichkeiten		480 Umsatzsteuer	
222	390		70

5000 Umsatzerlöse		5001 Erlöskorrektur	
	478	16	

52 BV		6/7 Div. Aufwendg.	
		385	

802 GuV

801 SBK

Aufgabe A8/85:

Kontenabschluß

Schließen Sie die Konten unter Berücksichtigung folgender Inventurbestände ab (alle Beträge in TDM):

Rohstoffe   270
unfertige Erzeugnisse   –
Fertigerzeugnisse   260

Unbedingt zu beachten: Vor jedem zu buchenden Betrag ist das Gegenkonto anzugeben!

07 Maschinen		288 Kasse	
1.060	110	330	250

280 Bankguthaben		2000 Rohstoffe	
440	320	376	

2001 Bezugskosten		2002 Einstandspreiskorr.	
8			14

210 Unf. Erzeugnisse		220 Fertigerzeugnisse	
35		250	

240 Forderungen		260 Vorsteuer	
691	400	170	60

293 Akt. RAP		3000 Eigenkapital	
20			1.000

3001 Privat		44 Verbindl. aus L/L	
20		540	1.660

480 Umsatzsteuer		5000 Umsatzerlöse	
38	220		1.270

5001 Erlös-Korrekturen		52 Bestandsveränderungen	
6			

600 Aufw. f. Rohstoffe		61-69 Abschr. u.ä.	
		820	

70-78 Div. Aufwendungen	
500	

802 GuV	

801 SBK	

Lösungen

Lösung zu Aufgabe A2/3:

A	Bilanz		P
Bebaute Grundstücke	70.000,–	Eigenkapitel	60.000,–
Maschinen	30.000,–	Darlehensschulden	50.000,–
Rohstoffe	4.000,–	Verbindlichkeiten	40.000,–
Fertigerzeugnisse	16.000,–	Bankschulden	8.000,–
Forderungen	36.000,–		
Kasse	2.000,–		
	158.000,–		158.000,–

EK = Vermögen − Schulden
= 158.000   − 98.000   = 60.000

Lösung zu Aufgabe A2/5:

	(1) welche Konten?	(2) A/P	(3) +/−	(4) S/H	Betrag
1)	Kasse	A	−	H	1.000,–
	Geschäftsausstattung	A	+	S	1.000,–
2)	Bankschulden	P	−	S	32.000,–
	Forderungen	A	−	H	32.000,–
3)	Kasse	A	−	H	5.000,–
	Bankschulden	P	−	} S	
	(oder Bankguthaben)	A	+		5.000,–
4)	Rohstoffe	A	+	S	3.000,–
	Verbindlichkeiten	P	+	H	3.000,–
5)	Darlehensschulden	P	+	H	10.000,–
	Bankguthaben	A	+	} S	
	(oder Bankschulden)	P	−		10.000,–
6)	Maschinen	A	−	H	4.000,–
	Bankguthaben	A	+	} S	
	(oder Bankschulden)	P	−		4.000,–
7)	Verbindlichkeiten	P	−	S	9.000,–
	Bankguthaben	A	−	} H	
	(oder Bankschulden)	P	+		9.000,–

S	Gebäude	H	S	Maschinen	H
AB	86.000,–	SB 86.000,–	AB	63.000,–	6) 4.000,–
					SB 59.000,–
				63.000,–	63.000,–

S	GA	H	S	Rohstoffe	H
AB	18.000,–	SB 19.000,–	AB	54.000,–	SB 57.000,–
1)	1.000,–		4)	3.000,–	
	19.000,–	19.000,–		57.000,–	57.000,–

S	Forderungen	H	S	Kasse	H
AB	61.000,–	2) 32.000,–	AB	7.000,–	1) 1.000,–
		SB 29.000,–			3) 5.000,–
	61.000,–	61.000,–			SB 1.000,–
				7.000,–	7.000,–

S	Eigenkapital	H	S	Darlehensschulden	H
SB	117.000,–	AB 117.000,–	SB	99.000,–	AB 89.000,–
					5) 10.000,–
				99.000,–	99.000,–

S	Verbindlichkeiten	H	S	Bank	H
7)	9.000,–	AB 48.000,–	2)	32.000,–	AB 35.000,–
SB	42.000,–	4) 3.000,–	3)	5.000,–	(Schulden)
	51.000,–	51.000,–	5)	10.000,–	7) 9.000,–
			6)	4.000,–	SB 7.000,–
					(Bankguthaben)
				51.000,–	51.000,–

S		SBK			H
Gebäude	86.000,–	Eigenkapital			117.000,–
Maschinen	59.000,–	Darlehensschulden			99.000,–
GA	19.000,–	Verbindlichkeiten			42.000,–
Rohstoffe	57.000,–				
Forderungen	29.000,–				
Kasse	1.000,–				
Bank	7.000,–				
	258.000,–				258.000,–

Lösung zu Aufgabe A2/6:

1)	per Kasse	2.000,–	an Bank	2.000,–
2)	per Darlehensschulden	3.000,–	an Bank	3.000,–
3)	per Rohstoffe	10.000,–	an Kasse	1.000,–
			an Bank	2.000,–
			an Verbindlichkeiten	7.000,–
4)	per Kasse	3.000,–		
	per Postgiro	5.000,–	an Forderungen	8.000,–

Lösung zu Aufgabe A2/7:

1) Aufnahme eines Hypothekendarlehens   50.000,–
   (Gutschrift auf Girokonto)
2) Begleichung unserer Lieferantschulden in Höhe von   32.000,–
   durch Barzahlung   1.000,–
   durch Banküberweisung   6.000,–
   durch Umwandlung in Darlehen   25.000,–
3) Kauf von Geschäftsausstattung (z.B. Büroeinrichtung)   10.000,–
   gegen Bankscheck (oder Banküberweisung)   2.000,–
   und Postscheck (oder Postgiroüberweisung)   8.000,–
4) Bareinzahlung auf Bankkonto   4.000,–

Lösung zu Aufgabe A3/2:

Buchungssätze:

1)	Rohstoffe	6.320,–	Verbindlichkeiten	6.320,–
2)	Maschinen	8.500,–	Bank	8.500,–
3)	Forderungen	11.240,–	Umsatzerlöse	11.240,–
4)	Lohnaufwendungen	13.650,–	Bank	13.650,–
5)	Bank	11.080,–	Forderungen	11.080,–
6)	Büroaufwendungen	410,–	Kasse	410,–
7)	Betriebsstoffaufw.	1.830,–	Betriebsstoffe	1.830,–
8)	Zinsaufwendungen	520,–	Bank	520,–
9)	Bank	18.670,–	Umsatzerlöse	18.670,–
10)	Mietaufwendungen	4.800,–	Bank	4.800,–
11)	Bank	13.900,–	Maschinen	13.900,–

Abschlußangabe:

SBK	30.900,–		Rohstoffe	30.900,–

S	Maschinen		H	S	Rohstoffe		H
AB	84.600,–	11)	13.900,–	AB	38.300,–	SB lt.Inv.	30.900,–
2)	8.500,–	SB	79.200,–	1)	6.320,–	Verbrauch	13.720,–
	93.100,–		93.100,–			(R-Aufwand)	
					44.620,–		44.620,–

S	Betriebsstoffe		H	S	Forderungen		H
AB	9.100,–	7)	1.830,–	AB	27.600,–	5)	11.080,–
		SB	7.270,–	3)	11.240,–	SB	27.760,–
	9.100,–		9.100,–		38.840,–		38.840,–

S	Kasse		H	S	Eigenkapital		H
AB	4.800,–	6)	410,–	GuV	5.020,–	AB	71.000,–
		SB	4.390,–	SB	65.980,–		
	4.800,–		4.800,–		71.000,–		71.000,–

S	Darlehensschulden		H	S	Verbindlichkeiten		H
SB	60.500,–	AB	60.500,–	SB	30.520,–	AB	24.200,–
						1)	6.320,–
					30.520,–		30.520,–

S		Bank		H
5)	11.080,–	AB	8.700,–	
9)	18.670,–	2)	8.500,–	
11)	13.900,–	4)	13.650,–	
		8)	520,–	
		10)	4.800,–	
		SB	7.480,–	
	43.650,–		43.650,–	

S		Umsatzerlöse		H
GuV	29.910,–	3)	11.240,–	
		9)	18.670,–	
	29.910,–		29.910,–	

S	Lohnaufwendungen		H
4)	13.650,–	GuV	13.650,–

S	Büroaufwendungen		H
6)	410,–	GuV	410,–

S	Betriebsstoffaufwendungen		H
7)	1.830,–	GuV	1.830,–

S	Zinsaufwendungen		H
8)	520,–	GuV	520,–

S	Mietaufwendungen		H
10)	4.800,–	GuV	4.800,–

S	Rohstoffaufwendungen		H
Verbrauch	13.720,–	GuV	13.720,–

S	GuV		H
Lohnaufwendungen	13.650,–	Umsatzerlöse	29.910,–
Büroaufwendungen	410,–	EK (Verlust)	5.020,–
Betriebsstoffaufwendungen	1.830,–		
Zinsaufwendungen	520,–		
Mietaufwendungen	4.800,–		
Rohstoffaufwendungen	13.720,–		
	34.930,–		34.930,–

S	SBK		H
Maschinen	79.200,–	Eigenkapital	65.980,–
Rohstoffe	30.900,–	Darlehensschulden	60.500,–
Betriebsstoffe	7.270,–	Verbindlichkeiten	30.520,–
Forderungen	27.760,–		
Kasse	4.390,–		
Bank	7.480,–		
	157.000,–		157.000,–

Lösung zu Aufgabe A3/3:

Buchungssätze:

1)	Rohstoffe	3.000,–	Kasse	3.000,–
2)	Forderungen	10.000,–	Umsatzerlöse	10.000,–
3)	Privat	1.000,–	Kasse	1.000.–
4)	Reparaturaufwendg.	800,–	Verbindlichkeiten	800,–
5)	Bank	9.000,–	Maschinen	9.000,–
6)	Zinsaufwendungen	1.600,–	Bank	1.600,–
7)	Bank	4.000,–	Forderungen	4.000,–
8)	Rohstoffaufwendungen	2.000,–	Rohstoffe	2.000,–
9)	Gehaltsaufwendungen	13.000,–	Bank	13.000,–
10)	Mietaufwendungen	1.000,–	Bank	1.000,–
11)	Bank	5.000,–	Umsatzerlöse	5.000,–

Abschlußangaben:

SBK	43.000,–		FE	43.000,–
SBK	3.000,–		UE	3.000,–

Vorbereitende Abschlußbuchungen:

BV	7.000,–		FE	7.000,–
UE	3.000,–		BV	3.000,–
EK	1.000,–		Privat	1.000,–

Abschlußbuchungen:

GuV	22.400,–		Reparaturaufwendungen	800,–
			Zinsaufwendungen	1.600,–
			Rohstoffaufwendungen	2.000,–
			Gehaltsaufwendungen	13.000,–
			Mietaufwendungen	1.000,–
			BV	4.000,–
Umsatzerlöse	15.000,–		GuV	22.400,–
EK	7.400,–			
SBK	146.400,–		Maschinen	51.000,–
			Rohstoffe	41.000,–
			Forderungen	46.000,–
			Kasse	1.000,–
			Bank	7.400,–
EK	51.600,–		SBK	192.400,–
Darlehen	90.000,–			
Verbindlichkeiten	50.800,–			

S	Maschinen		H
AB	60.000,–	5)	9.000,–
		SBK	51.000,–
	60.000,–		60.000,–

S	Rohstoffe		H
AB	40.000,–	8)	2.000,–
1)	3.000,–	SBK	41.000,–
	43.000,–		43.000,–

S	Fertigerzeugnisse		H
AB	50.000,–	SBK	43.000,–
		BV	7.000,–
	50.000,–		50.000,–

S	Forderungen		H
AB	40.000,–	7)	4.000,–
2)	10.000,–	SBK	46.000,–
	50.000,–		50.000,–

S	Kasse		H
AB	5.000,–	1)	3.000,–
		3)	1.000,–
		SBK	1.000,–
	5.000,–		5.000,–

S	Bank		H
AB	5.000,–	6)	1.600,–
5)	9.000,–	9)	13.000,–
7)	4.000,–	10)	1.000,–
11)	5.000,–	SBK	7.400,–
	23.000,–		23.000,–

S	Eigenkapital		H
Privat	1.000,–	AB	60.000,–
GuV	7.400,–		
SBK	51.600,–		
	60.000,–		60.000,–

S	Darlehensschulden		H
SBK	90.000,–	AB	90.000,–

S	Verbindlichkeiten		H
SBK	50.800,–	AB	50.000,–
		4)	800,–
	50.800,–		50.800,–

S	Unfertige Erzeugnisse		H
BV	3.000,–	SBK	3.000,–

S	Privat		H
3)	1.000,–	EK	1.000,–

S	Umsatzerlöse		H
GuV	15.000,–	2)	10.000,–
		11)	5.000,–
	15.000,–		15.000,–

S	Reparaturaufwendungen		H
4)	800,–	GuV	800,–

S	Zinsaufwendungen		H
6)	1.600,–	GuV	1.600,–

S	Rohstoffaufwendungen		H
8)	2.000,–	GuV	2.000,–

S	Gehaltsaufwendungen		H
9)	13.000,–	GuV	13.000,–

S	Mietaufwendungen		H
10)	1.000,–	GuV	1.000,–

S	BV		H
FE	7.000,–	UE	3.000,–
		GuV	4.000,–
	7.000,–		7.000,–

S	GuV		H
Reparaturaufwendungen	800,–	Umsatzerlöse	15.000,–
Zinsaufwendungen	1.600,–	EK	7.400,–
Rohstoffaufwendungen	2.000,–		
Gehaltsaufwendungen	13.000,–		
Mietaufwendungen	1.000,–		
BV	4.000,–		
	22.400,–		22.400,–

S	SBK		H
Maschinen	51.000,–	Eigenkapital	51.600,–
Rohstoffe	41.000,–	Darlehensschulden	90.000,–
UE	3.000,–	Verbindlichkeiten	50.800,–
FE	43.000,–		
Forderungen	46.000,–		
Kasse	1.000,–		
Bank	7.400,–		
	192.400,–		192.400,–

Teillösung zu Aufgabe A3/4:

Buchungssätze:

1)	Löhne	4.720,−	Bank	4.720,−
2)	Kasse	2.080,−	Umsatzerlöse	2.080,−
3)	Darlehensschulden	2.400,−	Bank	2.400,−
4)	Bank	10.000,−	Eigenkapital	10.000,−
5)	Verbindlichkeiten	9.760,−	Bank	9.760,−
6)	Geschäftsausstattung	1.980,−	Bank	1.980,−
7)	Verbindlichkeiten	5.900,−	Maschinen	5.900,−
8)	Privat	820,−	Eigenverbrauch	820,−
9)	Forderungen	16.070,−	Umsatzerlöse	16.070,−
10)	Privat	690,−	Kasse	690,−
11)	Rohstoffe	4.120,−	Verbindlichkeiten	4.120,−
12)	Büroaufwendungen	140,−	Kasse	140,−
13)	Bank	5.350,−	Forderungen	5.350,−

Ausgewählte Konten:

S	UE		H		S	FE		H
AB	11.400,−	SBK	13.100,−		AB	7.900,−	SBK	7.800,−
BV	1.700,−	(SB lt. Inventur)					(SB lt. Inv.)	
	13.100,−		13.100,−				BV	100,−
						7.900,−		7.900,−

S	Rohstoffe		H		S	Rohstoffaufwendungen		H
AB	6.600,−	SBK	5.700,−		Rohstoffe		GuV	5.020,−
11)	4.120,−	(SB lt. Inventur)			(Verbr.)	5.020,−		
		R-Aufwand						
			5.020,−					
	10.720,−		10.720,−					

S	Eigenverbrauch		H		S	BV		H
GuV	820,−	8)	820,−		FE	100,−	UE	1.700,−
					GuV	1.600,−		
						1.700,−		1.700,−

S		GuV		H
Löhne	4.720,−	Umsatzerlöse		18.150,−
Büroaufwendungen	140,−	Eigenverbrauch		820,−
Rohstoffaufwendungen	5.020,−	BV		1.600,−
EK (Gewinn)	10.690,−			
	20.570,−			20.570,−

S	Privat		H		S	EK		H
8)	820,−	EK	1.510,−		Privat	1.510,−	AB	57.000,−
10)	690,−				SBK	76.180,−	4)	10.000,−
	1.510,−		1.510,−				GuV	10.690,−
						77.690,−		77.690,−

S	SBK		H
Maschinen	57.700,—	EK	76.180,—
GA	9.880,—	Darlehensschulden	40.600,—
Rohstoffe	5.700,—	Verbindlichkeiten	7.060,—
UE	13.100,—	Bankschulden	2.110,—
FE	7.800,—		
Forderungen	23.820,—		
Kasse	7.950,—		
	125.950,—		125.950,—

Lösung zu Aufgabe A4/1:

```
                07                                        200
      80.000,—|                 6.000,—        136.000,—|              101.000,—
              |801            74.000,—                   |801           35.000,—

               202                                        210
      24.900,—|801           19.800,—         36.400,—|801            34.700,—
              |602            5.100,—                  |52             1.700,—

               220                                        240
      42.900,—|801           44.100,—         246.300,—|              209.700,—
  52   1.200,—|                                        |801            36.600,—

               280                                        288
     298.600,—|               283.700,—        18.300,—|               14.900,—
              |801            14.900,—                  |801            3.400,—

              3000                                       3001
3001  14.900,—              160.000,—          14.900,—|3000           14.900,—
802   58.300,—
801   86.800,—|

               425                                        44
       8.800,—|              165.000,—         141.200,—|              160.700,—
801  156.200,—|                           801   19.500,—|

               500                                        52
802  221.500,—|              221.500,—    210    1.700,—|220            1.200,—
                                                        |802             500,—

               542                                       600
802    6.100,—|                6.100,—         101.000,—|802           101.000,—

               602                                       616
202    5.100,—|802            5.100,—          12.800,—|802            12.800,—

               62                                        67
     140.700,—|802           140.700,—          8.700,—|802             8.700,—

               751
 17.100,—     |802            17.100,—
```

802 GuV

52	500,–	500	221.500,–
600	101.000,–	542	6.100,–
602	5.100,–	3000	58.300,–
616	12.800,–		
62	140.700,–		
67	8.700,–		
751	17.100,–		
	285.900,–		285.900,–

801 SBK

07	74.000,–	3000	86.800,–
200	35.000,–	425	156.200,–
202	19.800,–	44	19.500,–
210	34.700,–		
220	44.100,–		
240	36.600,–		
280	14.900,–		
288	3.400,–		
	262.500,–		262.500,–

Lösung zu Aufgabe A4/2:

Buchungssätze:

1)	240	Forderungen	16.800,–	500	Umsatzerlöse	16.800,–
2)	615	Prov.aufwand	4.800,–	280	Bank	4.800,–
3)	202	Hilfsstoffe	820,–	288	Kasse	820,–
4)	63	Gehälter	8.610,–	280	Bank	8.610,–
5)	280	Bank	22.180,–	240	Forderungen	22.180,–
6)	616	Instandhaltung	1.290,–	44	Verbindlichkeiten	1.290,–
7)	600	Rohstoffaufwand	7.220,–	200	Rohstoffe	7.220,–
8)	288	Kasse	4.000,–	280	Bank	4.000,–
9)	685	Reisekosten	470,–	288	Kasse	470,–
10)	200	Rohstoffe	6.550,–	44	Verbindlichkeiten	6.550,–
11)	3001	Privat	1.500,–	288	Kasse	1.500,–
12)	280	Bank	11.760,–	500	Umsatzerlöse	11.760,–
13)	280	Bank	7.100,–	07	Maschinen	7.100,–
14)	751	Zinsaufwand	680,–	280	Bank	680,–

Abschlußangaben:

801 SBK	10.900,–	202 Hilfsstoffe	10.900,–
602 Hilfsstoffaufw.		202 Hilfsst. (Saldo)	
801 SBK	15.840,–	210 UE	15.840,–
801 SBK	26.910,–	220 FE	26.910,–

07

AB	106.000,–	13)	7.100,–
		801	98.900,–

200

AB	58.400,–	7)	7.220,–
10)	6.550,–	801	57.730,–

202

AB	11.300,–	801	10.900,–
3)	820,–	602	1.220,–

210

AB	12.700,–	801	15.840,–
52	3.140,–		

220

AB	25.400,–	801	26.910,–
52	1.510,–		

240

AB	27.600,–	5)	22.180,–
1)	16.800,–	801	22.220,–

280

AB	11.200,–	2)	4.800,–
5)	22.180,–	4)	8.610,–
12)	11.760,–	8)	4.000,–
13)	7.100,–	14)	680,–
		801	34.150,–

288

AB	4.900,–	3)	820,–
8)	4.000,–	9)	470,–
		11)	1.500,–
		801	6.110,–

3000

3001	1.500,–	AB	220.000,–
801	227.420,–	802	8.920,–

3001

11)	1.500,–	3000	1.500,–

44

801	45.340,–	AB	37.500,–
		6)	1.290,–
		10)	6.550,–

500

802	28.560,–	1)	16.800,–
		11)	11.760,–

52

802	4.650,–	210	3.140,–
		220	1.510,–

600

7)	7.220,–	802	7.220,–

602

202	1.220,–	802	1.220,–

615

2)	4.800,–	802	4.800,–

616

6)	1.290,–	802	1.290,–

63

4)	8.610,–	802	8.610,–

685

9)	470,–	802	470,–

751

14)	680,–	802	680,–

802 GuV

600	Rohst.aufwand	7.220,–	500	Umsatzerlöse	28.560,–
602	Hilfsst.aufwand	1.220,–	52	BV	4.650,–
615	Vertriebsprovision	4.800,–			
616	Instandhaltung	1.290,–			
63	Gehälter	8.610,–			
685	Reisekosten	470,–			
751	Zinsaufwand	680,–			
3000	Eigenkapital	8.920,–			
		33.210,–			33.210,–

801 SBK

07	Maschinen	98.900,–	3000	EK	227.420,–
200	Rohstoffe	57.730,–	44	Verbindlichkeiten	45.340,–
202	Hilfsstoffe	10.900,–			
210	UE	15.840,–			
220	FE	26.910,–			
240	Forderungen	22.220,–			
280	Bank	34.150,–			
288	Kasse	6.110,–			
		272.760,–			272.760,–

Lösung zu Aufgabe A5/1:

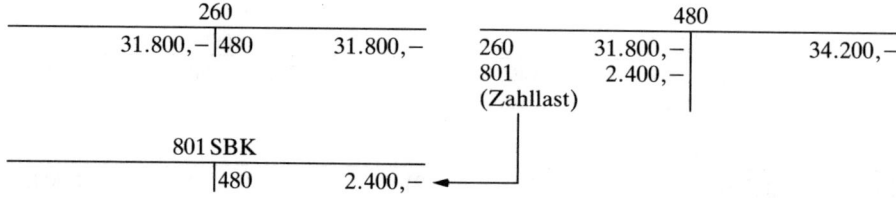

```
              260                                    480
      29.100,– | 480    29.100,–       260    29.100,–         37.500,–
                                       280     8.400,–
                                       (Zahllast)

              280
      21.600,– | 480     8.400,– ◄──────┘
```

Lösung zu Aufgabe A5/2:

```
              260                                    480
      31.800,– | 480    31.800,–       260    31.800,–         34.200,–
                                       801     2.400,–
                                       (Zahllast)

             801 SBK
               | 480     2.400,– ◄──────┘
```

Lösung zu Aufgabe A5/3:

Buchungen bzw. Abschlüsse in folgender Reihenfolge:

Inventurbestände 2000, 228
Salden 2001, 2002   →   2000
Saldo 5001   →   5000
Saldo 2000   →   600
Saldo 228   →   608
Salden 5000, 51, 600, 608   →   802

2000 Rohstoffe			
	46.800,–	801	11.430,–
2001	710,–	2002	2.470,–
		600	33.610,–

5000 Umsatzerlöse			
5001	1.310,–		173.280,–
802	171.970,–		

2001 Bezugskosten		
710,–	2000	710,–

5001 Erlöskorr.		
1.310,–	5000	1.310,–

2002 EPK		
2000	2.470,–	2.470,–

51 Umsatzerlöse HW		
802	8.180,–	8.180,–

600 Rohstoffaufwendungen		
2000	33.610,–	802	33.610,–

228 Handelswaren			
	7.090,–	801	1.770,–
		608	5.320,–

608 Wareneinsatz			
228	5.320,–	802	5.320,–

802 GuV			
600	33.610,–	5000	171.970,–
608	5.320,–	51	8.180,–

801 SBK		
2000	11.430,–	
228	1.770,–	

Lösung zu Aufgabe A5/4:

Buchungssätze:

1a)	2000	30.000,–		44	34.500,–
	260	4.500,–			
b)	2001	1.200,–		288	1.380,–
	260	180,–			
2)	44	6.900,–		2000	6.000,–
				260	900,–
3)	44	1.150,–		2002	1.000,–
				260	150,–
4)	44	26.450,–		280	25.656,50
				2002	690,–
				260	103,50
5)	600	25.000,–		2000	25.000,–
6)	288	805,–		51	700,–
				480	105,–
7)	3001	2.500,–		288	2.500,–
8)	751	2.100,–		280	2.100,–
9a)	240	18.400,–		5000	16.000,–
				480	2.400,–
b)	614	1.000,–		288	1.150,–
	260	150,–			
10a)	5001	3.000,–		240	3.450,–
	480	450,–			
b)	280	14.651,–		240	14.950,–
	5001	260,–			
	480	39,–			

Lösung zu Aufgabe A5/5:

Buchungssätze:

1)	265	2.000,–		288	2.000,–
2)	62	33.020,–		280	20.266,–
				483	4.320,–
	64	5.710,–		484	13.364,–
				486	780,–
3)	66	1.000,–		288	1.000,–
4)	63	8.790,–		280	3.702,–
	64	1.538,–		483	1.410,–
				484	3.516,–
				265	400,–
				540	1.300,–
5)	483	5.730,–		280	5.730,–
6)	486	780,–		285	780,–
7)	484	14.496,–		801	14.496,–

Lösung zu Aufgabe A5/6:

Buchungssätze:

1)	680	200,–		288	230,–
	260	30,–			
2)	63	16.000,–		280	8.950,–
	64	3.200,–		483	3.550,–
				484	6.400,–
3)	5001	4.000,–		240	4.600,–
	480	600,–			
4)	483	7.300,–		280	7.300,–
5)	2000	14.000,–		44	16.100,–
	260	2.100,–			
6)	245	3.200,–		240	3.200,–
7)	240	100,–		576	100,–
8)	3001	800,–		288	800,–
9)	280	3.140,–		245	3.200,–
	753	60,–			
10)	240	46.000,–		5000	40.000,–
				480	6.000,–
11)	425	4.600,–		280	4.600,–
12)	600	5.100,–		2000	5.100,–

07 Maschinen			08 GA		
80.000,–	801	80.000,–	25.000,–	801	25.000,–

2000 Rohstoffe				2001 Bezugskosten		
	32.600,–		8.400,–	1.500,–	2000	1.500,–
5)	14.000,–	12)	5.100,–			
2001	1.500,–	801	34.600,–			

210 UE				220 FE		
4.100,–	801	2.200,–		6.500,–	801	6.400,–
	52	1.900,–			52	100,–

240 Forderungen				245 Besitzwechsel			
	95.300,–		61.200,–	6)	3.200,–	9)	3.200,–
7)	100,–	3)	4.600,–				
10)	46.000,–	6)	3.200,–				
		801	72.400,–				

260 Vorsteuer				280 Bank			
	3.300,–		3.000,–		135.500,–		82.100,–
1)	30,–	480	2.430,–	9)	3.140,–	2)	9.550,–
5)	2.100,–					4)	7.300,–
						11)	4.600,–
						801	35.090,–

288 Kasse		
	12.300,–	8.100,–
1)		230,–
8)		800,–
801		3.170,–

3000 Eigenkapital		
3001	800,–	80.000,–
801	87.340,–	802 8.140,–

3001 Privat		
8)	800,–	3000 800,–

425 Bankdarlehen		
11)	4.600,–	40.000,–
801	35.400,–	

44 Verbindlichkeiten		
	52.400,–	159.900,–
801	123.600,–	5) 16.100,–

480 USt		
	8.000,–	8.200,–
3)	600,–	10) 6.000,–
260	2.430,–	
801	3.170,–	

483 Lohnsteuerverbindl.		
	6.600,–	13.900,–
4)	7.300,–	2) 3.550,–
801	3.550,–	

484 Sozialvers.verbindl.		
	14.700,–	14.700,–
801	5.800,–	2) 5.800,–

5000 Umsatzerlöse		
5001	6.500,–	72.000,–
801	105.500,–	10) 40.000,–

5001 Erlöskorrekturen		
	2.500,–	5000 6.500,–
3)	4.000,–	

52 BV		
210	1.900,–	802 2.000,–
220	100,–	

576 Zinserträge		
802	100,–	7) 100,–

600 Rohstoffaufwendg.		
	8.400,–	802 13.500,–
12)	5.100,–	

63 Gehälter		
	52.000,–	802 68.000,–
2)	16.000,–	

64 Soziale Abgaben		
	10.200,–	802 13.100,–
2)	2.900,–	

680 Büromaterial		
	600,–	802 800,–
1)	200,–	

753 Diskontaufwendungen		
9)	60,–	802 60,–

802 GuV		
52	2.000,–	5000 105.500,–
600	13.500,–	576 100,–
63	68.000,–	
64	13.100,–	
680	800,–	
753	60,–	
3000	8.140,–	

801 SBK		
07	80.000,–	3000 87.340,–
08	25.000,–	425 35.400,–
2000	34.600,–	44 123.600,–
210	2.200,–	480 3.170,–
220	6.400,–	483 3.550,–
240	72.400,–	484 5.800,–
280	35.090,–	
288	3.170,–	
	258.860,–	258.860,–

Lösung zu Aufgabe A5/7:

Buchungssätze:

1)	2000	18.200,–	44		20.930,–
	260	2.730,–			
2)	2001	300,–	288		345,–
	260	45,–			
3)	265	1.000,–	288		1.000,–
4)	680	60,–	288		69,–
	260	9,–			
5)	44	2.415,–	2000		2.100,–
			260		315,–
6)	600	1.670,–	2000		1.670,–
7)	751	890,–	280		890,–
8)	240	16.100,–	5000		14.000,–
			480		2.100,–
9)	280	5.000,–	43		5.000,–
10)	62	12.090,–	280		7.380,–
	64	2.030,–	540		600,–
			483		2.080,–
			484		4.060,–
11)	770	1.300,–	280		8.050,–
	670	1.760,–			
	3001	4.990,–			
12)	43	5.000,–	240		16.100,–
	280	10.617,–			
	5001	420,–			
	480	63,–			
13)	63	9.650,–	280		5.070,–
	64	1.720,–	265		500,–
			483		2.360,–
			484		3.440,–
14)	44	18.515,–	280		18.515,–
15)	483	4.440,–	280		11.940,–
	484	7.500,–			

05 Grundstücke		
120.000,–	801	120.000,–

07 Maschinen		
132.000,–	801	132.000,–

08 GA		
46.000,–	801	46.000,–

2000 Rohstoffe		
	86.000,–		67.000,–
1)	18.200,–	5)	2.100,–
2001	5.700,–	6)	1.670,–
		801	39.130,–

2001 Bezugskosten		
	5.400,–	2000	5.700,–
2)	300,–		

202 Hilfsstoffe		
	12.000,–		9.500,–
		801	2.500,–

210 UE		
	5.500,–	89	11.300,–
52	5.800,–		

220 FE		
	17.000,–	801	15.700,–
		52	1.300,–

240 Forderungen		
	113.600,–		98.900,–
8)	16.100,–	12)	16.100,–
		801	14.700,–

260 Vorsteuer		
	10.500,–		8.000,–
1)	2.730,–	5)	315,–
2)	45,–	480	4.969,–
4)	9,–		

265 Forderg. an Mitarbeiter		
	3.000,–		2.000,–
3)	1.000,–	13)	500,–
		801	1.500,–

280 Bankguthaben/ 420 Bankverbindlichkeiten		
	102.500,–		89.300,–
9)	5.000,–	7)	890,–
12)	10.617,–	10)	7.380,–
801	23.028,–	11)	8.050,–
		13)	5.070,–
		14)	18.515,–
		15)	11.940,–

288 Kasse		
	18.600,–		16.200,–
		2)	345,–
		3)	1.000,–
		4)	69,–
		801	986,–

3000 Eigenkapital		
3001	9.590.–		270.000,–
801	317.870,–	802	57.460,–

3001 Privat		
	4.600,–	3000	9.590,–
11)	4.990,–		

43 Erhaltene Anzahlg.		
12)	5.000.–	9)	5.000,–

44 Verbindlichkeiten		
	79.190,–		109.040,–
5)	2.415,–	1)	20.930,–
14)	18.515,–		
801	29.850,–		

480 Umsatzsteuer		
	12.000.–		28.000,–
12)	63,–	8)	2.100,–
260	4.969,–		
801	13.068,–		

483 Lohnsteuerverbindl.			
	1200,–		1.200,–
15)	4.440,–	10)	2.080,–
		13)	2.360,–

484 Sozialvers.verbindl.			
	2.300,–		2.300,–
15)	7.500,–	10)	4.060,–
		13)	3.440,–

5000 Umsatzerlöse			
	2.600,–		280.000,–
5002	3.420,–	8)	14.000,–
802	287.980,–		

5001 Erlöskorrektur			
	3.000,–	5000	3.420,–
12)	420,–		

52 BV			
220	1.300,–	210	5.800,–
802	4.500,–		

540 Mieterträge			
802	15.400,–		14.800,–
		10	600,–

600 Rohstoffaufwendung			
	57.000,–	802	58.670,–
6)	1.670,–		

602 Hilfsstoffaufwendg.			
	9.500,–	802	9.500,–

62 Löhne			
	42.000,–	802	54.090,–
10)	12.090,–		

63 Gehälter			
	55.000,–	802	64.650,–
13)	9.650,–		

64 Soziale Abgaben			
	22.500,–	802	26.250,–
10)	2.030,–		
13)	1.720,–		

670 Mietaufwendg.			
	15.280,–	802	17.040,–
11)	1.760,–		

680 Büromaterial			
	2.500,–	802	2.560,–
4)	60,–		

751 Zinsaufwendungen			
	8.670,–	802	9.560,–
7)	890,–		

770 Gewerbesteuer			
	6.800,–	802	8.100,–
11)	1.300,–		

802 GuV			
600	58.670,–	5000	287.980,–
602	9.500,–	52	4.500,–
62	54.090,–	540	15.400,–
63	64.650,–		
64	26.250,–		
670	17.040,–		
680	2.560,–		
751	9.560,–		
770	8.100,–		
3000	57.460,–		
	307.880,–		307.880,–

801 SBK			
05	120.000,–	3000	317.870,–
07	132.000,–	420	23.028,–
08	46.000,–	44	29.850,–
2000	39.130,–	480	13.068,–
202	2.500,–		
210	11.300,–		
220	15.700,–		
240	14.700,–		
265	1.500,–		
280	–		
288	986,–		
	383.816,–		383.816,–

Lösung zu Aufgabe A6/1:

a) Abschreibungssatz $= \dfrac{100}{6} = 16\,\dfrac{2}{3}\,\%$

   jährlicher Abschreibungsbetrag $= \dfrac{24.000}{6}$ DM

   $= DM\,4.000,-$

b) jährlicher Abschreibungsbetrag $= \dfrac{24.000 - 600}{6}$ DM

   $= DM\,3.900,-$

c) kumulierte Nutzungsdauer $= \dfrac{n\,(n+1)}{2} = \dfrac{6\,(6+1)}{2} = 21$

   Der digitale Abschreibungsbetrag vermindert sich jährlich um den Degressionsbetrag

   $$\frac{Ako}{kum.\,ND} = \frac{24.000}{21}\,DM = DM\,1.143,-$$

   Abschreibung in $t_1 = 6 \cdot 1.143 = DM\,6.858,-$
   $t_2 = 5 \cdot 1.143 = DM\,5.715,-$
   $t_3 = 4 \cdot 1.143 = DM\,4.572,-$

   . . .
   . . .
   . . .

Lösung zu Aufgabe A6/2:

a)

	linear 10%		geometr.-degr. 30%		digital	
	Abschr.	RW_t	Abschr.	RW_t	Abschr.	RW_t
t_0 (=Ako)	–	110.000	–	110.000	–	110.000
t_1	11.000	99.000	33.000	77.000	20.000	90.000
t_2	11.000	88.000	23.100	53.900	18.000	72.000
t_3	11.000	77.000	16.170	37.730	16.000	56.000
t_4	11.000	66.000	11.319	26.411	14.000	42.000
t_5	11.000	55.000	7.923	18.488	12.000	30.000
t_6	11.000	44.000	5.546	12.942	10.000	20.000
t_7	11.000	33.000	3.783	9.059	8.000	12.000
t_8	11.000	22.000	2.718	6.341	6.000	6.000
t_9	11.000	11.000	1.902	4.439	4.000	2.000
t_{10}	11.000	–	(4.439)	(–)	2.000	–

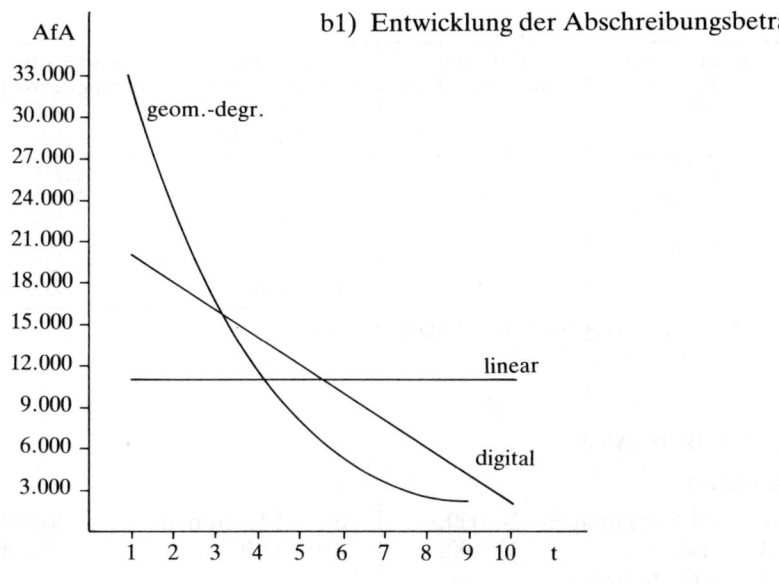

b1) Entwicklung der Abschreibungsbeträge

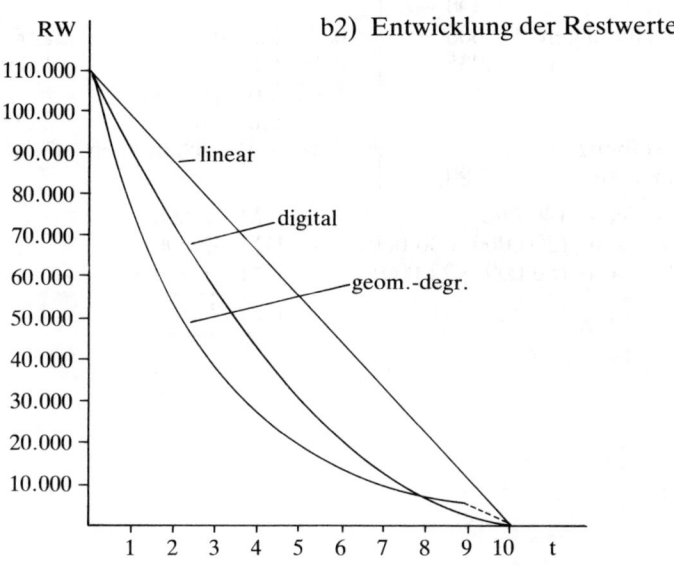

b2) Entwicklung der Restwerte

c)

	linear zu verteilender $RW_{t_{n-1}}$	verteilt auf ... Jahre (restl. ND)	ergibt bei linearer Verteilung bis t_{10} eine jährl. AfA in DM		AfA bei Fortsetzung der degr. Methode
t_4	37.730	7	5.390	<	11.319
t_5	26.411	6	4.402	<	7.923
t_6	18.488	5	3.698	<	5.546
t_7	12.942	4	3.235	<	3.783
t_8	9.059	3	3.020	>	2.718

Optimaler Methodenwechsel im 8. Nutzungsjahr (in t_8)

Lösung zu Aufgabe A6/3:

Buchungssätze:

1) 361 WB Sachanlagen 24.000,–   07 Maschinen   36.000,–
    288 Kasse   12.190,–   480 USt   1.590,–
    6962 Verluste/Sach-
         anlagen   1.400,–
2) 361 WB Sachanlagen 17.600,–   084 Fuhrpark   22.000,–
    280 Bank   7.935,–   480 USt   1.035,–
                                          5462 Erträge/Sach-
                                               anlagen   2.500,–
3) 652 Abschreibungen auf   361 WB Sachanlagen 47.200,–
         Sachanlagen   47.200,–

Gebäude   2%   von 140.000   = DM   2.800,–
Maschinen   20%   von (200.000 − 36.000)   = DM 32.800,–
Fuhrpark   20%   von (80.000 − 22.000)   = DM 11.600,–
                                               ─────────────
                                               DM 47.200,–

05 Gebäude			
AB	140.000,–	801	140.000,–

07 Maschinen			
AB	200.000,–	1)	36.000,–
		801	164.000,–

084 Fuhrpark			
AB	80.000,–	2)	22.000,–
		801	58.000,–

361 WB zu Sachanlagen			
1)	24.000,–	AB	124.000,–
2)	17.600,–	3)	47.200,–
801	129.600,–		

5462 Erträge/Sachanlagen			
802	2.500,–	2)	2.500,–

652 Abschreibungen/Sachanlagen			
3)	47.200,–	802	47.200,–

6962 Verluste/Sachanlagen			
1)	1.400,–	802	1.400,–

802 GuV			
652	47.200,–	5462	2.500,–
6962	1.400,–		

801 SBK			
05	140.000,–	361	129.600,–
07	164.000,–		
084	58.000,–		

Lösung zu Aufgabe A6/4:

Buchungssätze:

1)	247	Zweifelh.Ford.	9.890,–		240	Forderungen	9.890,–
2)	280	Bank	2.990,–		247	Zweifelh.Ford.	6.900,–
	367	EWB/Forderungen	5.000,–		545	Erträge/Ford.	1.600,–
	480	USt	510,–				
3)	480	USt	180,–		240	Forderungen	1.380,–
	368	PWB/Forderungen	1.200,–				
4)	695	Abschreibg./Ford.	7.740,–		367	EWB/Forderungen	7.740,–

5)	PWB – Anfangsbestand	3.000,–
	Auflösung (Fall 4)	1.200,–
	verbleibender Bestand	1.800,–
	PWB-Bedarf	2.500,–
	Bildung zusätzlicher PWB	700,–

695	Abschreibg./Ford.	700,–		368	PWB/Forderungen	700,–

240 Forderungen		
280.490,–		211.500,–
	1)	9.890,–
	3)	1.380,–
	801	57.720,–

247 Zweifelhafte Forderungen		
	11.500,–	6.900,–
1)	9.890,–	801	14.490,–

280 Bank		
	268.320,–	239.180,–
2)	2.990,–	801	32.130,–

367 EWB/Ford.		
2)	5.000,–	7.000,–
801	9.740,–	4)	7.740,–

368 PWB/Ford.		
3)	1.200,–	3.000,–
801	2.500,–	5)	700,–

480 USt		
	10.500,–	13.500,–
2)	510,–	
3)	180,–	
801	2.310,–	

545 Erträge/Ford.		
802	1.600,–	2)	1.600,–

695 Abschreibg./Ford.		
4)	7.740,–	802	8.440,–
5)	700,–	

802 GuV		
695	8.440,–	545	1.600,–

801 SBK		
240	57.720,–	367	9.740,–
247	14.490,–	368	2.500,–
280	32.130,–	480	2.310,–

Lösung zu Aufgabe A6/5:

Buchungssätze mit Erläuterungen:

1) Miete Nov., Dez.   900,–   Aufwand im alten Jahr
         Jan.   450,–   Aufwand im neuen Jahr
                                       $\rightarrow$ abgrenzen
    293 Akt. RAP   450,– | 670 Mietaufwendungen   450,–

2) Zinsen 4. Quartal Aufwand noch zu buchen.
    751 Zinsaufwendungen   2.680,– | 489 Sonst.Verb.   2.680,–

3) Versicherung 15.11.-31.12. $\frac{3}{24} = 63,-$ Aufwand im alten Jahr,

            01.01.-15.11. $\frac{21}{24} = 441,-$ Aufwand im neuen Jahr$\rightarrow$abgrenzen.

    293 Akt. RAP   441,– | 690 Vers.prämien   441,–

4) Zinsen in voller Höhe Ertrag im alten Jahr
    266 Sonst.Ford.   257,– | 571 Zinserträge   257,–

5) Miete Dez. 60,– Ertrag im alten Jahr
    Jan., Febr. 120,– Ertrag im neuen Jahr $\rightarrow$ abgrenzen
    540 Mieterträge   120,– | 490 Pass. RAP   120,–

6) Steuer in voller Höhe Aufwand im alten Jahr
    700 Gewerbesteuer   620,– | 489 Sonst.Verbindl.   620,–

266 Sonst. Ford.			
4)	257,–	801	257,–

293 Akt. RAP			
1)	450,–	801	891,–
3)	441,–		

489 Sonst. Verb.			
801	3.300,–	2)	2.680,–
		6)	620,–

490 Pass. RAP			
801	120,–	5)	120,–

540 Mieterträge			
5)	120,–		840,–
802	720,–		

571 Zinserträge			
802	667,–		410,–
		4)	257,–

670 Mietaufwendungen			
	5.850,–	1)	450,–
		802	5.400,–

690 Versicherungsprämien			
	2.360,–	3)	441,–
		802	1.919,–

700 Gewerbesteuer			
	1.860,–	802	2.480,–
6)	620,–		

751 Zinsaufwendungen			
	8.040,–	802	10.720,–
2)	2.680,–		

802 GuV			
670	5.400,–	540	720,–
690	1.919,–	571	667,–
700	2.480,–		
751	10.720,–		

801 SBK			
266	257,–	489	3.300,–
293	891,–	49	120,–

Lösung zu Aufgabe A6/6:

1)	690	Vers.prämien	441,–	293	Akt. RAP	891,–
	670	Mietaufwendg.	450,–			
2)	490	Pass. RAP	120,–	540	Mieterträge	120,–
3)	489	Sonst. Verbindl.	2.680,–	280	Bank	2.680,–
4)	280	Bank	257,–	266	Sonst. Ford.	257,–
5)	489	Sonst. Verbindl.	620,–	280	Bank	620,–

266 Sonst. Ford.			
AB	257,–	4)	257,–

280 Bank			
AB	8.210,–	3)	2.680,–
4)	257,–	5)	620,–
		801	5.167,–

293 Aktive RAP			
AB	891,–	1)	891,–

489 Sonst. Verb.			
3)	2.680,–	AB	3.300,–
5)	620,–		

490 Pass. RAP			
2)	120,–	AB	120,–

540 Mieterträge			
802	120,–	2)	120,–

	670 Mietaufwendungen	
1)	450,–	802	450,–

	690 Versicherungsprämien	
1)	441,–	802	441,–

802 GuV			
670	450,–	540	120,–
690	441,–		

801 SBK	
280	5.167,–

Lösung zu Aufgabe A6/7:

Geschäftsvorfälle:

1)	247	Zweifh.Ford.	1.150,–	240	Forderungen	1.150,–
2)	280	Bank	6.785,–	084	Fuhrpark	24.000,–
	361	WB/Sachanlagen	19.200,–	480	USt	885,–
				5462	Erträge/Abgang	
					Sachanlagen	1.100,–
3)	44	Verbindl.	920,–	2002	EPK	800,–
				260	Vorsteuer	120,–
4)	63	Gehälter	42.860,–	280	Bank	25.230,–
	64	Soz. Abgaben	7.120,–	265	Ford. an	
					Mitarbeiter	2.600,–
				483	Verb./Finanzbeh.	7.910,–
				484	Verb./Sozialvers.	14.240,–
5)	280	Bank	805,–	247	Zweifh.Ford.	4.600,–
	367	EWB/Ford.	3.400,–	545	Erträge/Ford.	100,–
	480	USt	495,–			
6)	280	Bank	5.635,–	240	Forderungen	5.750,–
	5001	Erlöskorr.	100,–			
	480	USt	15,–			
7)	600	Rohst.aufw.	470,–	2000	Rohstoffe	470,–
8)	3001	Privat	2.000,–	288	Kasse	2.000,–
9)	39	Sonst.Rückstellg.	600,–	280	Bank	530,–
				548	Erträge/Rückstellg.	70,–
10)	670	Mietaufwendg.	1.200,–	280	Bank	1.200,–

Abschlußangaben:

1)	695	Abschreibg./Ford.	600,–		367	EWB/Ford.	600,–
2)	PWB-Bedarf = 3% von netto						
	66.700,– = 2.001,–						
	695	Abschreigb./Ford.	101,–		368	PWB/Ford.	101,–
3)	293	Aktive RAP	1.200,–		670	Mietaufwendg.	1.200,–
4)	700	Gewerbesteuer	800,–		38	Steuerrückstellg.	800,–
5)	652	Abschr./Sach-			05	Gebäude	9.000,–
		anlagen	63.000,–		361	WB/Sachanlagen	54.000,–
6)	801	SBK	3.600,–		202	Hilfsstoffe	3.600,–
	602	Hilfsst.aufw.	43.200,–		202	Hilfsstoffe	
						(Saldo)	43.200,–
	801	SBK	167.100,–		210	UE	167.100,–
	801	SBK	124.800,–		220	FE	124.800,–
	801	SBK	1.700,–		288	Kasse	1.700,–
	6963	Verluste/UV	100,–		288	Kasse	100,–

05 Gebäude				07 Maschinen		
320.000,–	A5)	9.000,–		180.000,–	801	180.000,–
	801	311.000,–				

084 Fuhrpark				2000 Rohstoffe		
72.000,–	2)	24.000,–		381.400,–		358.100,–
	801	48.000,–			7)	470,–
					2002	2.800,–
					801	20.030,–

2002 EPK				202 Hilfsstoffe		
2000	2.800,–		2.000,–	46.800,–	801	3.600,–
		3)	800,–		602	43.200,–

210 UE				220 FE		
	163.500,–	801	167.100,–	139.100,–	801	124.800,–
52	3.600,–				52	14.300,–

240 Forderungen				247 Zweifelh. Ford.		
1.066.000,–		992.830,–		4.600,–	5)	4.600,–
	1)	1.150,–	1)	1.150,–	801	1.150,–
	6)	5.750,–				
	801	66.270,–				

260 Vorsteuer				265 Ford./Mitarbeiter		
54.700,–		49.500,–		16.800,–		11.000,–
	3)	120,–			4)	2.600,–
	480	5.080,–			801	3.200,–

280 Bank				288 Kasse		
	1.160.800,–		1.139.270,–	67.900,–		64.100,–
2)	6.785,–	4)	25.230,–		8)	2.000,–
5)	805,–	9)	530,–		801	1.700,–
6)	5.635,–	10)	1.200,–		6963	100,–
		801)	7.795,–			

293 Aktive RAP		
A3)	1.200,–	801 1.200,–

3001 Privat		
	41.400,–	3000 43.400,–
8)	2.000,–	

367 EWB/Ford.		
5)	3.400,–	3.400,–
801	600,–	A1) 600,–

38 Steuerrückstellungen		
801	800,–	A4) 800,–

425 Langfrist. Banksch.		
	39.500,–	226.700,–
801	187.200,–	

480 USt		
	128.900,–	137.600,–
5)	495,–	2) 885,–
6)	15,–	
260	5.080,–	
801	3.995,–	

484 Verb./Sozialversicherg.		
	117.600,–	117.600,–
801	14.240,–	4) 14.240,–

5001 Erlöskorrektur		
	8.800,–	5000 8.900,–
6)	100,–	

545 Erträge/Ford.		
802	100,–	5) 100,–

548 Erträge/Rückstellg.		
802	70,–	9) 70,–

3000 Eigenkapital		
3001	43.400,–	310.000,–
801	512.819,–	802 246.219,–

361 WB/Sachanlagen		
2)	19.200,–	129.900,–
801	164.700,–	A5) 54.000,–

368 PWB/Ford.		
801	2.001	1.900,–
		A2) 101,–

39 Sonst. Rückstellungen		
	3.100,–	4.800,–
9)	600,–	
801	1.100,–	

44 Verbindlichkeiten		
	878.700,–	920.100,–
3)	920,–	
801	40.480,–	

483 Verb./Finanzbehörden		
	50.800,–	50.800,–
801	7.910,–	4) 7.910,–

5000 Umsatzerlöse		
	3.600,–	1.291.700,–
5001	8.900,–	
802	1.279.200,–	

52 BV		
220	14.300,–	210 3.600,–
		802 10.700,–

5462 Erträge/Abg. Sachanlagen		
802	12.200,–	11.100,–
		2) 1.100,–

600 Rohstoffaufwendg.		
	356.700,–	802 357.170,–
7)	470,–	

602 Hilfsstoffaufwendg.			
202	43.200,–	802	43.200,–

63 Gehälter			
4)	367.100,– 42.860,–	802	409.960,–

64 Soziale Abgaben			
4)	58.300,– 7.120,–	802	65.420,–

652 Abschreibg./Sachanlagen			
A5)	63.000,–	802	63.000,–

670 Mietaufwendg.			
10)	54.400,– 1.200,–	A3) 802	1.200,– 54.400,–

695 Abschreibg./Ford.			
A1) A2)	4.100,– 600,– 101,–	802	4.801,–

6963 Verluste/UV			
A6)	2.900,– 100,–	802	3.000,–

700 Gewerbesteuer			
A4)	14.100,– 800,–	802	14.900,–

751 Zinsaufwendg.			
	18.800,–	802	18.800,–

802 GuV

52	BV	10.700,–	5000	Umsatzerlöse	1.279.200,–
600	Rohstoffaufw.	357.170,–	545	Erträge/Ford.	100,–
602	Hilfsstoffaufw.	43.200,–	5462	Erträge/Abg. Sach AV	12.200,–
63	Gehälter	409.960,–	548	Erträge Rückerst.	70,–
64	Soziale Abgaben.	65.420,–			
652	Abschr./SachAV	63.000,–			
670	Mietaufw.	54.400,–			
695	Abschr./Ford	4.801,–			
6963	Verluste/UV	3.000,–			
700	Gewerbesteuer	14.900,–			
751	Zinsaufwd.	18.800,–			
300	EK	246.219,–			
		1.291.570,–			1.291.570,–

801 SBK

05	Gebäude	311.000,–	3000	EK	512.819,–
07	Maschinen	180.000,–	361	WB/SachAV	164.700,–
084	Fuhrpark	48.000,–	367	EWB/Ford.	600,–
2000	Rohstoffe	20.030,–	368	PWB/Ford.	2.001,–
202	Hilfsstoffe	3.600,–	38	Steuerrückstellg.	800,–
210	UE	167.100,–	39	Sonst. Rückst.	1.100,–
220	FE	124.800,–	425	Langfr. Banksch.	187.200,–
240	Forderungen	66.270,–	44	Verbindlichk.	40.480,–
247	Zweifelh. Ford.	1.150,–	480	USt	3.995,–
265	Ford./Mitarbeiter	3.200,–	483	Verb./Finanzb.	7.910,–
280	Bank	7.795,–	484	Verb./Sozialvers.	14.240,–
288	Kasse	1.700,–			
293	Aktive RAP	1.200,–			
		935.845,–			935.845,–

Lösung zu Aufgabe A7/1:

	Summenbilanz		Saldenbilanz I		Vorbereitende Abschlußbuchungen	
	Soll	Haben	Soll	Haben	Soll	Haben
05	320.000,–	–	320.000,–	–		9.000,–
07	180.000,–	–	180.000,–	–		
084	72.000,–	24.000,–	48.000,–	–		
2000	381.400,–	358.570,–	22.830,–	–		2.800,–
2002	–	2.800,–	–	2.800,–	2.800,–	
202	46.800,–	–	46.800,–	–		43.200,–
210	163.500,–	–	163.500,–	–	3.600,–	
220	139.100,–	–	139.100,–	–		14.300,–
240	1.066.000,–	999.730,–	66.270,–	–		
247	5.750,–	4.600,–	1.150,–	–		
260	54.700,–	49.620,–	5.080,–	–		5.080,–
265	16.800,–	13.600,–	3.200,–	–		
280	1.174.025,–	1.166.230,–	7.795,–	–		
288	67.900,–	66.100,–	1.800,–	–		100,–
293	–	–	–	–	1.200,–	
3000	–	310.000,–	–	310.000,–	43.400,–	
3001	43.400,–	–	43.400,–	–		43.400,–
361	19.200,–	129.900,–	–	110.700,–		54.000,–
367	3.400,–	3.400,–	–	–		600,–
368	–	1.900,–	–	1.900,–		101,–
38/39	3.700,–	4.800,–	–	1.100,–		800,–
425	39.500,–	226.700,–	–	187.200,–		
44	879.620,–	920.100,–	–	40.480,–		
480	129.410,–	138.485,–	–	9.075,–	5.080,–	
483/484	168.400,–	190.550,–	–	22.150,–		
5000	3.600,–	1.291.700,–	–	1.288.100,–	8.900,–	
5001	8.900,–	–	8.900,–	–		8.900,–
52	–	–	–	–	14.300,–	3.600,–
545	–	100,–	–	100,–		
5462	–	12.200,–	–	12.200,–		
548	–	70,–	–	70,–		
600	357.170,–	–	357.170,–	–		
602	–	–	–	–	43.200,–	
63	409.960,–	–	409.960,–	–		
64	65.420,–	–	65.420,–	–		
652	–	–	–	–	63.000,–	
670	55.600,–	–	55.600,–	–		1.200,–
695	4.100,–	–	4.100,–	–	801,–	
6963	2.900,–	–	2.900,–	–		
700	14.100,–	–	14.100,–	–	800,–	
751	18.800,–	–	18.800,–	–		
	5.915.155,–	5.915.155,–	1.985.875,–	1.985.875,–	187.081,–	187.081,–

Saldenbilanz II		GuV		Schlußbilanz	
Soll	Haben	Soll	Haben	A	P
311.000,–				311.000,–	
180.000,–				180.000,–	
48.000,–				48.000,–	
20.030,–				20.300,–	
–				–	
3.600,–				3.600,–	
167.100,–				167.100,–	
124.800,–				124.800,–	
66.270,–				66.270,–	
1.150,–				1.150,–	
–				–	
3.200,–				3.200,–	
7.795,–				7.795,–	
1.700,–				1.700,–	
1.200,–				1.200,–	
	266.600,–				266.600,–
	–				
	164.700,–				164.700,–
	2.001,–				2.001,–
	600,–				600,–
	1.900,–				1.900,–
	187.200,–				187.200,–
	40.480,–				40.480,–
	3.995,–				3.995,–
	22.150,–				22.150,–
	1.279.200,–		1.279.200,–		
10.700,–		10.700,–			
	100,–		100,–		
	12.200,–		12.200,–		
	70,–		70,–		
357.170,–		357.170,–			
43.200,–		43.200,–			
409.960,–		409.960,–			
65.420,–		65.420,–			
63.000,–		63.000,–			
54.400,–		54.400,–			
4.901,–		4.901,–			
2.900,–		2.900,–			
14.900,–		14.900,–			
18.800,–		18.800,–			
1.981.196,–	1.981.196,–	1.045.351,–	1.291.570,–	935.845,–	689.626,–
		246.219,–			246.219,–
		1.291.570,–	1.291.570,–	935.845,–	935.845,–

Lösung zu Aufgabe A8/11:

Lösungshinweis zu a): S. 4f.

b) Möglichkeit der Weiterentwicklung bei veränderten Anforderungen und technischen Gegebenheiten ohne Gesetzesänderung, – allein durch Rechtsprechung, Wissenschaft und Praxis.

Lösung zu Aufgabe A8/12:

Lösungshinweis: S. 7f.

Lösung zu Aufgabe A8/13:

Lösungshinweis: S. 35f.

Lösung zu Aufgabe A8/14:

Lösungshinweis: S. 42ff.

Lösung zu Aufgabe A8/15:

(1) 6 Jahre
(2) 10 Jahre
(3) keine Aufbewahrungspflicht
(4) 6 Jahre
(5) keine Aufbewahrungspflicht

Lösung zu Aufgabe A8/21:

3000 EK			
3001	43.155,–	AB	243.000,–
SB	223.845,–	802	24.000,–

3001 Privat			
bar	38.900,–	3000	43.155,–
Verbr.	4.255,–		

542 Eigenverbrauch			
802	3.700,–	Privat	3.700,–

802 GuV			
Aufw.	197.100,–	Ertr.	217.400,–
3000	24.000,–	542	3.700,–

Lösung zu Aufgabe A8/22:

Kontenabschluß

2000 Rohstoffe			
AB	36.800,–	2002	3.190,–
Zugänge	119.600,–	89	41.400,–
2001	4.720,–	600	116.530,–
	161.120,–		161.120,–

2001 Bezugskosten Rohstoffe			
	4.720,–	2000	4.720,–

2002 Einstandspreiskorrekturen			
2000	3.190,–		3.190,–

600 Rohstoffaufwendungen			
2000	116.530,–	802	116.530,–

3000 Eigenkapital			
802	11.380,–	AB	150.000,–
801	138.620,–		

802 GuV

übrige Aufwendg.	298.790,–	übrige Erträge	403.940,–
600	116.530,–	3000	11.380,–
	415.320,–		415.320,–

801 SBK

übriges Vermögen	518.600,–	Schulden	421.380,–
2000	41.400,–	3000	138.620,–
	560.000,–		560.000,–

Lösung zu Aufgabe A8/23:

260 Vorsteuer

	13.860,–	1)	120,–
		3)	255,–
		480	12.537,–
		801	948,–

480 Umsatzsteuer

4)	3,–		9.390,–
260	12.537,–	2)	3.150,–

801 SBK

Sonstige Forderungen (Vorsteuerüberhang)	948,–	

a) Vorsteuerüberhang
b) Wert der eingekauften Leistungen > Wert der verkauften Leistungen

Lösung zu Aufgabe A8/24:

2000 Rohstoffe

2001	63.000,–	2002	2.090,–
	3.740,–	801	9.420,–
		600	55.230,–

2001 Bezugskosten

	3.740,–	2000	3.740,–

2002 EPK

2000	2.090,–		2.090,–

210 UE

AB	72.780,–	801	74.040,–
52	1.260,–		

220 FE

AB	57.110,–	801	53.870,–
		52	3.240,–

52 BV

220	3.240,–	210	1.260,–
		802	1.980,–

600 Rohstoffaufwendg.

2000	55.230,–	802	55.230,–

802 GuV

52	1.980,–	
600	55.230,–	

801 SBK

2000	9.420,–	
210	74.040,–	
220	53.870,–	

Lösung zu Aufgabe A8/31:

Abschreibungsplan

	km Stand	Leistung in km	Abschreibung in DM	Buchwert in DM
t_0	0	–	–	24.900
t_1	19.600	19.600	4.704	20.196
t_2	37.100	17.500	4.200	15.996
t_3	58.500	21.400	5.136	10.860

Ako   24.900,– DM
RW_{t_n} 6.900,– DM
Wertminderung $\overline{18.000,- DM} : 75.000\,km = 0{,}24\,DM/km$

Lösung zu Aufgabe A8/32:

Abschreibungsplan

	degressive A.	Übergang zur linearen A.	RW_t bei optimaler A.
t_0	–	–	36.000,–
t_1	10.800,–	6.000,–	25.200,–
t_2	7.560,–	5.040,–	17.640,–
t_3	5.292,–	4.410,–	12.348,–
t_4	3.704,–	4.116,–	8.232,–
t_5		4.116,–	4.116,–
t_6		4.116,–	–

Lösung zu Aufgabe A8/33:

	km Stand	Leistung in km	Abschreibung in DM	Buchwert in DM
t_0	0	–	–	31.800,–
t_1	21.200	21.200	5.936,–	25.864,–
t_2	39.100	17.900	5.012,–	20.852,–
t_3	60.700	21.600	6.048,–	14.804,–

Ako   31.800,–
$- RW_{t_n}$ 8.000,–
$\overline{23.800,-}$

Abschreibg. je LE $= \dfrac{23.800,- DM}{85.000\,km} = 0{,}28\,DM/km$

Lösung zu Aufgabe A8/34:

Abschreibungsplan

t	linear Abschreibg.	Buchwert	geometrisch-degressiv. Abschreibg.	Buchwert	digital Abschreibg.	Buchwert
t_0	–	32.000,–	–	32.000,–	–	32.000,–
t_1	5.000,–	27.000,–	9.600,–	22.400,–	8.571,–	23.429,–
t_2	5.000,–	22.000,–	6.720,–	15.680,–	7.143,–	16.286,–
t_3	5.000,–	17.000,–	4.704,–	10.976,–	5.714,–	10.572,–
t_4	5.000,–	12.000,–	3.293,–	7.683,–	4.286,–	6.286,–
			(linear 2.992,–)			
t_5	5.000,–	7.000,–	lin. 2.842,–	4.841,–	2.857,–	3.429,–
t_6	5.000,–	2.000,–	↓ 2.841,–	2.000,–	1.429,–	2.000,–

Lösung zu Aufgabe A8/35:

Abschreibungsplan

Höchst zulässiger degressiver Abschreibungssatz

3facher linearer Satz $= 3 \cdot \dfrac{100}{12} = 25\% <$ absolute Obergrenze 30%, also 25%

vom jeweiligen Restwert RW_t

t	25% degressive Abschreibung	RW_t bei degressiver Abschreibung	Abschreibung bei Übergang zur linearen Abschreibung	· höhere Abschreibung	RW_t bei optimaler Abschreibung
t_0	–	60.000	–	degressiv	60.000
t_1	15.000	45.000	60.000 : 12 = 5.000	↓	45.000
t_2	11.250	33.750	45.000 : 11 = 4.091		33.750
t_3	8.438	25.312	33.750 : 10 = 3.375		25.312
t_4	6.328	18.984	25.312 : 9 = 2.812		18.984
t_5	4.746	14.238	18.984 : 8 = 2.373		14.238
t_6	3.560	10.678	14.238 : 7 = 2.034		10.678
t_7	2.670	8.008	10.678 : 6 = 1.780		8.008
t_8	2.002	6.006	8.008 : 5 = 1.602		6.006
t_9	1.502	4.504	6.006 : 4 = 1.502 ┐		4.504
t_{10}	1.126	3.378	4.504 : 3 = 1.501	linear	3.002
t_{11}	844	2.534	3.378 : 2 = 1.689	1.502	1.500
t_{12}	634	1.900	2.534 : 1 = 2.534	↓	0

Lösung zu Aufgabe A 8/36:

Abschreibungsmethoden

Abschreibungs-methode	Abschreibungssatz	Abschreibungsbetrag
linear	gleichbleibender Prozentsatz, jeweils von den AKo/HKo	gleichbleibend
degressiv	gleichbleibender Prozentsatz, jeweils vom Restwert	fallend
leistungs-abhängig	–	abhängig von Nutzungseinheiten in der Abschreibungsperiode

Lösung zu Aufgabe A8/37:

Abschreibungsursachen

Ursache	Beispiel
Verschleiß infolge Nutzung	Maschine
technischer Fortschritt	Computer
Substanzverlust	Kiesgrube
Zeitablauf	Konzession
Modellwechsel	Kraftfahrzeug
Verminderung der wirtschaftlichen Gebrauchsfähigkeit	Maschine
Minderung des Marktwertes	Finanzanlagen

Lösung zu Aufgabe A8/51:

Spezielle Kreditrisiken:

Forderung muß aufgrund konkreter Hinweise als
– uneinbringlich (z.B. nicht gedeckte Konkursquote) oder als
– zweifelhaft (z.B. Wechselprotest) gelten.

Allgemeines Kreditrisiko:

Aufgrund allgemeiner kaufmännischer Erfahrung muß trotz Fehlens konkreter Hinweise mit Forderungsausfällen gerechnet werden.

Buchhalterische Behandlung:

Bei realisierten Forderungsverlusten:
Direkte Abschreibung des Nettobetrages und Korrektur der Umsatzsteuer

Bei möglichen Forderungsverlusten:
Direkte oder indirekte Abschreibung des vorsichtig geschätzten Forderungsausfalls (Nettobetrag). Für allgemeines Kreditrisiko intern Bildung von Pauschalwertberichtigungen.

Lösung zu Aufgabe A8/52:

Lösungshinweis: a) S. 122
b) S. 126f.

Lösung zu Aufgabe A8/61:

1)	240	4.600,–	5000	4.000,–
			480	600,–
2)	280	4.508,–		
	5001	80,–	240	4.600,–
	480	12,–		
3)	280	3.450,–	086	1.400,–
			480	450,–
			5462	1.600,–
4)	44	2.530,–	2002	2.200,–
			260	330,–
5)	653	20.000,–	07	20.000,–
6)	700	3.000,–	38	3.000,–
7)	293	800,–	690	800,–
8)	63	30.000,–	265	700,–
	64	5.100,–	280	19.700,–
			483	4.500,–
			484	10.200,–
9)	280	6.900,–		
	367	5.000,–	240 (247)	11.500,–
	480	600,–	545	1.000,–

Lösung zu Aufgabe A8/62:

1)	280	6.693,–		
	5001	180,–	240	6.900,–
	480	27,–		
2)	63	48.280,–	265	2.800,–
	64	8.120,–	280	27.450,–
			483	9.910,–
			484	16.240,–
3)	44	805,–	2000	700,–
			260	105,–
4)	280	1.932,–		
	695	1.120,–	247	3.220,–
	480	168,–		
5)	692	16.000,–	489	16.000,–

Lösung zu Aufgabe A8/63:

1)	247	2.300,–	240	2.300,–
2)	62	17.400,–	265	500,–
	64	2.550,–	280	11.450,–
			483	2.900,–
			484	5.100,–
3)	280	14.651,–		
	5001	260,–	240	14.950,–
	480	39,–		
4)	695	2.000,–	247	2.300,–
	480	300,–		
5)	361	75.000,–	084	80.000,–
	280	17.250,–	480	2.250,–
			5462	10.000,–
6)	540	2.000,–	490	2.000,–
7)	652	5.000,–	086	5.000,–
8)	751	100,–	489	100,–

Lösung zu Aufgabe A8/64:

1)	62	28.000,–	540	1.500,–
	64	4.900,–	280	16.400,–
			483	5.200,–
			484	9.800,–
2)	280	6.900,–	07	5.000,–
			480	900,–
			5462	1.000,–
3)	368	300,–	545	300,–
4)	240	13.800,–	5000	12.000,–
			480	1.800,–
5)	280	13.524,–		
	5001	240,–	240	13.800,–
	480	36,–		
6)	293	225,–	690	225,–

Aufgabe A8/81:

Kontenabschluß

07 Maschinen			
	250		20
		801	230

288 Kasse			
	75		50
		801	15
		61-69	10

280 Bankguthaben			
	320		138
		801	182

2000 Rohstoffe			
		535	801	245
2001	48	2002	18
		600	320

2001 Bezugskosten		
	48	2000	48

2002 Einstandspreiskorr.		
2000	18		18

210 Unf. Erzeugnisse			
	25	801	35
51	10		

220 Fertigerzeugnisse			
	44	801	20
		51	24

240 Forderungen			
	949		580
		801	369

260 Vorsteuer		
	801		17
		480	72

293 Akt. RAP		
	10	801	10

3000 Eigenkapital			
301	13		520
801	690	802	183

3001 Privat		
	13	300	13

44 Verbindl. aus L/L			
		715	1.120
801	405		

480 Umsatzsteuer		
		14	97
280	72		
801	11		

5000 Umsatzerlöse		
5001	55		920
802	865		

5001 Erlös-Korrekturen		
	55	5000	55

52 Bestandsveränderungen			
22	24	21	10
		802	14

600 Aufw. f. Rohstoffe		
2000	320	802	320

61-69 Abschr. u.ä.			
		280	802	290
150	10		

70-78 Zinsen, Steuern u.ä.		
	58	802	58

802 GuV

52	14	5000	865
600	320		
61-69	290		
70-78	58		
3000	183		
	865		865

801 SBK

07	230	3000	690
288	15	44	405
280	182	480	11
2000	245		
210	35		
220	20		
240	369		
293	10		
	1.106		1.106

Lösung zu Aufgabe A8/82:

Kontenabschluß

07 Maschinen				288 Kasse	
1.066		106	312		258
	801	960		801	54

280 Bankguthaben				2000 Rohstoffe	
424		320		374 | 801	280
	801	104	2001	8 | 2002	14
				600	88

2001 Bezugskosten				2002 Einstandspreiskorr.	
8 | 2000		8	2000	14	14

220 Fertigerzeugnisse				240 Forderungen	
248 | 801		222		860	420
| 52		26		801	440

260 Vorsteuer				3000 Eigenkapital	
174		68	3001	26	896
| 480		106	802	148	
			801	722	

3001 Privat				368 PWB zu Forderg.	
26 | 3000		26	545	30	70
			801	40	

44 Verbindlichk.				480 Umsatzsteuer	
	444	1.664		36	220
801	1.220		260	106	
			801	78	

5000 Umsatzerlöse				5001 Erlöskorrekt.		
5001	6	1.272		6	5000	6
802	1.266					

52 Bestandsveränd.				545 Erträge a.d. Herabsetzg. d. PWB zu Ford.		
220	26	802	26	802	30	368	30

600 Rohst.aufwendg.				61-69 andere Aufwdg.		
2000	88	802	88	824	802	824

70-78 Zins, Steuern u.ä.		
506	802	506

802 GuV			
52	26	5000	1.266
600	88	545	30
61-69	824	3000	148
70-78	506		
	1.444		1.444

801 SBK			
07	960	3000	722
288	54	368	40
280	84	44	1.220
2000	280	480	78
220	222		
240	460		
	2.060		2.060

Lösung zu Aufgabe A8/83:

Kontenabschluß

07 Maschinen				288 Kasse		
760	801	760		340		260
					801	80

280 Bankguthaben				2000 Rohstoffe		
674		388		712	801	280
	801	286	2001	72	2002	96
					600	408

2001 Bezugskosten				2002 Einstandspreiskorr.		
72	2000	72		2000	96	96

210 Unf. Erzeugnisse				220 Fertigerzeugnisse		
196	801	132		240	801	288
	52	64	52	48		

240 Forderungen

Soll-Konto	Soll-Betrag	Haben-Konto	Haben-Betrag
	574		286
		801	288

260 Vorsteuer

Soll-Konto	Soll-Betrag	Haben-Konto	Haben-Betrag
	26		4
		480	22

3000 Eigenkapital

Soll-Konto	Soll-Betrag	Haben-Konto	Haben-Betrag
3001	230		718
801	710	802	222

3001 Privat

Soll-Konto	Soll-Betrag	Haben-Konto	Haben-Betrag
	230	3000	230

361 Wertb. zu Sachanlagen

Soll-Konto	Soll-Betrag	Haben-Konto	Haben-Betrag
801	270		180
		61-69	90

44 Verbindl. aus L/L

Soll-Konto	Soll-Betrag	Haben-Konto	Haben-Betrag
	710		1.778
801	1.068		

480 Umsatzsteuer

Soll-Konto	Soll-Betrag	Haben-Konto	Haben-Betrag
	86		174
260	22		
801	66		

5000 Umsatzerlöse

Soll-Konto	Soll-Betrag	Haben-Konto	Haben-Betrag
5001	114		1.140
802	1.026		

5001 Erlös-Korrekturen

Soll-Konto	Soll-Betrag	Haben-Konto	Haben-Betrag
	114	5000	114

52 Bestandsveränderungen

Soll-Konto	Soll-Betrag	Haben-Konto	Haben-Betrag
210	64	220	48
		802	16

600 Aufw. f. Rohstoffe

Soll-Konto	Soll-Betrag	Haben-Konto	Haben-Betrag
2000	408	802	408

61-69 Abschr. u.ä.

Soll-Konto	Soll-Betrag	Haben-Konto	Haben-Betrag
	206	802	296
07	90		

70-78 Zinsen, Steuern u.ä.

Soll-Konto	Soll-Betrag	Haben-Konto	Haben-Betrag
	84	802	84

802 GuV

Soll-Konto	Soll-Betrag	Haben-Konto	Haben-Betrag
52	16	5000	1.026
600	408		
61-69	296		
70-78	84		
3000	222		
	1.026		**1.026**

801 SBK

Soll-Konto	Soll-Betrag	Haben-Konto	Haben-Betrag
07	760	3000	710
288	80	361	270
280	286	44	1.068
2000	280	480	66
210	132		
220	288		
240	288		
	2.114		**2.114**

Aufgabe A8/84:

Kontenabschluß

07 Maschinen		
420		130
	801	290

28 Geldkonten		
831		787
	801	44

2000 Rohstoffe		
	216	168
2001	12	2002	17
	801	43

2001 Bezugskosten		
12	2000	12

2002 EPK		
2000	17	17

210 UE		
41	801	28
	52	13

220 FE		
	12	801	25
52	13	

240 Forderungen		
629		503
	801	126

260 Vorsteuer		
57	480	57

293 Akt. RAP		
	14	11
6/7	10	801	13

3000 Eigenkapital		
3001	108		409
801	388	802	87

3001 Privat		
108	3000	108

44 Verbindlichkeiten		
	222	390
801	168	

480 Umsatzsteuer		
260	57	70
801	13	

5000 Umsatzerlöse		
5001	16	478
802	462	

5001 Erlöskorrektur		
16	5000	16

52 BV		
210	13	220	13

6/7 Div. Aufwendg.		
385	293	10
	802	375

802 GuV		
6/7	375	5000	462
3000	87	

801 SBK		
07	290	3000	388
28	44	44	168
2000	43	480	13
210	28	
220	25	
240	126	
293	13	
	569	569

Lösung zu Aufgabe A8/85:

Kontenabschluß

07 Maschinen		
1.060		110
	801	950

288 Kasse		
330		250
	801	80

280 Bankguthaben		
440		320
	801	120

2000 Rohstoffe		
376	801	270
2001	8	2002	14
	600	100

2001 Bezugskosten		
8	2000	8

2002 Einstandspreiskorr.		
2000	14	14

210 Unf. Erzeugnisse		
35	52	35

220 Fertigerzeugnisse		
	250	801	260
52	10	

240 Forderungen		
691		400
	801	291

260 Vorsteuer		
170		60
	480	110

293 Akt. RAP		
20	801	20

3000 Eigenkapital		
3001	20	1.000
802	181	
801	799	

3001 Privat		
20	3000	20

44 Verbindl. aus L/L		
	540	1.660
801	1.120	

480 Umsatzsteuer		
	38	220
260	110	
801	72	

5000 Umsatzerlöse		
5001	6	1.270
802	1.264	

5001 Erlös-Korrekturen		
6	5000	6

52 Bestandsveränderungen		
210	35	220	10
	802	25

600 Aufw. f. Rohstoffe		
2000	100	802	100

61-69 Abschr. u.ä.		
820	802	820

70-78 Zinsen, Steuern u.ä.		
500	802	500

802 GuV

52	25	5000	1.264
600	100	3000	181
61-69	820		
70-78	500		
	1.445		1.445

801 SBK

07	950	3000	799
288	80	44	1.120
280	120	480	72
2000	270		
220	260		
240	291		
293	20		
	1.991		1.991

Literaturverzeichnis

Bähr, Gottfried/Fischer-Winkelmann, Wolf F.: Buchführung und Jahresabschluß, 4. Auflage, Wiesbaden 1992

Buchner, Robert: Buchführung und Jahresabschluß, 2. Auflage, München 1990

Bundesverband der Deutschen Industrie e.V. (Hrsg.): Industrie-Kontenrahmen – IKR, Neufassung 1986 in Anpassung an das Bilanzrichtlinien-Gesetz, 2. Aufl., Köln und Bergisch Gladbach 1986

Eisele, Wolfgang: Technik des betrieblichen Rechnungswesens, 4. Aufl. München 1990

Schöttler, Jürgen/Spulak, Reinhard: Technik des betrieblichen Rechnungswesens, 7. Aufl., München 1992

Schoor, Hans Walter: Inventur und Inventar nach §§ 240, 241 HGB, in: BBK Nr. 22 vom 17.11.88 (Fach 9, S. 2093ff.)

Wedell, Harald: Grundlagen des betrieblichen Rechnungswesens, 5. Aufl., Herne/Berlin 1988

Stichwortverzeichnis

Abgabenordnung 3
Abgänge
 von Anlagegütern 123ff.
 von Wertpapieren 91f.
Abschlußgliederungsprinzip 46
Abschreibungen 102ff.
 arithmetisch-degressive 116f.
 auf Anlagen 102ff.
 auf Forderungen 128ff.
 auf Gebäude 113f.
 außerplanmäßige 107
 Beschaffungszeitpunkt 104
 degressive 110ff.
 digitale 116f.
 geometrisch-degressive 110ff.
 Höchstgrenzen 113
 indirekte 121ff.
 in gestaffelten Sätzen 117f.
 kumulierte 122f.
 lineare 109ff.
 Methodenwechsel 114ff.
 nach Leistungseinheiten 118f.
 planmäßige 106ff., 123f.
 progressive 118
 pro rata temporis 104
 steuerliche 112ff.
 wertmindernde Faktoren 108f.
Abschreibungs
 –betrag 109ff.
 –methoden 106ff.
 –plan 106ff.
 –politik 114
 –satz 109ff.
Absetzung für Abnutzung 107
Absonderung zweifelhafter
 Forderungen 129ff.
AfA-Tabelle 107f.
Aktien 90ff.
Aktivierung
 Anlagengüter 104ff.
 Anschaffungsnebenkosten 78f., 91
 Vorsteuerüberhang 75
Aktivkonten 14, 16f.
Anlagenspiegel 122
Anlagevermögen
 Abschreibungen 106ff.
 Begriff 8
Anschaffungskosten 78, 91
Anschaffungsnebenkosten 78f., 91
Antizipative Rechnungsabgrenzungs-
 posten 141ff.
Anzahlungen
 eigene (geleistete) 92

 erhaltene 92
Arbeitgeberanteil zur Sozialversicherung
 93ff.
Arbeitnehmeranteil zur Sozialversicherung
 93ff.
Arbeitnehmer-Sparzulage 95
Arbeitslosenversicherung 93
Aufbewahrungspflicht 5
Aufwandskonten 27ff., 49
Aufwandsrückstellungen 147
Aufwendungen
 Begriff 25ff.
Ausgangsfrachten 78

Beitragsbemessungsgrenze 93
Besitzwechsel 89f.
Bestandskonten 14f., 46
Betriebsbuchhaltung 1
Betriebsübersicht 152ff.
Bezugskosten 78f.
Bilanz
 Aufbau 9, 11
 Aufstellungspflicht 6
 Gliederungsschema 47
 Unterschiede zum Inventar 9
Bilanz
 –fortschreibung 12ff.
 –gewinn 49
 –gleichung 9
 –gliederung 47
 –konten 47
 –politik 114
 –verlust 49
Bilanzrichtlinien-Gesetz 46, 122, 128, 147
Bilanzierungspraxis 112
Bruttobuchung 93
Buch-Bestände 16
Buchführung
 Anforderungen, formale und materielle
  4f.
 Begriff 2
 einfache 5
 doppelte 5, 14
Buchführungspflicht 2ff.
Buchhalternase 15
Buchungsrelevante Sachverhalte 4
Buchungssatz 22ff.
Buchwert 107, 109ff.
Buchwertabschreibung 110ff.

Disagio 141
Diskontaufwendungen 87, 90
Diskonterträge 88, 90

Dividendenerträge 88
Drohende Verluste aus schwebenden
  Geschäften 146
Dubiose 129

EG – Richtlinie, vierte 45
Eigenkapital
  Begriff 9
  Ermittlung 11f.
  Veränderung 25f.
Eigenverbrauch 41, 76f.
Einkommensteuergesetz 105, 117f., 123f.
Einkommensteuerrichtlinie 104f.
Einstandspreiskorrektur 81ff.
Einzelwertberichtigungen 129ff.
  Auflösung 130f.
  Bildung 129f.
Erfolgs
  – abgrenzung 102, 136ff.
  – konten 27, 46, 48ff.
  – rechnung 102ff.
  – sammelkonto 27
Ergebnisrechnung 46, 49
Ergebnisverwendung 46, 49f.
Erinnerungswert 119, 123
Erlöskorrektur 81ff.
Eröffnungsbilanz 16
Eröffnungsbilanzkonto 18
Erträge
  Begriff 25ff.
Ertragskonten 27ff., 49

Fehlbetrag 46
Fertige Erzeugnisse
  Bestandsveränderungen 37
Finanzbuchhaltung 1
Forderungen
  Bewertung 129
  Einzelwertberichtigungen 129ff.
  Pauschalwertberichtigungen 132ff.
  Uneinbringliche 128ff.
  Zweifelhafte 128ff.

Gebühren 87f.
Gemeinschaftskontenrahmen der
  Industrie 45
Geringwertige Wirtschaftsgüter 105
Gesamtkostenverfahren 46ff.
Geschäftsbuchhaltung 1
Gewinnvortrag 46
Gewinn- und Verlustkonto 27f., 37f.
Gewinn- und Verlustrechnung
  Gesamtkostenverfahren 48f.
  Gliederungsschema 48f.
  Umsatzkostenverfahren 50
Gewinn- und Verlust-Staffel 48

Grundsätze ordnungsmäßiger Buchführung 4, 8

Habenbuchung 15, 17, 22
Handelsgesetzbuch 3ff., 6ff., 46ff., 78,
  106f., 122, 128, 132f., 140f., 146ff.
Handelswaren 84ff.
Hauptabschlußübersicht 152ff.

Industrie-Kontenrahmen 44ff.
Inventar
  Aufstellungspflicht 6
  Aufbau 8, 10
  Beispiel 10
Inventur
  ausgeweitete Stichtagsinventur 7
  Begriff 6
  Häufigkeit 7
  Permanente 8
  Stichtagsinventur 7
  Verfahren 7f.
  Vor- oder nachverlegte Stichtagsinventur
    7f.
  Zeitpunkt 7f.
Inventurbestände 16
Ist-Bestände 16

Jahresabschluß 2, 46ff.
  Begriff 2
Jahresfehlbetrag 49f.
Jahresüberschuß 49f.
Just-in-time-Verfahren 33f., 85f.

Kapitalgesellschaften 122f., 130
Kirchensteuer 93
Konten
  – arten 45
  – gruppen 45ff.
  – klassen 45
  – plan 66f.
  – rahmen 44ff.
  – systematik 44
Kontoführungsgebühren 88
Kosten- und Leistungsrechnung 50
Krankenversicherung 93
Kredit
  – provision 87
  – risiko 132ff.
  – verkehr 87
  – zinsen 87f.
Kulanzgewährleistungen 147

Lohnsteuer 93ff.

Materialverbrauch
  Ermittlung 30ff.
Mehrwert 71f.

–, kumulierter 72
Mehrwertsteuer 70ff.
Modewechsel 109

Nettobuchung 84
Nicht-Kapitalgesellschaften 123, 130
Niedrigerer beizulegender Wert 107
Nutzungsdauer
    abnutzbarer Anlagegüter 107ff.
    betriebsgewöhnliche 107f.
    betriebsindividuelle 108
Nutzungsintensität 108

Passivierung
    Rückstellungen 146ff.
    Umsatzsteuer-Zahllast 75f.
Passivierungs
    – gebot 146f.
    – wahlrecht 147
Passivkonten 14, 16f.
Pauschalwertberichtigung 132ff.
Pensionsrückstellungen 146
Personalbuchungen 93ff.
Pflegeversicherung 93
Preisnachlässe 78, 81f.
Privat
    – einlage 40f.
    – entnahme 40f.
    – konto 40f.
Private Nutzung von Betriebsvermögen
    41
Pro rata temporis 104

Rechnungsabgrenzungsposten 136ff.
    aktive 138ff., 144
    antizipative 141f.
    passive 138f., 144
    transitorische 138ff.
Rechnungswesen
    Aufgaben 1, 6
Reinvermögen 9
Rentenversicherung 93
Restwert 109ff.
Rücksendungen 80
Rückstellungen 146ff.

Sachleistungen 95
Saldenbilanz 152ff.
Schecks 88f.
Schlußbilanz 18, 155
Schlußbilanzkonto 16, 18
Schrottwert 109ff.
Schuldwechsel 89f.
Skontoabzug 82f.
Sofortrabatte 78
Soll-Bestände 16
Sollbuchung 17, 22

Soziale Abgaben 93ff.
Sozialversicherungsbeiträge 93ff.
Staffelform 49
Stichtagsinventur
    ausgeweitete 7
    vor- und nachverlegte 7
Stornierung 80
Stornobuchung 80
Substanzverlust 108
Summenbilanz 152ff.

Technischer Fortschritt 108
Transitorische Rechnungsabgrenzungs-
    posten 138ff.

Überziehungsprovision 87
Umbuchungen 152ff.
Umlaufvermögen
    Begriff 8
Umsatzerlöse
    Ertragskonto 29f.
Umsatzprovision 88
Umsatzsteuer 70ff.
    bei Anzahlungen 92f.
    bei Eigenverbrauch 39f.
    Passivierung der Zahllast 75
    – berichtigung 80ff., 128ff.
    – sätze 71
    – systeme 70f.
    – voranmeldezeitraum 73f.
Uneinbringliche Forderungen 128ff.
Unfallversicherung 93
Unfertige Erzeugnisse
    Bestandsveränderungen 37
Ungewisse Verbindlichkeiten 146
Unterkonten
    Eigenkapital 27
    Rohstoffe 79ff.
    Umsatzerlöse 80ff.
Unterlassene Aufwendungen für Instand-
    haltung 147

Verlustvortrag 46
Vermögensbildungsgesetz 95
Vermögenswirksame Leistungen 95f.
Verzugszinsen 88
Vorschüsse
    auf Lohn und Gehalt 95ff.
Vorsteuer 70ff.
    bei Aufwendungen 76
    – abzug 70
    – berichtigung 81ff.
    – überhang 75

Wechsel 89f.
    – forderung 90

– verbindlichkeit 90
Werkswohnung 96
Wertberichtigungen
    auf Anlagen 102f., 121ff.
    auf Forderungen 129ff.
Wertpapiere 90ff.
Wirtschaftsgüter
    bewegliche 113

geringwertige 105
unbewegliche 113
Zahllast 73f.
Zahlungsverkehr 87
Zeitliche Abgrenzung 136ff.
Zinsaufwendungen 87f.
Zinserträge 88
Zweifelhafte Forderungen 128ff.